导弹制导控制系统设计

黄新生　徐婉莹　郑永斌　白圣建　编著

国防科技大学出版社
·长沙·

内容提要

本书系统地归纳和总结了精确制导武器制导控制系统的各个方面，包括制导控制系统的组成和功用、分类和特点、受控对象和主要功能部件，全面概述了导弹的姿态控制回路和制导方法，重点介绍了导弹侧滑转弯的三通道设计方法和比例导引规律分析方法。本书总结了长期设计、研制工作的经验，着重基本原理和工程实践的结合，主要面向制导控制相关专业的本科教学，对于从事武器装备控制系统相关设计、研制和维护工作的专门人才也有一定的参考作用。

图书在版编目(CIP)数据

导弹制导控制系统设计/黄新生等编著.—长沙:国防科技大学出版社,2013.9(2023.1重印)

ISBN 978-7-5673-0177-1

Ⅰ.①导…　Ⅱ.①黄…　Ⅲ.①制导武器—控制系统设计　Ⅳ.①TJ

中国版本图书馆CIP数据核字(2013)第206235号

国防科技大学出版社出版发行

电话:(0731)87027729　邮政编码:410073

责任编辑:耿　筠　责任校对:徐　飞

新华书店总店北京发行所经销

国防科技大学印刷厂印装

*

开本:787×1092　1/16　印张:16　字数:379千字

2013年9月第1版 2023年1月第4次印刷　印数:1501-2300册

ISBN 978-7-5673-0177-1

定价:48.00元

前　言

精确打击在现代和未来战场中具有举足轻重的地位，精确制导武器是实现精确打击的核心装备。在近期的伊拉克战争和利比亚战争中，精确制导武器占总投弹量的比例分别接近和超过70%，成为信息化局部战争中物理杀伤的主要手段。随着信息化战争的不断深入，现代精确制导武器的打击精度不断提高，并且具备防区外发射、发射后不管和全天候作战等多方面的作战能力，在未来战争中制导武器将起到更重要的作用。

导弹制导与控制课程为学生从事该领域的研究工作打下必要的基础。本教材是在国防科技大学的内部讲义《导弹制导控制系统设计》基础上改编的，在学生使用过程中取得良好的教学效果。

本书共分8章。第1章介绍制导武器的基本概念、历史背景和制导控制系统分析与设计方法。第2章介绍弹体特性和受力分析。主要讨论常用坐标系及其变换，以及作用在导弹上的力和力矩。第3章讨论导弹运动的描述方法，介绍导弹运动方程组的建立和传递函数的推导。第4章介绍传感系统和舵机等自动驾驶的主要部件。第5章讨论导弹的姿态稳定控制和质心稳定控制方法，并且对数字式自动驾驶仪进行了简单介绍。第6章介绍各种制导体制的分类和四类典型制导体制的作用原理。第7章介绍多种导引规律的基本原理，并分析其弹道特性。第8章介绍寻的制导回路中的主要部件：导引头。

本书由黄新生、徐婉莹编著，郑永斌、白圣建参与了部分章节的编写工作。参加书稿整理和校对工作的有卢瑞涛、闫宇壮、申璐榕、方强、董夏斌、李睿、邹冬冬、杨啸和王家泽等，在此对他们表示衷心感谢。

作为教材，本书引用了一些文献中较为成熟的部分，在此对所有引用文献的作者表示感谢。

本教材内容广泛，涉及很多方面的技术知识，由于编者水平有限，缺点和错误难免，请读者见谅，并提出批评意见。

编　者

2013年8月

目　录

第 1 章 绪 论

1.1 制导武器概论

1.1.1 制导武器和精确制导武器的概念

制导武器是指采用特定的导引和控制技术、具备很高的直接命中概率,甚至能够自动识别和打击目标要害部位的武器。同非制导武器相比,制导武器有两个显著特点:

(1)战斗部载体具有制导功能;

(2)不仅有爆炸杀伤目标的弹头,而且有自动识别、捕获和跟踪目标的能力。

所谓精确制导武器是指命中精度(概率)很高的导弹、制导炮弹、制导炸弹、制导鱼雷等制导武器的总称。这里,"精确"是一个相对概念,目前国内外尚未有统一标准,比较有代表性的看法是,直接命中概率高于50%的制导武器才称得上精确制导武器。而直接命中的含义是指制导武器对射程内的点目标,如坦克、装甲车、飞机、舰艇、雷达、桥梁、电站、油库、指挥中心等的射击圆概率误差(又称圆估算误差)CEP(Circular Error Probable)小于该武器弹头的杀伤半径。显然,CEP 越小,武器的命中精度越高。精确制导武器是在现代局部战争的需求牵引和新技术革命推动下出现的高技术武器。它已经成为高技术战争的重要毁伤手段,对作战进程和结果具有重大影响。

1.1.2 制导武器的发展及其在战争中的应用

制导武器首次出现在二次世界大战末期。1944 年 6 月,纳粹德国为了挽回败局而研制出了 V-1 巡航导弹和 V-2 弹道导弹,并对英国投入使用。这两种导弹的命中精度很低,圆概率误差 CEP 约 10km。然而尽管如此,相对于之前的普通炸弹来说,仍然是一个革命性的进步,它们就是现代导弹的鼻祖。战后 15 年,由于过分强调核武器,制导武器的发展暂时停滞了。20 世纪 60 年代,美国一些公司开始研究精确制导技术,70 年代正式提出了精确制导武器的概念。利用制导控制领域的最新成就,精确制导武器的研究也开始进入快速发展的阶段。时至今日,在信息技术的推动之下,导弹早已告别了早期粗大笨重的形象,变成了精确、灵巧、杀伤力强大的高技术武器,各武器大国竞相投入大量人力、物力及财力,不断地推进现代精确制导武器系统的发展进程。目前,国外精确制导武器发展速度异常迅猛,已经形成了不同射程、多种制导方式和不同发射平台的制导武器体系,并已经大量装备部队,其中许多已在近几次局部战争中得到了实战检验,精确打击能力不断增强。国外十分重视走"基本型、系列化"的道路,在基本型的基础上不断挖掘潜力,提高性能,延长使用寿命;或在基本型的基础上,拓展发展型,增强作战功能,形成系列,其中最为典型的有:法国的"米兰"系列、"霍特"系列反坦克导弹;美国的"陶"系列、"海尔法"系列反坦克导弹;俄罗斯的激光驾束炮射导弹系列等。

除了导弹之外,制导炸弹也是精确制导武器的重要组成部分。制导炸弹是在普通炸弹的基础上加装精确制导装置(如导引头、惯导与卫星导航等)及空气动力装置而构成的,与普通炸弹相比,它的命中精度高、成本低、投放距离远、作战效能极高,目前已成为现代高技术局部战争中使用数量最大、取得成果最显著的武器之一。制导炸弹也是在二战中由德国首先研制并使用的。二战期间,德国在飞机上装备了无线电指令制导的PC1400X K1 和 K2 型滑翔制导炸弹,击沉了意大利"罗马"号军舰,这是最早出现的制导炸弹。同一期间,美国也开始发展带有电视制导的滑翔炸弹,但尚未投入使用,战争就宣告结束。直至 20 世纪 60 年代初,由于美军在越南战场上损失大量作战飞机、消耗大量常规弹药后,重新开始发展制导炸弹,并成功研制成第一代制导炸弹。在越战后期,美国使用了第一代激光制导炸弹——"铺路"Ⅰ(Paveway Ⅰ,也被称作"宝石路"),共投下 25000 余颗,摧毁了桥梁、发电站、建筑物等坚固目标约 1800 个。据称,当时的命中概率达 65% 以上,取得了明显的战果。从此,当时被称为"灵巧"武器的制导炸弹成为历次高技术局部战争中物理杀伤的重要手段。

在 20 世纪 70—80 年代的越南战争、中东战争和马岛战争中,精确制导武器在战场上崭露头角,主要采用激光制导、电视制导和微波制导等方式,起到了重要作用。进入 20 世纪 90 年代,随着精确制导技术的发展,精确制导武器在局部战争中的应用越来越广泛,精确打击作战已经成为信息化条件下局部战争的主要作战样式。在海湾战争、科索沃战争、阿富汗战争和伊拉克战争中,精确制导武器都得到了大量的应用。在制导体制方面,除了激光制导方式外,电视制导、卫星制导、匹配制导、红外成像制导、毫米波制导,以及各种复合制导体制都得到了发展和应用,精确制导武器的使用进入系列化、体系化的发展阶段。表 1-1 给出了在近几次局部战争中美军使用精确制导武器的概况。可见,精确制导武器在现代战争中所占的比重越来越大,发挥着越来越重要的作用。

表 1-1 近几次局部战争中美军使用精确制导武器概况

时间	军事行动	精确制导武器的使用比例
1991	海湾战争	9%
1999	科索沃冲突	35%
2001	阿富汗战争	60%
2003	伊拉克战争	80%

1.1.3　制导武器在现代战争中的作用

在信息化时代的军事对抗中，制导武器以其高度的准确性、远程打击能力、快速反应能力和高效费比，已成为现代战争中具有决定性作用的重要力量。大体上讲，制导武器在现代战争中的作用可分为以下几类。

1. 战略作用

在精确制导武器中，远程弹道导弹、巡航导弹和洲际导弹主要起着战略威慑作用，如美国的"战斧"、"民兵"Ⅲ洲际导弹、"三叉戟"Ⅰ和Ⅱ潜射导弹，俄罗斯的 SS－18 洲际导弹、SS－19 洲际导弹、SS－27（"白杨"－M）导弹和 SS－25（即"白杨"），法国的 M－45、M－51 潜地战略导弹，中国的"东风"远程导弹等，射程可达到几千千米，它们射程远、威力强，可在大气层外飞行，远渡重洋攻击战区外地球另一端的目标，可带载核弹头。战略导弹对一场战争起到战略性的作用。在现代战争格局中，主要还是起到战略威慑的作用。目前，战略导弹已成为大国之间实现威慑力量平衡、确保能摧毁对方的有力工具。

2. 防空作用

有矛就有盾。针对精确制导武器的空中突击力量造成的威胁，各国也相应研制了各种导弹防御系统。这类导弹主要以地对空和空对空导弹为主。国外已研制了三代防空导弹，第一代多为中远程防空导弹，第二代多以低空近程和中低空中近程为主，第三代防空导弹是 20 世纪 80 年代末服役的新型防空导弹。典型的有美国的"爱国者"（PAC），俄罗斯的"道尔"和 S300、S400，中国的 HQ－9，中国台湾的"天弓"等。以美国的"爱国者"导弹为例，"爱国者"防空导弹是目前世界上最为先进的防空武器，它能够对付现代装备的高性能飞机，并能在电子干扰环境下击毁各种高度上飞行的近程导弹，拦截战术弹道导弹和潜射巡航导弹。"爱国者"导弹曾在海湾战争中发挥了重要作用，成为"飞毛腿"导弹的克星。美国的国家导弹防御系统（NMD）便是以该导弹发射系统为主要组成部分。俄罗斯的"凯旋"S－400 防空导弹系统也开始进入战斗执勤状态，据称在性能上比美军的"爱国者"－3 导弹防御系统还要先进，具备防空与反导的双重作战能力，并且性价比更高。

3. 远程精确打击

现代高技术局部战争注重精确打击。精确打击是指摧毁预先选定的高价值及时间关键性目标，同时尽可能减少附加伤亡。精确打击以打击敌要害为手段，以瘫痪敌方作战体系为目的，精确制导武器恰恰能够满足这一要求。其中空对地导弹是实施空袭、外科手术式攻击和点穴式攻击的重要武器。1999 年，对南联盟空袭期间北约共投放 23000 枚制导弹药，其中仅 20 枚造成附带损坏，而另一些弹药则有意偏离航向以避免伤及目标区中的平民。在伊拉克战争中，美英联军在伊拉克投掷了数万枚精确制导炸弹和"战斧"巡航导弹，这些以激光和卫星制导的炸弹和导弹可以对目标进行准确轰炸，轰炸范围集中在目标周围几英尺的区域，可以最大限度地减少附带损害，作战效能极高。此外，远程精确打击已成为未来战争最主要的作战样式，由于精确制导武器已经超越了传统非制导武器精度与射程不可兼得的规律，不会因射程增大而降低命中率，依靠精确制导武器实施远程精确打击，不仅可以高效地摧毁目标，更能有效地保护自身，实施防区外打击。

4. 低成本化

现代战争中敌我双方的较量往往也是综合国力的较量。战场上的巨大消耗,使交战双方承受沉重的经济负担。即使是经济最发达的国家,在战争需求和经济能力上都存在着极大的矛盾。为此,世界超级大国正致力于开发高效能、低成本精确制导武器,包括加速改进库存的普通炸弹,走航空炸弹制导化的捷径,并已取得显著效果。高精度与低成本带来了高效费比。据海湾战争、科索沃战争至阿富汗战场统计资料表明,制导炸弹与普通炸弹两者作战效费比之比为25∶1。由于有较高的命中精度,一枚制导炸弹使用效能相当于十多枚甚至数十枚常规炸弹,打击同一个目标实际上耗费的成本更低;高效费比还来自对攻击目标的首发命中,精确制导武器可在战争初期精确锁定并打击敌方重要战略性目标,在短期内迅速结束战斗,避免了大量物资和人员的消耗;此外,使用高精确度武器可大大降低载机和飞行员的危险,因为载机价格往往更昂贵。一枚射程上千千米的巡航导弹价格约在100万美元左右,而一架F-117A战斗机价格约9000万美元,如果在作战中损失一架飞机,就相当于消耗了数十枚巡航导弹。采用精确制导武器后,在越南战场上动辄出动30架飞机轰炸一个目标的历史已不复存在。因此,尽管与常规炸弹相比,制导炸弹的价格要高出许多,但由于其极高的作战效能,已成为现代高技术局部战争中真正的明星和主力。表1-2给出了海湾战争中精确制导武器与常规武器的使用比例与作战效果对比。

表1-2　海湾战争中精确制导武器与常规武器的作战效果对比

海湾战争		炸弹	制导炸弹	制导炸弹比例
投弹量		8.85万吨	0.74万吨	8.36%
摧毁	加固机库	594个	375个	63%
	坦克	750辆	650辆	87%
	装甲车	600辆	500辆	85%

总之,精确制导武器以其高度的准确性、远程打击能力、快速反应能力和高效费比,已成为信息化条件下高技术局部战争中具有决定性作用的重要作战力量。精确制导武器的出现和应用引发了世界范围内的一场军事变革,进一步引出了信息化战争的概念。精确制导武器是信息化战争的主战武器之一,也是一个国家国防能力的重要标志。

1.2　精确制导武器的分类和组成

1.2.1　精确制导武器的分类

精确制导武器主要包括导弹、精确制导弹药、制导鱼雷等。精确制导弹药又可分为(末)制导弹药和末敏弹药两类。下面分别介绍几类精确制导武器。

1.2.1.1　精确制导导弹

导弹是目前最具代表性的精确制导武器，也是精确制导武器家族中的佼佼者。导弹与精确制导弹药的主要区别是前者具有推进装置，射程较远，成本相对较高。

通常，导弹可按其作战使命、攻击目标、发射点和目标位置、射程、飞行方式、战斗部类型、弹道形式、外形特征及制导方式等进行多种分类。

导弹按作战使命可分为战略导弹和战术导弹两类。两者又可分为战略进攻型导弹、战略防御型导弹和战术进攻型导弹、战术防御型导弹。

按发射点和目标位置可分为面对面、面对空、空对面、空对空导弹。面对面导弹包括地地、岸舰、舰舰、舰地、潜地、潜舰、潜潜导弹等；面对空导弹包括地空、舰空、潜空导弹等；空对面导弹有空地、空舰、空潜导弹等。除此之外，还有具有天基作战平台的反卫星导弹、卫星反导导弹、天基拦截器等。

按攻击对象可分为通用空地导弹、反坦克导弹、反舰导弹、反潜导弹、反雷达（反辐射）导弹（如美国的“哈姆”、俄罗斯的 AS－12、西欧的空射反辐射导弹等，专门用以攻击地面雷达和通信台等辐射源目标）、防空导弹等。

按发射点可分为机载导弹、舰载导弹、车载导弹、潜射导弹、炮射导弹等。

按射程可分为近距导弹（<100km）、近程导弹（100～1000km）、中程导弹（1000～3000km）、远程导弹（3000～8000km）和洲际导弹（>8000km）。

另外，按飞行弹道的特征可分为弹道导弹和有翼导弹。按制导方式可分为主动、被动、半主动寻的导弹、遥控制导导弹及双模（多模）复合寻的导弹等。

1.2.1.2　精确制导弹药

精确制导弹药又称灵巧弹药，其涵盖范围在不同的文献中描述并不相同，一般将（末）制导弹药和末敏弹药都归为精确制导弹药，这类弹药在常规武器发射平台上发射，使用维护类似常规弹药，但具备制导功能，命中精度较高。它是一种成本较低、杀伤效果好的精确制导武器，其重要地位在近年来的多次实战中得到证明。

1. 末制导弹药

末制导弹药是指其初始和中间弹道是由火炮发射，或空中平台投掷形成，但在弹道末端，弹药依靠寻的器和控制系统，能自动修正或改变飞行轨迹，将弹药连续地引向目标，不断接近并最终命中目标的灵巧武器。末制导弹药又有制导航弹、制导炮弹和制导鱼雷等几种。

（1）精确制导炸弹

精确制导炸弹是在常规炸弹的基础上加装制导装置和气动控制面形成的。它不同于导弹，其本身没有动力装置，主要靠飞机投射后的惯性和制导控制系统操纵空气动力控制面来实现精确制导。通常由轰炸机、攻击机和武装直升机做载体，从空中发射，用于攻击海上或陆上目标，因此又称之为制导航空炸弹，简称制导航弹。与通用炸弹相比，它射程远，精度高、作战效率高；与空地导弹相比，它价格便宜，体积小、飞机携带方便，便于大量装备，因此在近期局部战争中得到了广泛使用。实战证明，精确制导炸弹的命中率是普通炸弹的 50 ~ 200 倍,而价格仅是一枚空面导弹的十几分之一甚至几十分之一,且一架携带精确制导炸弹的战机,使用精确制导炸弹攻击同样的目标时,出动的战机比使用常规炸弹的战机架次减少 90%,载机生存能力将大大提高。

制导炸弹具有常规炸弹战斗部的摧毁能力和空面导弹的导引精度。由于制导炸弹没有发动机和燃料,所以当制导炸弹和导弹的发射质量相当时,制导炸弹战斗部威力更大。实践证明,当制导炸弹与导弹的发射质量和发射距离相同时,制导炸弹能更有效地摧毁目标。从价格上讲,制导炸弹比导弹的成本要低得多,特别是联合直接攻击弹药(JDAM)出现以后,零部件通用化的思想使制导炸弹的成本大大下降。但是,由于没有动力装置,相对导弹而言,制导炸弹的射程有限,一般情况下最大滑翔距离只能达到 100 千米左右,因此,它与导弹的作用是不能互相取代的。

按照制导方式,目前的精确制导炸弹主要有:激光制导炸弹、电视成像制导炸弹、红外制导炸弹、惯性制导炸弹和卫星定位制导炸弹,此外还有一些采用复合制导的炸弹。

在现代战争中,制导炸弹的使用比例越来越大,从科索沃战争开始,就开始占到总炸弹的 50% 以上,型号多种多样,有 JSOW、JDAM、GBU -24/27/28、CBU -/87/89/97、WCMD、MK82 等,尤其是海湾战争后,美军研制的第四代制导炸弹“联合直接攻击弹药(JDAM)”,具备昼/夜、全天候、防区外、投射后不管、多目标攻击能力,其设计思想是,零部件通用化、低成本与作战平台的适应性。在这个意义上,JDAM 使空对地攻击技术产生了革命性的变化。更重要的是,它的出现预示着低成本智能武器的出现,低成本智能武器与无人驾驶战机(UCAV)两者的有机结合有可能改变未来战场的空袭模式。

(2)制导炮弹

制导炮弹是一种高新技术炮弹,它使火炮这类间接瞄准杀伤武器具备精确打击点目标(装甲目标)的能力。它由火炮发射,弹丸带制导装置,可攻击地面目标;由于弹丸的飞行时间很短,所以它可以攻击地面运动的目标,如装甲车辆、通信车辆等。制导炮弹主要采用激光半主动制导方式,有的采用红外/激光复合制导方式。由于炮弹带有制导装置,能自行寻找目标,从而可大幅度提高精度和首发命中率。

制导炮弹按弹头多少,又可以分为:

① 单弹头制导炮弹:它是由导引头、控制、弹体、引信、高爆弹药等部分组成的;

② 子母弹制导炮弹:它是由母弹、子弹药、子弹药撒布器、子弹药姿态控制系统、子弹药导引头、电池和子弹药战斗部等组成的。

(3)制导鱼雷

制导鱼雷是一种能在水下自动推进并按照预定航向和深度航行,自动导向目标且在命中目标时能自动爆炸的水下精确制导武器。鱼雷武器以水面舰艇、潜艇、飞机及武装直升机作为主要载体和发射平台,以敌方各种水面舰艇、潜艇和海岸港口的水下军事设施为主要攻击目标。自反舰导弹问世以来,在远距离的反舰战斗中,导弹的威力已超过鱼雷,但在水下作战领域,尤其是深水作战领域,鱼雷仍占有头等重要的地位,特别是在潜艇威胁日益严重的今天,各国海军对制导鱼雷的发展更加重视,都把制导鱼雷作为当今重点发展的水中兵器之一。

由于鱼雷自带动力、自主导航、自动精确导引,所以对目标有很强的主动进攻性,特别是自导鱼雷，一旦捕获目标，便能自动追击目标，目标也很难规避和逃逸。除此之外，鱼雷具有很好的隐身、隐蔽性，在水下航行时，可以以海水作为自然屏障起到良好的隐身效果。鱼雷武器采用声导、线导、尾流导及其联合自导，可自主地搜索、捕获、识别和跟踪目标，故具有很高的命中概率；鱼雷武器是在水下爆破的，同样数量的炸药，在水下爆炸比在空中爆炸威力要大得多，加之鱼雷携带炸药量较多，破坏威力大大增强。

2. **末敏弹药**

末敏弹药即末端敏感弹药，是一种能够在炮弹的飞行弹道末段可探测（通过精密敏感元件）目标的存在，并驱动（利用执行机构或简易伺服机构等）战斗部朝着目标方向爆炸的现代弹药，它是将多种先进技术应用到子母弹药领域中所形成的一种灵巧弹药，可由多种平台发射，通过飞机、导弹、火炮、弹药撒布器带到目标区上空，释放出来，主要用于自主攻击机动装甲车辆的“顶装甲”或固定目标的薄弱区域。末敏弹药的作用原理是当弹上探测器探测到目标时迅速起爆战斗部，因此严格来讲并不具备制导功能，其命中精度显然低于末制导弹药，但由于成本比较低，因此在使用方面仍有很大的吸引力。

末敏弹的主要特点是作战距离远、命中概率高、毁伤效果好、效费比高和“发射后不管”，末敏弹药的母弹可以是炮弹也可以是火箭，母弹按常规方式发射，飞至目标上空时母弹开仓抛出子弹药，子弹药出仓后是旋转的，在下落过程中用减速伞和其他方法控制其转速和下降速度。稳定的转速和下降速度可使探测器对地面进行持续的螺旋形扫描，发现目标后便向该方向发射出爆炸成型的弹丸，使之命中顶部。

由于导弹是类别最多，研制、生产和装备使用数量最大的一类精确制导武器，本书后文中将主要以导弹为对象研究制导武器的控制系统设计。

1.2.2　制导武器的组成

不考虑制导武器系统的配套发射装备和支援装备，精确制导导弹本身一般由五大部分组成：弹体、推进系统、引战系统、制导控制系统和能源系统。图 1－1 给出美制反舰型和对陆攻击型“战斧”巡航导弹的系统结构示意图。

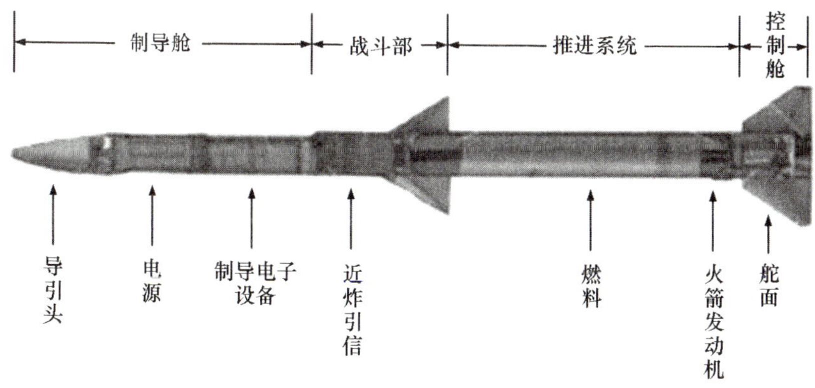

图 1－1　美“战斧”巡航导弹系统结构示意图

1.2.2.1 弹体

弹体系统的主要功能是:

(1)作为战斗部和弹上设备的运载器,并保证相应的工作环境和贮存环境;

(2)产生空气动力,其中包括机动力和控制力;

(3)承受空中飞行条件下和地面工作条件下的静载荷和动载荷。

弹体主要由弹身、弹翼、尾翼、舵、副翼等组成。弹身的头部一般呈圆锥形,以减少空气阻力;弹身一般呈圆筒形(矩形截面的弹身多用于隐身功能),在机动性要求较高的情况下,一般采用轴对称式弹体,而巡航导弹一般使用面对称型弹体;尾翼的作用是保证较好的纵向和侧向稳定性;舵一般安装在导弹的尾部或头部附近,产生操纵力矩;副翼通常安装在弹翼的后缘,用来产生导弹的滚转操纵力矩,控制导弹绕纵轴的滚转运动。

弹体的外形依据飞行速度、高度、机动性的要求不同而不同,主要有如图 1-2 所示的形式。

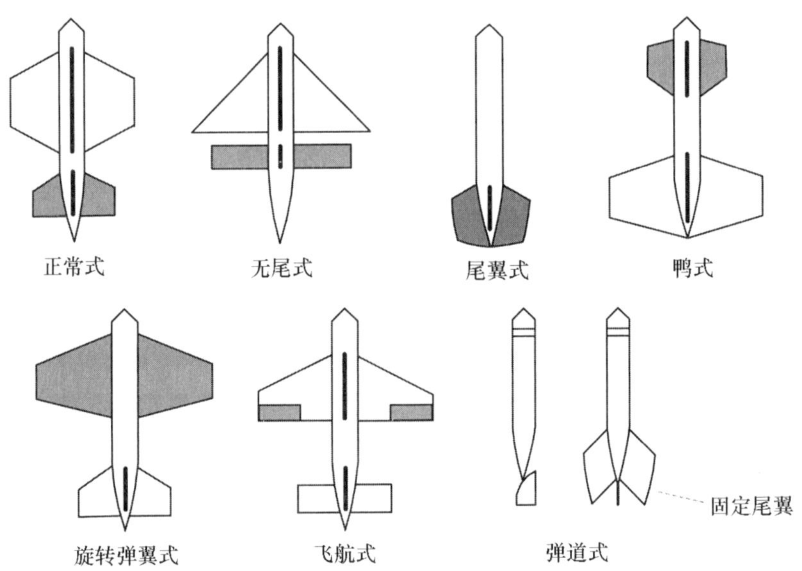

图 1-2 弹体气动布局的几种常用形式

1.2.2.2 推进系统

推进系统的主要功能是产生推力,获得必要的加速度特性、速度特性和射程。在某些情况下,也可以用它来产生控制力和机动力。末制导弹药一般不包含推进系统,但也不排除某些需要增程或增速的制导炸弹会加装推力装置。导弹推进系统产生推力的主要部件是发动机。现代导弹上所用的发动机主要有两种:火箭发动机和空气发动机。

(1)火箭发动机

火箭发动机包括固体火箭发动机和液体火箭发动机,火箭发动机自带氧化剂,可以在大气层外工作。

固体火箭发动机一般由燃烧室、喷管、推进剂和点火系统组成。其优点是结构简单，维护使用方便，工作可靠，能在短时间内产生很大的推力，可作为主发动机或助推器。缺点是燃烧产物对喷管的烧蚀、冲刷厉害，需要防烧蚀的材料和结构措施。燃烧产物喷出的火光与浓烟较大，隐蔽性较差。发动机工作时间短（十分之几至一百秒），适用于射程较小的导弹和卫星变轨。

液体火箭发动机的优点是可调节推力大小，可控制开车和停车时间，发动机工作时间长（可达几十至几百秒）。缺点是动力装置结构与地面设备复杂（由于燃料对金属贮箱有腐蚀作用，故不能装在导弹内贮存，需在发射时临时加注），地面勤务处理麻烦，导致导弹武器的作战使用机动性差。

（2）空气发动机

空气发动机包括蜗轮喷气发动机和冲压喷气发动机，空气发动机只能在稠密大气中工作。蜗轮喷气发动机的优点是燃料消耗率小，缺点是结构复杂，体积重量大，多用于远程巡航导弹。冲压喷气发动机是一种应用广、发展快，应用前景很好的发动机，其优点是结构简单、重量轻（相当于蜗轮喷气发动机的1/5）、成本低（相当于蜗轮喷气发动机的1/20），燃料消耗率低，工作时间长。缺点是不能使导弹自行起飞，必须在导弹达到一定速度时才能启动工作，低速时推力小，燃料消耗率高，需固体火箭发动机作为助推，但用于空地导弹时可直接启动。

（3）固体冲压发动机

固体火箭冲压发动机由装有助推推进剂的燃烧室、装有主推进剂的燃气发生室、进气道和喷管组成。该燃烧室既是助推器的燃烧室，又是主发动机的补燃室，是固体火箭助推器和冲压发动机共用的一个燃烧室，第一层是固体推进剂，第二层是冲压喷气固体燃料。其优点是比冲高，结构简单重量轻，成本低，工作可靠，缺点是燃烧过程控制困难。现代导弹的固体火箭冲压发动机常在点火电路中使用低通滤波器，以保证在强电磁场下的安全性。

1.2.2.3 引战系统

引战系统的主要功能是在导弹和目标遭遇时选择最优时机有效地摧毁目标，它一般由引信、战斗部和安全引爆装置组成。

引信又称信管，其作用是利用目标信息和环境信息，在预定条件下引爆或引燃弹药战斗部装药的控制装置（系统）。引信包括有发火控制系统、安全系统、传爆序列和能源装置四个基本部分。引信按作用原理分为触发引信、非触发引信和时间引信三种类型，更细一点可分为机电触发引信、光引信、红外引信、静电引信、磁引信、灵巧引信和智能引信等。高安全性与高可靠性始终是引信设计的重要目标和完成作战任务的根本保证。

战斗部由壳体、装药及传爆序列组成。战斗部装药是战斗部形成毁伤效应的能源。战斗部壳体在装药爆炸时形成具有一定质量及速度的破片，具有毁伤作用。战斗部传爆序列的作用是把引信的起始信号转换为爆轰波并放大，起爆战斗部装药。战斗部是武器的有效载荷。一般常规装药战斗部包括爆破战斗部、聚能破甲战斗部、杀伤战斗部、自锻破片战斗部、杀爆战斗部、子母弹战斗部等，还有一些弹采用特种战斗部，如燃料空气弹、反电力设施(碳纤维)弹、电磁脉冲弹、生物化学弹等,以及带有核战斗部的核导弹。

安全引爆装置通常是利用惯性、发动机燃气压力、时间延迟装置或其他机械电气装置达到维护使用和飞行安全,以及确保可靠起爆的一种装置。

1.2.2.4 制导控制系统

制导控制系统是导弹的核心和关键部分,在很大程度上决定着导弹的战术技术性能,特别是制导精度。这部分也是本书的重点,将在下一节着重进行介绍。

1.2.2.5 能源系统

弹上能源系统是为精确制导武器弹上制导控制系统、引战系统等可靠工作提供所需电源或气源的装置或部件。

它的主要功能是提供弹上设备和装置工作时所需要的电源、液压能源、气源或其他动力源。导弹的能源通常以化学能形式或机械能形式贮存。前者有电池和火药等,后者有高压空气和高压氮气等。

导弹可以使用共式能源系统,也可以使用分式能源系统。共式能源系统有电池、高压空气和火药:电池除给弹上设备供电外,还可以给电动舵机或液压舵机的电机—泵组合的电机供电;高压冷气除做气动舵机的能源外,还是蜗轮发电机组的能源;火药燃气发生器一方面可做燃气舵机的动力源,也可以推动燃气蜗轮发电机组给弹上设备供电。分式能源系统有电池—高压空气系统和电池—火药系统,高压空气或火药一般是舵机的能源。

各种类型的能源系统应用要结合导弹总体方案进行优化论证。

1.3 制导控制系统

制导武器的制导与控制系统是保证导弹在飞行过程中,能够克服各种干扰因素,使导弹按照预先规定的弹道或根据目标的运动情况随时修正自己的弹道,使之命中目标的一种自动控制系统。该系统以导弹为控制对象,包括导引系统和控制系统两部分,在控制导弹摧毁目标的过程中具有极其重要的地位和作用。

1.3.1 制导控制系统的功能和组成

为了将导弹导向目标并准确地命中目标,制导控制系统必须具备两方面的基本功能:

(1)在导弹飞向目标的整个过程中,不断地测量导弹的实际飞行弹道相对于理想(规定)飞行弹道之间的偏差,或者测量导弹与目标的相对位置及其偏差,按照一定制导规律(简称导引律)计算出导弹击中目标所必须的控制指令,以便自动地控制导弹,修正偏差,准确飞向目标。这就是所谓的“制导”功能。

(2)按照导引律所要求的制导指令,驱动伺服系统工作,操纵控制机构,产生控制力和力矩,改变导弹的飞行姿态和路线,保证导弹稳定地按照所要求的弹道飞行,直至命中目标。这就是所谓的“控制”功能。

从本质上来讲,导弹的制导问题可以看成是对空中飞行的导弹质心进行位置控制的问题,导弹的控制问题可以看成是对空中飞行的导弹姿态、法向过载等动力学变量的稳定和控制问题。制导控制系统就是完成对导弹飞行进行"制导"和"控制"的硬件及软件的总称,从功能上可以分为导引系统和控制系统两部分。其基本组成如图1-3所示。

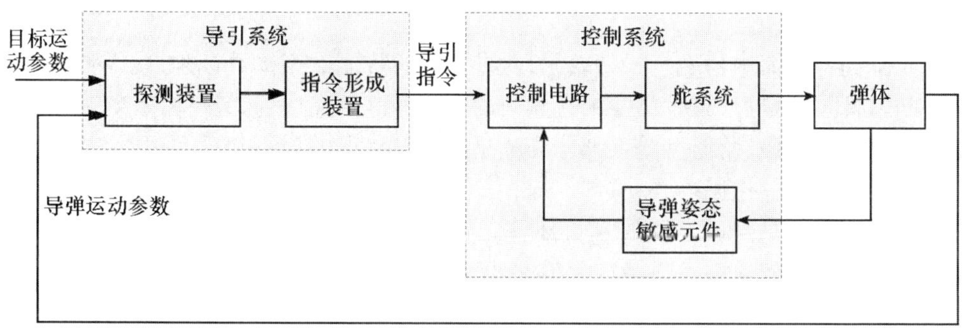

图1-3 导弹制导系统的基本组成

导引系统主要担负"制导"功能。其功能是用来测定或探测导弹相对目标或发射点的位置,给出导弹质心的运动规律,按照预先设计好的导引规律,由导引计算机形成制导指令,并把导引指令传输给控制系统。导引系统一般包括探测装置、指令形成装置和指令传输装置。

探测装置用于测量导弹和目标的坐标及运动参数或导弹和目标的相对位置,其任务是完成对目标和导弹的跟踪和测量。探测装置对目标和导弹运动信息的测量,可以用不同类型的装置予以实现。它可以是制导站上的红外或雷达测角仪,也可能是装在导弹上的导引头。指令形成装置可以是一部计算机或其他指令形成装置,其作用是根据目标和导弹的参数测量值,计算出控制指令,完成计算功能,计算装置可能在制导站上或者弹上。指令传输装置的作用是当控制指令不在导弹上产生时,借助于该装置,将控制指令传输给导弹。如果控制指令在弹上直接形成,那么控制指令就直接送给控制系统。

控制系统也称为自动驾驶仪,其功能是响应导引系统的指令信号,产生作用力迫使导弹改变航向,使导弹沿着要求的弹道飞行。此外,控制系统的另一项重要任务是稳定导弹的飞行。自动驾驶仪是制导控制系统弹上设备的重要组成部分,它与导弹构成的闭合回路称为稳定控制系统(英文文献中常称为飞行控制系统)。通常由导弹姿态敏感元件、控制电路和舵系统等组成。

一般情况下,制导系统是一个多回路系统,所有的导弹都必须具备制导系统大回路。稳定控制系统是制导系统大回路的一个内回路,它本身也是闭环回路,而且可能是多回路(如包括阻尼回路和加速度计反馈回路等),而稳定回路中的执行机构通常也采用位置或速度反馈形成闭环回路,即舵系统。

制导控制系统的工作过程如下:导弹发射后,探测装置不断测量导弹相对要求弹道的偏差,并将此偏差送给导引指令形成装置。导引指令形成装置将该偏差信号加以变换和计算,形成导引指令,该指令要求导弹改变航向或速度。导引指令信号送往控制系统,经变换、放大,通过执行机构驱动舵系统,使舵面偏转,改变导弹的飞行方向,使导弹回到要求的弹道上来；当导弹受到干扰、姿态角发生改变时，导弹姿态敏感元件检测出姿态偏差，并以电信号的形式送入弹上计算机，从而操纵导弹恢复到原来的姿态，保证导弹稳定地沿要求的弹道飞行。

1.3.2 稳定控制系统

为了提高导弹命中精度与毁伤效果，对导弹进行控制的终极目标是，使导弹命中目标时质心与目标足够接近，有时还要求有相当的弹着角。为完成这一任务，需要对导弹的质心与姿态同时进行控制，但目前大部分导弹是通过对姿态的控制间接实现质心控制的，这就是稳定控制系统的作用。

稳定控制系统是制导系统的重要环节，它的性能直接影响制导系统的制导准确度。弹上控制系统应既能保证导弹飞行的稳定性，又能保证导弹的机动性，即对飞行有控制和稳定的作用。在稳定控制系统中，自动驾驶仪是控制器，导弹是控制对象。自动驾驶仪和导弹构成的稳定控制系统如图 1 –4 所示。

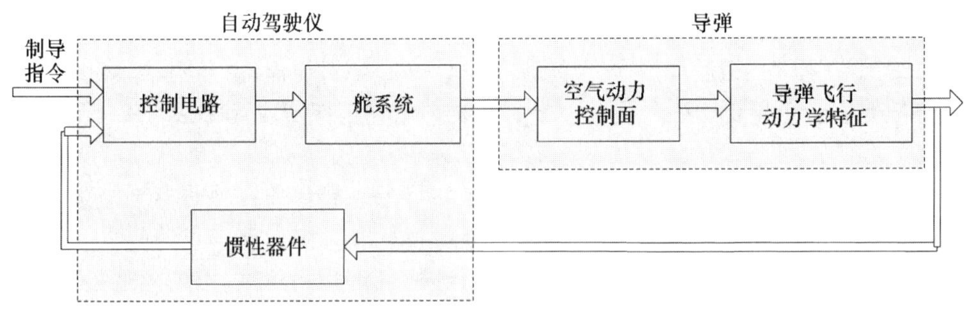

图 1 –4　稳定控制系统结构图

1.3.2.1 自动驾驶仪

自动驾驶仪是稳定导弹绕质心的角运动，接受制导指令，控制和稳定导弹质心运动的自动控制装置。它是导弹制导控制系统弹上设备的重要组成部分，其作用是根据制导指令改变导弹运动方向，正确而快速地操纵导弹的飞行。

1. 自动驾驶仪的特点

(1) 自动驾驶仪是应用多种学科理论的产品，它涉及的专业技术面广，与空气动力学、自动控制、仿真技术、精密机械、电子、电器、液压、气压等专业技术密切相关，是一个融多种专业技术于一体的复杂系统。

(2) 自动驾驶仪以导弹为控制对象，控制对象的复杂性和不确定性是其另一个重要特点，面对多变量交链的非线性时变控制对象，以及目标机动的不可预知性，自动驾驶仪必须始终确保稳定控制系统的稳定性，对制导指令的响应特性也必须保持在要求的范围之内。

(3) 自动驾驶仪另一个特点是快速反应要求，由于作战任务的需求，其准备工作时间通常以秒计，因此其准备工作时间必须严格限制在武器系统设计规定的指标之内。

2. 自动驾驶仪的组成

自动驾驶仪一般由惯性器件、控制电路和舵系统组成，它通常通过操纵导弹的空气动力控制面（和/或推力矢量）控制导弹的空间运动。

（1）惯性器件

常用的惯性器件有各种自由陀螺、速率陀螺和加速度表，分别用于测量导弹的姿态角、姿态角速度和线加速度。通常用一个自由陀螺测量弹体的滚动角，用两个速率陀螺分别测量弹体的俯仰角速度和偏航角速度，用两个加速度表分别测量弹体俯仰方向和偏航方向的线加速度。根据自动驾驶仪的设计不同，也有不同的运用方法。

自动驾驶仪使用的自由陀螺主要有机械陀螺、气浮陀螺和液浮陀螺等，主要用于测量导弹的姿态角信息，目前向着小型化和缩短启动时间两方面来发展。目前体积、质量虽然有了成倍的减小，但还是远大于速率陀螺，因此对于短时间工作的战术导弹，可采用速率陀螺加积分器代替自由陀螺。速率陀螺目前有激光陀螺、光纤陀螺、挠性（动力调谐）陀螺、压电陀螺和低成本微机械陀螺等，主要用于测量导弹的角速度，它们的主要发展趋势是减小体积、质量，扩大量程和提高测量精度。加速度表有摆式加速度表、重锤式加速度表和石英挠性加速度表，用于测量弹体的线加速度，它们的发展趋势主要是小型化和提高精度。

在垂直发射的导弹中，滚动角和俯仰角的变化范围都可能超过 90°，无法使用一般的自由陀螺，因而开始应用捷联惯性姿态基准，也就是用三个速率陀螺测量弹体的姿态角速率，根据速率陀螺的输出，弹上计算机实时解算出导弹的三个姿态角。随着微电子技术的发展和捷联惯性基准成本的下降，现在多数导弹都开始采用捷联惯导，也就是用三个或更多的速率陀螺和加速度表测量导弹的角速度和加速度，根据它们输出的信号，弹上计算机实时解算出导弹的姿态、速度和位置。在此条件下，自动驾驶仪所需的导弹姿态、角速度和加速度信号均可由捷联惯性基准提供。通过弹上捷联计算机，可以获得丰富的弹体位姿信息，对于自动驾驶仪的设计和多种信息融合制导提供了丰富的信息。

（2）控制电路

控制电路由数字电路和（或）各种模拟电路组成，用于实现信号的传递、变换、运算、放大、回路校正和自动驾驶仪工作状态的转换等功能。

自动驾驶仪的电路结构由真空管电路、晶体管电路发展到了广泛使用集成电路的阶段。随着微电子技术的发展，从上世纪 70 年代末开始，数字计算机已应用于导弹的弹上控制设备中。数字计算机的灵活性、准确性、逻辑能力和高速运算的能力，为自动驾驶仪的发展提供了巨大的潜力。随着数字计算机的应用，电路结构主要沿小型化、低功耗和高可靠性的方向发展。

（3）舵系统

舵机是自动驾驶仪的执行元件，其作用是根据控制信号的要求，操纵相应空气动力控制面的运动，以产生使导弹运动的控制力矩。舵系统一般由功率放大器、舵机、传动机构和适当的反馈电路构成。有的导弹也使用没有反馈电路的开环舵系统。

操纵空气动力控制面（舵和副翼）的舵机种类很多，按使用能源分，有冷气舵机、燃气舵机、液压舵机和电动舵机。对舵机的性能要求，主要有舵面的最大偏角、舵偏的最大角速度、舵机的最大输出力矩,以及动态过程的时间响应特性等。在结构上,要求舵机具有质量轻、尺寸小、结构紧凑、容易加工和工作可靠等特点。

在垂直发射导弹的引入段上,由于导弹的飞行速度小,空气舵的操纵效率低,而持续转弯又要求具有很高的快速性,自动驾驶仪开始使用(单独使用或与空气舵同时使用)推力矢量控制装置。引入段结束后,这种推力矢量控制装置一般都被抛掉,其工作时间只有几秒钟,推力矢量控制的方法有操纵燃气舵、操纵发动机喷管和使用侧向推进器等,操纵燃气舵是目前使用的主要方法。此外,近年来还提出了在导弹拦截飞行的末段,使用通过重心的推力协助气动控制的设想。

3. **自动驾驶仪的分类**

(1)按控制方式的不同,自动驾驶仪可分为:

① 侧滑转弯(STT)自动驾驶仪,分为俯仰、偏航和滚动等三个通道;

② 倾斜转弯(BTT)自动驾驶仪,机动性好,通道之间相互铰链。

(2)按滚动、俯仰、偏航三个通道的相互关系可分为:

① 三个通道彼此独立的自动驾驶仪;

② 通道之间存在铰链的自动驾驶仪。

除个别导弹外,现有导弹自动驾驶仪多数采用侧滑转弯控制且三个通道彼此独立的自动驾驶仪,还可以根据滚动通道和侧向通道的特点,再进行详细分类。

(3)按实现方式,自动驾驶仪可分为:

① 模拟式;

② 数字式。

(4)按控制量不同,自动驾驶仪可分为:

① 姿态控制型;

② 过载控制型。

1.3.2.2 控制对象(导弹)

(1)空气动力控制面

空气动力控制面指导弹的舵和副翼。舵通常有两对,彼此互相垂直,分别产生侧向力矩控制导弹沿两个侧向的运动。通常,每一对舵都由一个舵系统操纵,使其同步向同一方向偏转。副翼用来产生导弹的滚转操纵力矩,控制导弹绕纵轴的滚转运动。副翼可能是一对彼此作反向偏转的专用空气动力控制面,也可能由一对舵面或同时由二对舵面兼起副翼作用,兼起副翼作用的舵称为副翼舵。一对专用副翼可由一个舵系统操纵,一对副翼舵的两个控制面,通常各由一个舵系统根据侧向控制和滚动控制要求进行操纵,这种结构在习惯上称为“电差动”。也有用一个侧向舵系统和一个滚动舵系统共同操纵一对副翼舵的作法,两个舵系统的运动由机械装置综合成为副翼舵的运动,这种结构习惯称之为“机械差动”。

(2)导弹飞行动力学特性

导弹飞行动力学特性,是指空气动力控制面偏转与导弹动态响应之间的关系,可由数学模型描述(详见第3章)。在自动驾驶仪的工作过程中,它们通过仿真设备的模拟,或导弹的实际飞行才能体现出来。由于导弹是多变量铰链的非线性时变控制对象,它的动力学特性随着飞行速度、飞行高度、弹体质心和压力中心等多种因素的变化而变化。导弹动力学方程参数的变化范围,大的可达几十倍乃至上百倍。控制对象的这种高度复杂性和变化性,对自动驾驶仪的设计提出了很高的要求。

1.3.2.3　控制系统结构

导弹姿态运动有三个自由度,即俯仰、偏航和滚动三个姿态,通常也称为三个通道。在自动驾驶仪中,控制导弹绕纵轴运动的部分称为滚动通道,控制导弹在俯仰平面运动的部分称为俯仰通道,控制偏航运动的部分称为偏航通道,它们与导弹飞行动力学特性构成的闭合回路,分别称为滚动(稳定或控制)回路、俯仰(稳定控制)回路和偏航(稳定控制)回路。俯仰(稳定控制)回路和偏航(稳定控制)回路在原理上是相同的,通常统称为侧向稳定控制回路或侧向回路。

如果以控制通道的选择作为分类原则,稳定控制系统的控制方式可大致分为两类,即单通道控制和三通道控制。

(1) 单通道控制方式

一些小型导弹,弹体直径小,在导弹以较大的角速度绕纵轴旋转的情况下,可用一个控制通道控制导弹在空间的运动,这种控制方式称为单通道控制。采用单通道控制方式的导弹可采用"一"字舵面,继电式舵机,一般利用尾喷管斜置产生自旋,利用弹体自旋,使一对舵面在弹体旋转中不停地按一定规律从一个极限位置向另一个极限位置交替偏转,通过改变相位,其综合效果产生的控制力使导弹沿基准弹道飞行。

在单通道控制方式中,弹体的自旋转是必要的,如果导弹不绕其纵轴旋转,则一个通道只能控制导弹在某一平面内的运动,而不能控制其空间运动。

单通道控制方式的优点是,由于只有一套执行机构,弹上设备较少,结构简单,质量轻,可靠性高,但由于仅用一对舵面控制导弹在空间的运动,对制导系统来说,有不少特殊问题要考虑。

(2) 三通道控制方式

通常制导系统对导弹实施横向机动控制,故可将其分解为在互相垂直的俯仰和偏航两个通道内进行的控制,对于滚转通道可进行稳定或控制,这种控制方式称为三通道控制方式,即直角坐标控制。也有将滚动通道仅进行稳定而不控制的方式称为双通道控制方式。

三通道控制方式制导系统组成原理图如图1-5所示,其工作原理是:观测跟踪装置测量出导弹和目标在测量坐标系中的运动参数,按导引规律分别形成三个通道的控制指令。这部分工作一般包括姿态控制的参量计算及相应的坐标转换、导引规律计算、误差补偿计算及控制指令形成等,所形成的三个通道的控制指令与三个通道的某些状态量的反馈信号综合,送给执行机构。

除超低空旋转导弹采用单通道控制外,已有的绝大多数导弹采用三套互相独立的系统进行稳定和控制,随着大攻角、大机动过载的导弹出现,以及高性能倾斜转弯导弹的出现,三个方向的运动之间存在着强烈的交叉耦合,自动驾驶仪采用三套独立控制系统的格局已开始打破。

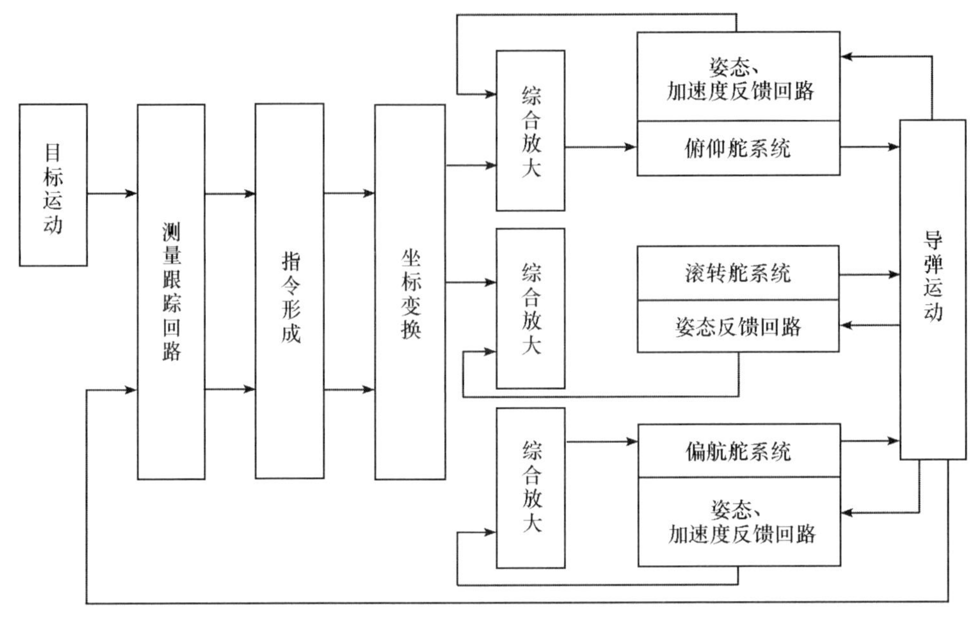

图 1-5 三通道控制方式制导系统原理图

1.3.2.4 控制方法与控制策略

与一般控制对象相比,导弹弹体结构复杂,具有多种运动模态和非线性气动特性,飞行条件和状态(高度、速度、质量、惯性等)范围广阔而变化剧烈,并存在大量影响运动规律的随机干扰因素和严重测量噪声,给导弹控制带来相当大的困难。因此,必须把导弹运动当作一个复杂系统来选取控制方法和控制策略。以实现制导控制系统对导弹六自由度运动的有效控制。

从控制方法上讲,导弹经历了自动驾驶仪控制本身的进步,出现了自适应自动驾驶仪、耦合自动驾驶仪和倾斜转弯自动驾驶仪等;实现了由传统自动驾驶仪控制到惯性控制的重大变革,采用了捷联惯导系统,用数字平台代替了机械平台,并直接利用了卡尔曼滤波等现代控制技术;由早先单一气动控制发展到了气动控制、推力矢量控制和最先进的交叉控制等,同时实现了导弹的随控设计方法。

从控制策略上讲,原来的自动驾驶仪几乎都是应用经典控制理论(频率响应法和根轨迹法)进行设计的。近十多年来,以大攻角飞行控制和高性能倾斜转弯导弹的飞行控制为背景,以使用微型数字计算机为前提,出现了许多用现代控制理论设计自动驾驶仪的文献,它们所用的方法包括极点配置法、LQG(Linear Quadratic Gaussian)(线性、二次、高斯)方法、多变量频域法、非线性控制以及各种先进的自适应方法(变结构自适应控制、智能自适应控制、神经网络自适应控制、混合自适应控制、多模自适应控制、H_∞ 自适应控制和自适应逆控制等)。这样,由于提高了导弹制导控制系统的控制品质和效率,从而大大增强了导弹的作战性能(如机动性、抗干扰能力等)。

1.3.3 制导体制与导引律

在制导控制系统中,稳定控制系统的任务是接收制导指令,对导弹进行稳定和控制,并将其导向目标;而导引系统的任务则是产生制导指令并将其传输给控制系统。它通过探测装置对导弹和目标的状态进行测量,然后根据一定的导引规律产生制导信号,并传输给控制系统。对于制导控制系统而言,各类导弹的飞行控制系统都在弹上,工作原理也大体相同;而导引系统的设备可能全部放在弹上,也可能放在制导站或部分主要设备放在制导站,其制导原理也各不相同,因此制导控制系统常常按制导体制的不同进行分类。

1.3.3.1 制导系统的分类

现代导弹制导系统种类繁多,可按照工作原理、指令传输方式、所用能源及飞行弹道的不同进行分类。目前最广泛采用的制导系统分类方法将制导系统分为以下四类:自主制导;遥控制导;寻的制导;复合制导。如图1-6所示。

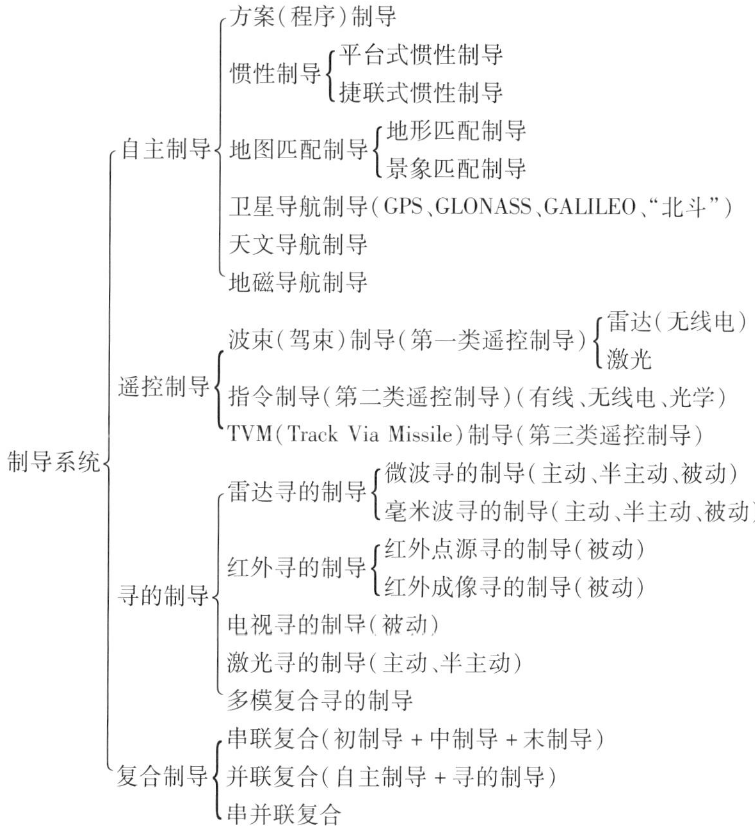

图1-6 制导系统分类图

1. **自主制导**

自主制导是指控制和导引信息由导弹自身生成的制导方式。自主制导系统仅由安装在导弹内部的测量仪器测量地球或宇宙空间的物理特性,决定导弹的飞行轨迹。

导弹发射前,预先确定了导弹的弹道;发射后,弹上制导系统的敏感元件不断测量弹体的运动参数,如速度、加速度、弹体的姿态等,或者通过弹上测量装置测量天体位置、地貌特征或卫星信号等,确定弹体当前的位姿参数,经过适当处理后,与预定的弹道参数进行比较,一旦出现偏差,便产生导引指令使导弹飞向预定的目标。

根据控制信号生成方法的不同,自主制导一般有五种方案:方案(程序)制导、惯性制导、地图匹配制导、天文导航制导、卫星导航制导。

自主制导的特点是:导弹发射后,导弹、发射点、目标三者之间没有直接的信号联系,不再接收指挥站的指令,因而能发射后不管,导弹的飞行方向和命中目标的精确度完全由弹内制导设备决定,因而隐蔽性好,不易受到干扰。自主制导不受目标和制导站的限制,作用距离可以很远,精度也较高。但导弹一旦发射出去,就不能再改变其预定的轨迹,因而用自主制导系统的导弹只能对付固定目标或将导弹引向预定区域,不能攻击活动目标。自主制导体制多用于弹道导弹、巡航导弹,或用于战术导弹中的地地导弹、空地导弹等,在某些地空导弹的初制导段也有应用。

2. **遥控制导**

遥控制导是指在远距离上向导弹发出导引或控制指令,将导弹引向目标或预定区域的一种导引技术。

导弹发射后,指挥站必须对目标和导弹进行观测,由指挥站发出波束指示导弹在波束内飞行,或由制导站产生导引指令和控制指令发送至导弹,控制导弹飞行,直至与目标遭遇。

遥控制导主要有波束/驾束制导(或称第一类遥控制导)、指令制导(或称第二类遥控制导)、TVM 制导(或称第三类遥控制导)几大类。

遥控制导是一种较经典的制导方式,其弹上制导设备较简单,可以利用地面制导站的计算机强大的数据处理能力和计算能力,对测量信息进行精确的数据处理和状态估计,从而可能利用最优导引律来形成控制指令,使导弹命中精度大幅提高,但是,其与制导站之间的上行和下行传输通道易被发现和干扰,隐蔽性较差,且制导精度随导弹与制导站的距离增大而降低。遥控制导多用于地空导弹和一些空空、空地导弹,有些战术巡航导弹也用遥控指令制导来修正其航向。

3. **寻的制导**

寻的制导体制又称为自动导引制导体制,是指导弹能够自主地搜索、捕捉、识别、跟踪和攻击目标的制导方式。这是导弹武器系统最主要的现代制导体制。

其作用过程是:导弹发射后,利用装在弹上的导引头接收目标辐射或反射的某种特征能量,自动截获并跟踪目标,确定导弹和目标的相对位置,在弹上形成制导和控制指令,自动地将导弹导向目标。寻的制导系统的一个重要特征是使用导引头自动截获和跟踪目标,它与自主制导的区别是利用弹上导引头截获目标信息,即有弹目观测信道,可实时观测目标,因而可用于攻击活动目标甚至是高速运动目标。

根据能源所在位置的不同,寻的制导可分为主动式、半主动式和被动式寻的制导;根据能源物理特征的不同,可分为雷达式、红外式、激光式,以及电视寻的制导。

自动寻的制导可使导弹攻击移动目标和高速目标,由于导引头对目标的实时测量,制导精度可以做到很高,且被动式寻的制导可做到发射后不管;但由于它靠来自目标的能量来检测导弹的飞行偏差,因此作用距离有限,且易受欺骗和干扰。自动寻的制导一般多用于防空导弹,由于寻的制导体制有较高的导引精度,所以在空地导弹和制导航空弹药的末制导中也大多采用了寻的制导体制。

近年来,还出现了双模/多模复合寻的制导体制。所谓双模/多模复合寻的制导是指由两种(或多种)模式的寻的导引头参与制导,共同完成导弹的寻的制导任务,它是双模/多模复合探测、信息融合处理及最优化导弹控制等技术在导弹制导控制系统中的最新应用。双模/多模复合寻的制导体制是在战场对抗层次越来越高、对抗手段越来越复杂、作战环境和目标特性探测日益严峻的背景下产生的。它利用多传感器探测手段获取目标信息,经计算机综合处理,得出目标与背景的混合信息,然后进行目标识别、捕捉和跟踪,再借助最优化导引规律和相应实时控制策略,产生制导信号导引导弹飞行,最终实现高精度的命中。

4. **复合制导**

所谓复合制导是指在导引导弹飞向目标的过程中,采用两种或多种制导方式相互衔接、协同配合共同完成制导任务的一种新型制导方式。前面所述的三种制导体制各有其优缺点,分别有其不同的适用范围。采用复合制导体制的目的是为了更好地发挥各种制导体制的优越性,扬长避短,使导弹武器系统更有效地完成其使命。表1-3给出了三种制导体制特点的比较。

表1-3 三种制导体制的简要比较

类型	作用距离	制导精度	制导设备	抗干扰能力
自主制导	可以很远	较高	在弹上	极强
遥控制导	较远	高,随距离降低	分装在制导站内和弹上	较差
自寻的制导	小于遥控制导	高	在弹上	较差

根据导弹在整个飞行过程中制导方法的组合方式不同,复合制导又可分为串联复合制导、并联复合制导和串—并联复合制导。串联复合制导指的是把整个飞行过程分为初制导+中制导+末制导阶段,在每个阶段采用不同的制导体制;并联复合制导指的是在导弹整个飞行过程中或在某个飞行弹道上同时采用几种制导方式。串—并联复合制导体制则是既有串联又有并联的混合制导方式。采用何种复合制导方式较好,并没有固定的模式,要根据实际情况进行取舍,但由于寻的制导体制有高的导引精度,所以末段制导都毫无例外地采用寻的制导体制。目前,复合制导已获得广泛的应用,在大多数的战术导弹上,都采用了两种以上的制导体制。

1.3.3.2 导引方法与制导律

导引方法和导引律的选择与设计是导弹制导控制系统设计中的关键技术之一,它直接影响到导弹的作战效能和对目标的命中精度。导引方法解决的任务是给出在接近目标过程中导弹与目标之间的运动关系。不同的导引方法会产生不同的导引律,从而引导导弹按不同的弹道接近目标。因此,如何选择或设计合适的导引方法控制导弹,使其沿着导引律确定的理想弹道接近目标,是导弹制导控制系统设计的核心问题之一。

实现导弹导引的方法有很多,但按照设计原理和运动特性,可归纳为两大类,即古典导引方法和现代导引方法。我们把建立在导弹目标质心运动基础上所实现的三点法、直接瞄准法、追踪法、平行接近法和纯比例导引法称为古典导引法;而把建立在现代控制理论基础上所推导出来的最优导引法称为现代导引法,如扩展比例导引法、偏置比例导引法、修正的 PID 比例导引法、微分对策导引法、变结构比例导引法以及 LQG 最优导引法等。

导引律的任务是根据导弹和目标的相对运动信息,导引导弹按一定的飞行弹道去拦击目标。因此,导引律所要解决的问题是导弹拦击目标的飞行弹道问题。实现引导导弹的导引律亦有很多,但也可以分为两大类,这就是由古典导引法产生的古典导引律和由现代导引法推导出的现代最优导引律。

还必须指出,在选择与设计导引法和导引律时,必须考虑如下问题,并以此作为前提和约束,经过充分论证、计算,以设计出合适的导引律。

(1)导弹武器的战术技术要求(包括制导方式、作战空域等);

(2)导弹测量系统的特性(包括可观测状态变量,可探测空域和视场角等);

(3)导弹性能(包括导弹最大速度及可用过载,导弹初始发射的散布度等);

(4)目标特性(包括目标机动能力,弹目速度比等);

(5)对制导系统的要求(包括制导精度,制导系统的工程实现等);

(6)效费比分析。

1.4 制导控制系统分析与设计方法

制导控制系统分析与设计的最终目的是使系统以给定的概率命中目标。分析与设计中主要解决的问题是:提出合理的战术技术指标、选择制导体制与控制方式、设计导引律、设计制导控制系统结构形式、设计制导回路、设计稳定回路、设计控制与稳定装置、进行系统制导精度和稳定性分析等。

1.4.1 对制导控制系统的基本要求

导弹制导控制系统设计中,首先遇到的问题是提出合理的系统战术技术指标。为此,必须明确导弹的作战任务,并对制导控制系统提出如下基本要求。

(1)制导精度。制导精度是对制导控制系统最基本、最主要的要求。制导精度通常用导弹的脱靶量来表示。所谓脱靶量是指导弹在制导过程中与目标间的最短距离。为了做到导弹能够首发命中目标,普遍提出了导弹脱靶量小于允许值的要求。允许值取决于诸多因素,但主要是导弹的类型、给出的命中概率、制导控制误差(包括系统误差和随机误差)、战斗部重量和性质、目标类型及其防御能力等。目前,战术导弹的脱靶量可以达几米,有的甚至可以同目标直接相撞;战略导弹的脱靶量多达几十米或上百米。

(2)自主制导控制能力。所谓的自主制导控制能力,就是要求导弹制导控制系统必须实现自动探测、识别选择目标及其要害部位,完成精确打击,做到“发射后不管”。

(3)作战反应能力。所谓作战反应能力,是指从发现目标起到第一枚导弹起飞为止的这段时间大小。通常取决于指挥控制系统、通信系统和制导控制系统的性能。对于制导控制系统而言,则要求它具有敏捷的反应能力,做到快速反应(一般在毫秒级),并选择最佳飞行弹道,以保证导弹能近距快速命中强机动性目标。提高制导系统反应时间的主要途径是提高制导系统准备工作的自动化程度。

(4)对目标的识别和处理能力。要使导弹能够有效攻击相邻多目标中的某指定目标,必须要求制导控制系统对目标有较高的距离识别力和角度识别力,这主要取决于制导控制系统传感器的测量精度,因此,必须采用高分辨率的目标传感器。此外,制导控制系统要能使导弹同时观测和攻击多个目标,即提高控制容量,许多空空和地空导弹采用多目标、多导弹信道系统,以增强导弹武器对目标入侵的防御能力。

(5)远程制导控制能力。依靠导弹实施远程奔袭精确打击是最近几次高技术局部战争的主要作战模式。这样,对导弹制导系统的远程制导能力要求越来越高。为此,制导系统需采取以下三项主要措施:

①在敌方火力圈外发射,即防区外发射导弹;

②具有较高的突防能力(如随时机动和变轨等);

③采用复合制导。

(6)全天候全天时能力。所谓全天候全天时能力是指制导系统能够在任何恶劣气候气象条件下,保证导弹不分昼夜高清晰地识别战场目标,并完成其打击目标的任务。

(7)抗干扰能力。所谓抗干扰能力是指制导控制系统具有自动对消和排除来自系统内外干扰因素的能力。当前,抗干扰任务对导弹制导控制系统提出越来越严峻的挑战。这是因为,在现代高技术条件下,战场环境越来越恶劣,其干扰不仅形式多样(电磁、可见光、红外、声、振动、热等),随机性很大(敌方袭击、电子对抗、反导对抗、内外部扰动),而且模式不断变化,强度日益提高。为了提高系统的抗干扰能力,需要在设计中考虑如下工作:

①不断采用新技术,降低系统对干扰的敏感性;

②提高制导系统工作的欺骗性、隐蔽性和突然性;

③采用复合制导和多模制导技术,当一种模式被干扰时,立即转换成另一种模式,提高对战场干扰环境的适应能力。

(8)可靠性和可维修性。制导系统在给定的时间和条件下,不发生故障的工作能力,称为制导系统的可靠性。它取决于系统内各组件、元件的可靠性及由结构决定的对其他组件、元件及整个系统的影响。对于制导控制系统不仅要求具有高的可靠性,而且要求具有快速的可维修性。所谓可维修性是指制导系统发生故障后,在特定的停机时间内,系统被修复到正常的概率,要求产品维修简便,具有快速重构能力,始终保证其正常执行作战任务。

(9)战术使用的灵活性。它是指从战术使用角度对制导控制系统的综合性要求,即要求系统对目标(或目标群)探测范围大、识别分辨率高、跟踪性能好、抗干扰能力强、发射区域及攻击方向宽、进入战斗准备时间短、地面设备机动力强等。

(10)体积、质量和成本要求。在满足上述要求下,尽可能使制导控制系统的仪器设备结构简单、体积小、质量轻、成本低。

1.4.2 制导控制系统设计特点

众所周知,导弹是一个具有非线性、时变、耦合和不确定特性的被控对象。制导控制系统设计由于其控制对象的特殊性、工作条件的特殊性,以及在精度和可靠性等方面的高要求,其设计区别于一般自动控制系统,具有如下主要特点,必须在设计中予以着重考虑:

(1)复杂性。作为控制对象的导弹,其建模十分复杂,既要考虑到作为刚体弹体的运动特性,又要考虑到弹体的弹性振动和变形。此外,还要考虑导弹与空间介质的相互作用、导弹的模型参数随飞行状态的不同而变化、导弹质量的变化、空气动力作用点的移动、以及结构弹性引起的操纵机构偏转与导弹运动参数之间的复杂联系等。

(2)变化性。导弹的动力学特性与导弹飞行时快速变化的飞行速度、高度、质量和惯量之间有着密切联系。导弹在使用空域内飞行高度和飞行速度的变化范围很宽广,所以飞行中它的运动参数和控制参数都会有相当大幅度的改变,致使导弹动态特性发生很大变化。为了获得满意的自动驾驶仪控制品质和导弹飞行性能,制导控制系统不能按一条特定弹道设计,必须有自适应能力。这样,会带来系统设计中的非线性、变参数和多输入多输出等难题。

(3)耦合性。导弹的动力学模型是一组非线性的微分方程组,纵向运动和侧向运动之间存在着较强的耦合,特别是在大攻角机动时,控制系统通道之间存在复杂的相互作用。

(4)非线性。导弹的空气动力学特性以及控制装置元件都具有非线性特性,例如舵机的偏转角度、偏转速度、响应时间受到舵机的结构及物理参数的限制。

(5)多约束。由于导弹战斗部威力有一定限制,因此,制导控制系统的精度必须满足对目标命中精度的要求;此外有许多制导武器还有落角约束、过载限制、攻角限制等其他约束条件,在设计中必须统筹考虑。

(6)噪声和干扰。在传感器的输出中混有噪声,特别是在大过载情况下,传感器的噪声可能被放大;现代高技术战场越来越复杂,导弹作战面临着严峻的干扰环境,因此制导控制系统设计必须考虑各种随机干扰的影响,具备相应对抗措施。

(7)发射和飞行条件多样。制导武器为了提高隐蔽性和生存能力,必须满足各种各样的发射条件,如导弹有陆射、潜射、舰射等,制导弹药有炮射、空射等,发射时还有不同的飞行高速、发射速度以及发射角度等。要适应多种飞行和发射条件,给制导控制系统的设计提出了更高的要求。

1.4.3 制导控制系统主要设计阶段

制导控制系统的设计是一个非常复杂的系统工程，按照其设计内容和特点大体可分为如下四个阶段。

(1)系统方案论证阶段

① 确定目标和导弹运动状态测量体制；

② 导引律选定；

③ 提出弹载计算机要求(功能、速度、存储、接口、通信等)；

④ 论证选择稳定控制系统方案；

⑤ 弹上信号综合装置选定；

⑥ 确定制导控制系统方框图；

⑦ 制导精度概率估计及设备精度分配。

(2)系统原理性设计阶段

① 建立系统原理性数学模型，并绘制原理结构图；

② 理论弹道设计及计算；

③ 稳定控制回路设计；

④ 动态补偿规律设计；

⑤ 制导控制回路设计；

⑥ 控制导弹方程式推导及控制弹道计算；

⑦ 精度计算(脱靶量及落入概率计算)；

⑧ 提出制导设备任务及有关接口参数的协调要求。

(3)独立回路弹试飞与稳定控制系统设计修改阶段

制导回路和稳定控制回路设计需要反复进行。一般采用三轮设计：第一轮基于空气动力学理论推导；第二轮基于气动吹风数据；第三轮根据弹试飞数据设计。同时，中间穿插着数学仿真和半实物仿真，以检验整个系统和分系统的性能指标及分系统间的协调性。

所谓独立回路就是导弹加上稳定控制回路。试飞的目的主要是检验稳定系统工作性能，进一步获取试飞气动数据，并以试飞结果进行分析和修改设计。

(4)闭合回路弹试飞与制导控制系统论证和设计修改阶段

闭合回路弹试飞是整个制导控制系统参加试飞，其目的是检验制导控制系统和设备的功能及其技术指标，并依据试飞结果进行分析改进设计。试飞往往需要进行若干次，直到射击典型靶标得到满意的落入概率为止。应该指出，除了上述试飞外，最后还需要进行全武器系统的定型试验。在此过程中尚需要对制导控制系统不断分析、仿真、修改直至定型，这样设计工作才算结束。

思考题

1. 导弹制导控制系统通常用到哪些测量部件？可以测量哪些信息？
2. 轴对称外形与面对称外形分别适用于何种用途的导弹？
3. 简述自动驾驶仪的功用。
4. 简述飞行控制系统(自动驾驶仪)与制导系统的关系。
5. 导弹推进系统有哪些发动机？优缺点如何？
6. 说明垂直发射的意义,及其给自动驾驶仪带来的新课题。

第 2 章　弹体特性与受力分析

弹体作为控制和导引的对象，必然要受到制导控制系统的约束，如要求其具有良好的稳定性、操纵性和机动性，即理想的弹体动态特性等；另一方面制导控制系统的设计也必须适应导弹的特点，如考虑其动态特性、弹体的气动布局、控制方式及弹体数学模型等，导弹又有对制导控制系统的约束和要求。这表明导弹与制导控制系统设计之间存在着互为前提的关系。弹体作为制导控制系统回路中的重要组成部分，通过输入输出关系对整个回路性能产生至关重要的影响。因此，本章着重研究作为控制对象的弹体，首先介绍有关弹体的一些基本概念，然后从制导控制角度对弹体设计提出要求，接着介绍了制导控制过程中常用的坐标系及其相互关系，最后对弹体所受的力和力矩进行分析。

2.1　有关弹体的基本概念与设计要求

2.1.1　有关弹体的一些基本概念

(1) 导弹的静稳定性

导弹在平衡状态下飞行时，受到外界瞬间干扰作用而偏离原来的平衡状态，在外界干扰消失的瞬间，若导弹不经操纵能产生附加气动力矩，使导弹具有恢复到原来平衡状态的趋势，则称导弹是静稳定的；若产生的附加气动力矩使导弹更加偏离原平衡状态，则称导弹是静不稳定的；若附加力矩为零，导弹既无恢复到原平衡状态的趋势，也不再继续偏离，则称导弹是静中立稳定的。压心与重心之间的距离称为静稳定度，压心在重心之前的导弹为静不稳定的导弹，压心与重心重合的导弹为中立稳定的导弹，而压心在重心之后的导弹为静稳定的导弹。

(2) 导弹的运动稳定性

导弹在运动时，受到外界扰动的作用，使之离开原来的飞行状态，若干扰消失后，导弹能恢复到原来的状态，则称导弹的运动是稳定的。如果干扰消失后，导弹不能恢复到原来的飞行状态，甚至偏差越来越大，则称导弹的运动是不稳定的。导弹的运动稳定性是指导弹从一种状态向另一种状态过渡时具有向新的状态收敛的特性。而稳定性是指整个扰动运动具有收敛的特性，它是由导弹随时间恢复到基准运动的能力所决定的。

(3) 导弹的机动性

导弹的机动性是指导弹改变飞行速度方向的能力。导弹的机动性可以用法向加速度来表征,但人们通常用法向过载的概念来评定导弹的机动性。所谓过载是指作用在导弹上除重力以外的所有外力的合力 N 与导弹重力 G 的比值。通常人们最关心的是导弹的机动性,即法向过载的大小。由于导弹所受的空气动力与弹体结构、飞行条件和气动特性等有关,所以导弹的机动性是弹体结构、飞行条件和气动特性的函数。

(4)导弹的操纵性

导弹的操纵性是指操纵机构(舵面或发动机喷管)偏转后,导弹改变其原来飞行状态(如攻角、侧滑角、俯仰角、偏航角、滚转角、弹道倾角等)的能力以及反应快慢的程度。舵面偏转一定角度后,导弹随之改变飞行状态越快,其操纵性越好;反之,操纵性就越差。导弹的操纵性通常根据舵面阶跃偏转迫使导弹作振动运动的过渡过程来评定。

(5)导弹的操纵性与机动性的关系

操纵导弹飞行的过程是偏转舵面产生操纵力矩,改变攻角、侧滑角、滚转角,进而改变法向力,使导弹飞行方向改变的整个过程。导弹的操纵性与机动性有着紧密的关系,机动性表示舵偏角最大时,导弹所能提供的最大法向加速度;操纵性则表示操纵导弹的效率,通常指导弹运动参数的增量和相应舵偏角变化量之比,它是一个相对量;机动性则是一个绝对量,有了好的操纵性必然有助于提高机动性。

(6)操纵性和稳定性的关系

稳定性与操纵性是对立统一的关系,所谓对立是因为稳定性力图保持导弹的飞行姿态不变,而操纵性旨在改变导弹的姿态平衡;所谓统一是指导弹的姿态稳定是操纵的基础和前提,因为不稳定的导弹是无法操纵的,而操纵又为导弹走向新的稳定状态开辟道路。导弹正是在稳定—操纵—再稳定—再操纵中实现沿基准弹道飞向目标的。

一般来说,导弹的操纵性好,导弹就容易改变飞行状态;导弹的静稳定度大,导弹就不容易改变飞行状态,需要更大能量。因此,导弹的操纵性和稳定性又是互相对立的,提高导弹的操纵性,就必须减小导弹的静稳定性,提高导弹的静稳定性就会削弱导弹的操纵性。

而导弹的操纵过程和自动驾驶仪的稳定过程又是互相联系的,当舵面偏转后,导弹由原来的飞行状态改变到新的飞行状态的过渡过程,相对于新的飞行状态来说,又是一个稳定过程,所以操纵性问题中又有稳定性的问题。稳定性好,过渡过程就短,有助于提高导弹的操纵性。另一方面,在导弹受到扰动后的稳定过程中,由于自动驾驶仪的作用,导弹的执行机构发生相应的偏转,促使导弹恢复原来的飞行状态,所以稳定性问题中也有操纵性问题,操纵性好,导弹恢复原来的飞行状态就快,有助于加速导弹的稳定。

(7)极坐标控制与直角坐标控制

导弹制导控制系统的任务之一是测出导弹相对理想弹道的飞行偏差,依据测得的偏差形成相应的控制指令信号,将信号送到控制系统中,通过控制系统的作用操纵导弹机动飞行,以消除这些偏差。指令信号可以用两种方式表示,一种是在直角坐标系中,用高低(上下)和左右分量表示;另一种是在极坐标系中,用幅度 ρ 和相角 φ 表示。如图 2-1 所示。

在直角坐标控制方式中,制导设备中的导引系统测出沿两个坐标轴的偏差,形成两路控制信号,一路是俯仰方向的信号,一路是偏航方向的信号,这两个信号送给弹上两个独立的执行机构，使俯仰舵和偏航舵产生偏转，就能实现任意方向的机动，控制导弹沿基准弹道飞行，机动时不需要对导弹进行滚动角控制。直角坐标控制方式适用于轴对称布局的导弹。

在极坐标控制方式中，误差信号是以极坐标的形式送给弹上控制系统的，即一个幅值信号 ρ 和一个相位信号 φ，这时控制系统需采用不同的执行机构来实现控制。首先将相角 φ 作为滚动指令，使导弹的副翼偏转，而产生一个绕纵轴的滚动角。也就是使导弹的纵对称面对准机动方向；并在这个方向上，由幅度 ρ 作为俯仰指令，改变导弹的攻角使之产生要求的机动过载。显然，这种控制方式最适宜于面对称型布局的导弹。面对称型布局导弹的升力方向垂直于导弹的一面，只要准确地控制滚动角的大小，就可以在任何方向上进行机动。

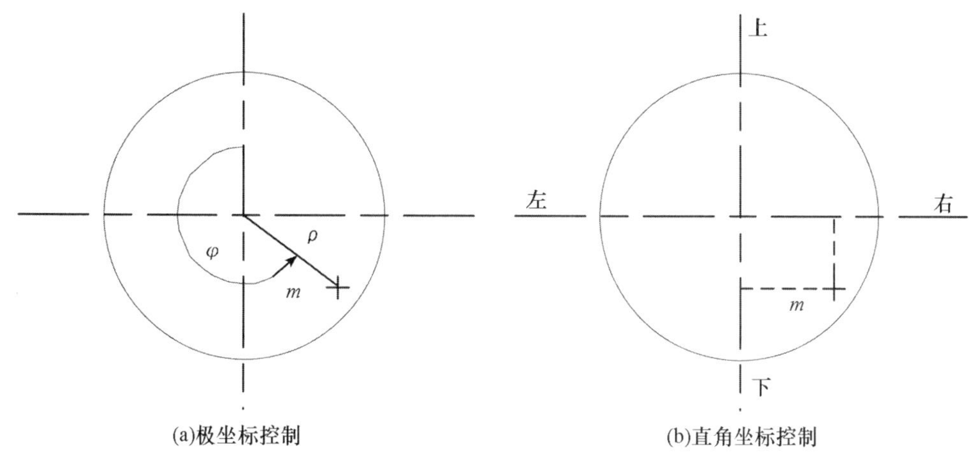

(a)极坐标控制　　(b)直角坐标控制

图 2－1　导弹指令表示

到目前为止，大多数导弹采用轴对称布局、侧滑转弯控制（Skid-to Turn，简称 STT），即直角坐标控制。这种控制需要三个伺服系统，其中两个完全一样，分别在两个执行平面内操纵导弹运动；而另一个伺服系统则用来进行滚动的稳定控制。

近代战争的发展要求导弹具有更好的性能，而倾斜转弯（Bank-to Turn，简称 BTT）控制，即极坐标控制，比现在的侧滑转弯控制使导弹的机动性、稳定性、升阻比特性以及与冲压发动机进气口要求的兼容性等有显著提高。因此 BTT 控制技术受到广泛的重视。

2.1.2　对弹体的设计要求

为了保证导弹的战术技术指标要求，作为控制对象的弹体必须满足飞行性能的主要设计要求。这些要求与杀伤空域、制导精度、拦截目标、目标探测、跟踪距离、导弹操纵效率、导弹机动性、制导控制回路的稳定性等性能有着密切关系，并成为导弹制导控制系统分析与设计的重要依据。

2.1.2.1　导弹的可用过载

导弹机动性是导弹最主要的特性之一，它可以用过载来表征。所谓过载，是指作用在

导弹上除重力之外的所有外力的合力 N(即控制力)与导弹重量 G 的比值,即

$$n = \frac{N}{G}$$

由过载定义可知,过载是个矢量,它的方向与控制力 N 的方向一致,其模值表示控制力大小为重量的多少倍。也就是说,过载矢量表征了控制力 N 的大小和方向。

导弹的可用过载(用 n_{ya} 表示)是指导弹实现最大机动时所能产生的法向过载;而导弹在制导控制过程中,各时刻所付出的过载称为需用过载(用 n_{yn} 表示)。在整个制导过程中,任何时间内导弹的可用过载都必须大于需用过载,即 $n_{ya} > n_{yn}$。

(1)决定导弹需用过载的因素

①目标的运动特性:在目标高速大机动的情况下,为使导弹准确飞向目标就应果断地改变自己的方向,付出相应的过载,这是导弹需用过载的主要成分,它主要取决于目标最大机动过载,也与制导方法有关。

②目标信号起伏的影响:制导控制系统的雷达导引头或制导雷达对目标进行探测时,由于目标雷达反射截面或反射中心起伏变化,导致导引头测得目标反射信号大的起伏变化,这就是目标信号起伏。它总是伴随着目标真实的运动而发生。这就增大了对导弹需用过载的要求。

③气动力干扰:气动力干扰可以由大气紊流、阵风等引起。导弹的制造误差、导弹飞行姿态的不对称变化也是产生气动力干扰的原因。气动力干扰造成导弹对目标的偏离运动,要克服干扰引起的偏差,导弹就要付出过载。

④系统零位的影响:制导控制系统中各个组成设备均会产生零位误差。由这些零位误差构成系统的零位误差,也会使导弹产生偏离运动,要克服由系统零位引起的偏差,导弹也要付出过载。

⑤热噪声的影响:制导控制系统中使用了大量的电子设备,它们会产生热噪声,热噪声引起的信号起伏,造成测量偏差,这与目标信号起伏的影响是相同的,只是两者的频谱不同。

⑤初始散布的影响:导弹发射后,经过一段预定的时间,如助推器抛掉或导引头截获目标后,才进入制导控制飞行。在进入制导控制飞行的瞬间,导弹的速度矢量方向与要求的速度矢量方向存在偏差,通常将速度矢量的角度偏差称为初始散布(角)。初始散布的大小与发射误差及导弹在制导控制开始前的飞行状态有关,要克服初始散布的影响,导弹就要付出过载。

(2)最大可用过载的确定

最大可用过载是导弹在最大舵偏角下产生的过载,设计中要求它大于或等于满足射击目标所要求的需用过载之和。在上述需用过载中,除目标特性外,其他各项均可认为是随机量,在初步设计时,导弹最大可用过载由下式决定:

$$n_{\max} \geqslant n_T + \sqrt{n_{\omega}^2 + n_g^2 + n_0^2 + n_s^2 + n_{\Delta\theta}^2}$$

式中:

$n_{\max}$ 为导弹的最大可用过载;

n_T 为目标最大机动引起的导弹需用过载;

n_{ω} 为目标信号起伏引起的导弹需用过载；

n_{g} 为气动干扰引起的导弹需用过载；

n_{0} 为制导控制系统零位引起的导弹需用过载；

n_{s} 为热噪声引起的导弹需用过载；

$n_{\Delta\theta}$为初始散布引起的导弹需用过载。

应该指出，在初始设计时，导弹的可用过载可按攻击目标机动能力的 3 ~5 倍来考虑。

2.1.2.2　导弹的速度特性设计要求

为了保证导弹战术技术要求，导弹应满足一定的速度特性。速度特性是导弹飞行速度随时间变化的规律 $V_M(t)$。导弹沿着不同的弹道飞行时，其速度特性是不同的，但要满足下述共同要求。

(1) 导弹平均飞行速度

导弹到达遭遇点的平均速度

$$\bar{V}_M = \frac{1}{t}\int_0^t V_M(t)\,\mathrm{d}t$$

式中：t 为导弹到达遭遇点的飞行时间。

在设计中，可根据杀伤空域、拦截目标、制导精度及目标探测跟踪距离等性能要求，对导弹平均速度提出要求，并按照下式估算，即

$$\bar{v}_D = \frac{R_{\max}}{t_{m,\max}}$$

式中，$R_{\max}$ 为杀伤区远界距离，$t_{m,\max}$ 为导弹飞行至遭遇点的最长时间。

由于导弹沿确定的弹道飞行时，其可用过载取决于导弹速度和大气密度，导弹可用过载随速度的增加而增大。因此，为保证导弹可用过载水平，要求有较高的平均速度。

(2) 导弹加速性

制导控制系统总是希望有足够长的制导控制时间，但是该时间受最小杀伤距离的限制，一个显而易见的方法是提早对导弹进行制导控制。而影响导弹起控时间的因素之一就是导弹的飞行速度。若导弹发射后可以很快加速到一定速度，使导弹舵面的操纵效率尽快满足控制要求，就可达到提早对导弹进行制导控制的目的。引入推力矢量控制后，导弹在低速段也具有很好的操纵性，对导弹的加速性要求就可以适当放宽。

(3) 导弹遭遇点速度(导弹末速)

导弹被动段飞行时，在迎面阻力和重力作用下，导弹速度下降，可用过载也下降。而在导弹攻击目标时，导弹需用过载还与导弹和目标的速度比 V_M/V_T 有关。V_M/V_T 越小，要求导弹付出的需用过载越大，这种影响在对机动目标射击时更为严重，故一般要求遭遇点的 V_M/V_T 应大于 1.2 ~1.3。

2.1.2.3　导弹的阻尼

一般情况下，战术导弹的过载和迎角的超调量不应超过某些允许值，这些允许值取决于导弹的强度、空气动力特性以及控制装置的工作能力。允许的超调量通常不超过

30%,这与导弹的相对阻尼系数 $\xi=0.35$ 相对应。对于现代导弹的可能弹道的所有工作点来说,通常不可能保证相对阻尼系数具有这样高的数值。例如,在防空导弹 SA-2 的一个弹道上,阻尼系数从飞行开始的 0.35 变到飞行结束的 0.08。弹道式导弹 V-2 在导弹主动段的大部分阻尼 $\xi<0.10$。很多导弹的低阻尼特性是由于导弹通常具有小尾翼,同时有时其展长也小,而且常常是由在非常高的高度上飞行所决定的。

当高空飞行时,导弹通过增加翼面和展长的方式使空气动力阻尼大大增加是不可能的,在这种情况下,通过改变导弹的空气动力布局来简化制导控制系统是无济于事的。这时,可以简单地借助角速度反馈或角加速度反馈来获得所需的 ξ 值。这种方法与上述空气动力方法相比较具有下述优越性:由于尾翼减小,导致导弹质量的减轻、正面阻力的减小以及导弹结构上载荷的减少。

2.1.2.4 导弹的静稳定度

为简化导弹控制系统的设计,通常要求在攻角的飞行范围内关系曲线 m_z^α 是线性的。这要由导弹合理的气动布局来达到,尤其是要由足够的静稳定度来达到。随着静稳定度的增加,空气动力特性线性变化范围也增大。

导弹静稳定度定义为:

$$\Delta x = x_g - x_p$$

式中:

x_g 为导弹质心至导弹理论尖端的距离;

x_p 为导弹压心至导弹理论尖端的距离。

若 $\Delta x<0$,表示压心位于质心之后,导弹是静稳定的;

若 $\Delta x=0$,表示压心与质心重合,导弹是中立稳定的;

若 $\Delta x>0$,表示压心位于质心之前,导弹是静不稳定的。

由于导弹的质心随着推进剂的消耗而向前移动,因此飞行过程中导弹会变得更加稳定。导弹静稳定度的增加则会使导弹的控制变得迟钝。为更有效地控制导弹,提高导弹的性能,可将导弹的设计由静稳定状态扩展到静不稳定状态,即允许 $\Delta x>0$。为保证静不稳定导弹能够正常工作,就必须在控制系统作用下,使静不稳定导弹变成等效稳定。但是,从其动态稳定性分析看出,导弹的静不稳定度是有一定的限制的。

要使静不稳定导弹变成等效稳定的,可以采用包含有俯仰(偏航)角速率或法向过载反馈的方法来实现。从原理上讲,制导控制系统是通过舵面偏转,产生相应的控制气动力和气动力矩,才使导弹从开环静不稳定变成闭环等效稳定的。所以,现代导弹对弹体舵面效率有更高的要求,否则就不能完成对静不稳定导弹的稳定。对导弹控制系统的稳定性分析表明,导弹的自动驾驶仪结构和舵机系统的特性在一定程度上限制了允许的最大静不稳定度。

在弹道式导弹的姿态稳定系统设计中,导弹由于没有尾翼或者尾翼面积很小,经常是静不稳定的。高性能的空空和地空导弹为了保证其末端机动性,也采取了放宽静稳定度的策略。

必须指出,除非万不得已,有翼导弹设计仍考虑消除静不稳定度,因为它将使控制系统设计及其实现复杂化，并降低其可靠性。

2.1.2.5　导弹的固有频率

弹体作为控制对象，其固有频率 ω_n 是很重要的设计参数。按下式可以以相当高的精度计算出固有频率，即

$$\omega_n \approx \sqrt{a_2} = \sqrt{\frac{-57.3 m_z^{C_y} C_y^{\alpha} qSl}{J_z}}$$

它是导弹重要的动力学特性。显然，这个频率取决于导弹的尺寸、惯性矩、动压以及静稳定度。当在稠密的大气层中飞行时，大型运输机的固有频率为 1 ~ 2rad/s，小型飞机为 3 ~ 4rad/s，超声速导弹为 6 ~ 18rad/s。当高空飞行时，导弹的固有频率会大大降低，一般为 0 ~ 1.5rad/s。

为了保证制导系统足够准确地反应控制信号（目标运动）和控制系统相当精确的复现制导信号，同时使控制系统截止频率处于最佳值，通常对导弹固有频率提出如下要求，即

$$\omega_n \geqslant 3\omega_H$$

$$\omega_{CT} \geqslant k\omega_n \quad (k = 1.1 \sim 1.8)$$

式中：

ω_H 为制导系统通频带；

ω_{CT} 为控制系统截止频率。

2.1.2.6　导弹的副翼效率

保证倾斜操纵机构必要效率的任务是由导弹设计师完成的，然而对这些机构效率的要求是根据对制导和控制过程的分析，并考虑操纵机构的偏转或控制力矩受限而最后完成的。

操纵机构效率及最大偏角应当使由操纵机构产生的最大力矩等于或超过倾斜干扰力矩，且由阶跃干扰力矩所引起的在过渡过程中的倾斜角（或倾斜角速度）不应超过允许值。

倾斜操纵机构最大偏角的大小通常由结构及气动设想来确定。如果控制倾斜运动借助于气动力实现，显然在确定对操纵机构效率的要求时，应考虑最大飞行高度的情况。

2.1.2.7　导弹的俯仰、偏航效率

俯仰和偏航操纵机构的效率由系数 a_3 等的大小及操纵机构的最大力矩来表征。对俯仰及偏航操纵机构效率的要求取决于：

（1）在什么样的高度上飞行，是在气动力起作用的稠密大气层内，还是在气动力相当小的稀薄大气层内飞行；

（2）导弹是静稳定的、临界稳定的还是不稳定的；

（3）控制系统的类型（静差系统还是非静差系统）。

在各种飞行弹道的所有点上的操纵机构最大偏角应大于理论弹道所需的操纵机构的偏角,且具有一定的储备偏角,此外,操纵机构最大偏角不可能任意选择,它受结构上及气动上的限制。

对俯仰和偏航操纵机构的最大偏转角以及效率的要求(这种要求导弹设计师应当满足)在控制和制导系统形成时就制定出来,这些要求取决于系统所负担的任务,也取决于其工作条件。

2.1.2.8 导弹弹体动力学特性的稳定

导弹动力学特性和飞行速度与高度的紧密联系是导弹作为控制对象的特点。现代导弹的速度和高度范围更大,以致表征导弹特性的参数可变化 100 多倍。导弹飞行速度及飞行高度的紧密联系大大增加了制导控制系统设计的难度,设计的系统应当满足对导弹在任何飞行条件下所提出的高要求。制导控制系统应确保作为被控对象的导弹具有尽可能大的稳定特性。

保证控制系统动力学特性稳定的任务,一部分要由导弹设计师承担,但基本上由控制系统设计师承担,而他们之间的分工往往根据具体情况而定。

2.1.2.9 导弹法向过载限制

导弹所承受的最大法向过载不应超过某些由导弹强度所确定的极限允许值。如果导弹用于在很宽的速度和高度范围内飞行,当设计导弹控制系统时,就应当考虑最大法向过载和攻角及侧滑角的限制问题。

2.1.2.10 导弹结构刚度及敏感元件的安装位置、安装精度

导弹不是一个绝对刚体而是一个弹性体。目前,在有效载荷质量和飞行距离给定的情况下,借助减小结构质量和燃料质量比来提高导弹飞行性能的倾向也会使导弹结构刚度减小。为此,当设计导弹及其稳定系统时,必须考虑结构弹性对稳定过程的影响。

导弹在飞行过程中受到外载荷的作用,会发生弹性振动。导弹的运动可以看作是由质心的平动和绕质心的转动以及在质心附近的结构弹性振动的合成。与质心的平移和绕质心的转动相比,可以认为结构弹性振动是一个小量运动。但是,在制导控制系统中测量导弹姿态变化的敏感元件,即自动驾驶仪中的角速度陀螺仪、线加速度计以及导引头中的角速度陀螺仪等,会感受到这一小量运动,并引入制导控制回路中,有时会严重影响系统的性能。

结构弹性振动的频率与导弹的结构刚度有关,即刚度越大,其弹性振动频率越高。制导控制系统是在一定的频带范围内工作,由于结构弹性振动的阻尼系数很小,它会造成系统稳定性下降或不稳定。

导弹结构的刚度指标之一是以振型的频率和振幅来度量的。对频率的要求是:导弹的一阶振型频率要大于舵操纵系统的工作频带的 1.5 倍;至于振幅要求,主要应由它对导弹气动力的影响确定。它对制导控制系统的影响,可以由敏感元件的安装位置进行调节。原则上,角速度陀螺仪应安装在振型的波腹上,线加速度计应安装在振型的波节上,当然

这是理想情况。这样就可避免或大大减弱导弹结构弹性振动对制导控制系统的影响。

安装精度是敏感元件的敏感轴对弹体坐标系的安装角误差的要求。这个误差会造成系统回路的耦合,而影响制导精度。

2. 1. 2. 11　导弹操纵机构及舵面刚度

与导弹结构的刚度一样,操纵机构和舵面的刚度也会影响制导控制系统的性能。

操纵机构是指舵机输出轴到推动舵面偏转的机构,它是舵伺服系统的组成部分,由于它是一个受力部件,它的弹性变形对舵伺服系统的特性有较大的影响,从而影响制导控制系统的性能。当舵面偏转时,受到空气动力载荷的作用,舵面会发生弯曲和挠曲弹性变形。这会引起导弹的纵向和横向产生交叉耦合作用,进而影响制导控制系统的性能。因此,对操纵机构及舵面的刚度均有一定的要求。

2. 1. 2. 12　导弹的气动时间常数

弹体的气动时间常数 $T_{qD} = \alpha/\dot{\theta}$,它表示导弹速度矢量单位转动角速度所对应的攻角的大小。要使时间常数 T_{qD}小,必须由单位攻角所产生的法向力大,使弹体 $\dot{\theta}$ 大、法向过载 n_y 大。再者,导弹空间运动通常是借助控制导弹气动力的大小和方向来实现的,因此,弹体气动力时间常数 T_{qD}对制导控制回路的稳定性和导引精度影响很大。理论和实践证明,弹体气动力时间常数 T_{qD}和天线罩瞄准线误差斜率 A 限制了导弹系统动力学的等效时间常数。所以,对 T_{qD}的要求应和 A 结合起来考虑。通常,为使 A 不致有较高的要求,取 $T_{qD} \leqslant 3 \sim 5$s。

2. 2　坐标系及其转换

为了分析弹体的动态性能和对弹体的控制过程,本节引入一些常用的坐标系,并导出各坐标系之间的转换关系。

2. 2. 1　常用坐标系定义

2. 2. 1. 1　地面坐标系

地面坐标系(记为 $O-X_gY_gZ_g$)也称为发射坐标系,用于确定弹体在空间的位置。其定义如下:

原点 O——取发射时刻,弹体的质心在水平面的投影点为原点;

OX_g 轴——在水平面内,指向目标为正;

OY_g 轴——在包含有 OX_g 的铅垂面内,垂直于 OX_g 轴,向上为正;

OZ_g 轴——由右手法则确定。

地面坐标系固联地球表面,随地球一起转动,如图 2－2 所示。但由于战术弹的飞行距离小，飞行时间短，一般不考虑地球自转的影响，所以可把地球看成静止的，并且把地球表面看做平面，这样就把地面坐标系近似看作惯性坐标系。近似惯性坐标系还有地心惯性系、日心系等。

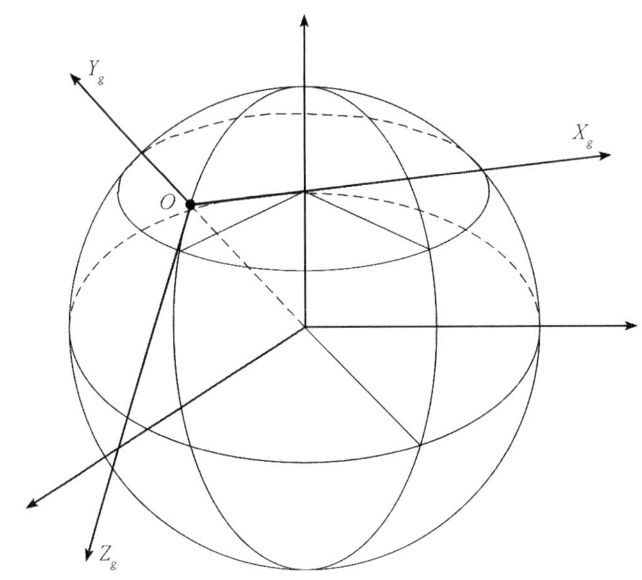

图 2-2　地面坐标系示意图

引进这个坐标系的目的，在于决定导弹重心移动的规律（弹道），并决定导弹在空间的姿态及导弹的运动方向等。对于研究近程导弹来说，可以认为重力与 OY_g 轴平行，方向相反。

2.2.1.2　弹道固联坐标系

弹道固联坐标系（记为 $O-X_cY_cZ_c$）也称为半速度坐标系，其定义如下：

原点 O——取在弹体瞬时质心上；

OX_c 轴——沿弹体速度方向，与速度方向一致为正；

OY_c 轴——在包含有速度矢量的铅垂面内，垂直于 OX_c 轴，向上为正；

OZ_c 轴——由右手法则确定。

由定义可知，因速度矢量 $\mathbf{V}$ 随时在改变，故 $O-X_cY_cZ_c$ 是动坐标系。这个坐标系和理论力学中所讲的自然坐标系有点相似，研究质心的曲线运动时，把动力学方程投影到该坐标轴上去，可使方程式简单清晰。

2.2.1.3　弹体坐标系

弹体坐标系（记为 $O-X_bY_bZ_b$）与制导炸弹弹体固联，其关系如图 2-3 所示。

原点 O_b——取在弹体的质心上；

OX_b 轴——与弹体的纵轴重合，指向弹体的头部为正；

OY_b 轴——在弹体的纵对称面内，与纵轴 OX_b 垂直且方向朝上为正；

OZ_b 轴——由右手法则确定。

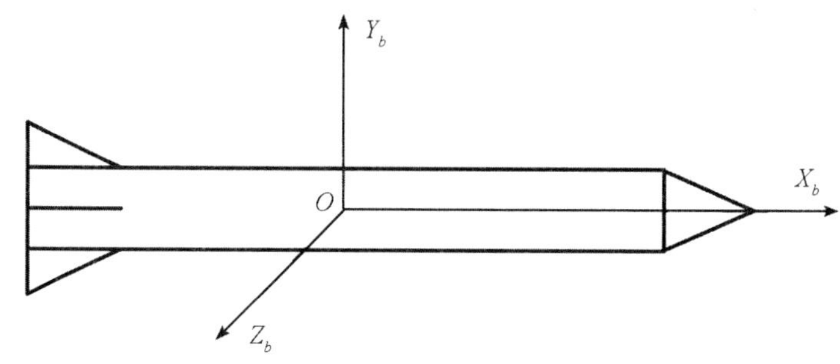

图 2－3　弹体坐标系示意图

引进弹体坐标系的目的,就是用它来决定导弹相对于地面坐标系的姿态。把导弹的旋转运动方程式投影到该坐标系上去,可使方程简单清晰。

2.2.1.4　速度坐标系

速度坐标系(记为 $O-X_vY_vZ_v$)定义如下:

原点 O——取在弹体的质心上;

OX_v 轴——沿速度矢量的方向,与速度方向一致为正;

OY_v 轴——在弹体纵对称面上,与 OX_v 轴垂直,向上为正;

OZ_v 轴——由右手法则确定。

气动力是沿此坐标系的三个分量给出的,因此,引入速度坐标系。

2.2.2　坐标系之间的转换关系

在空间上,上述各坐标系之间有一定的关系,它们可以从一个坐标系变换到另一个坐标系。变换的方式,是用坐标系之间的平移(使坐标系原点重合)和坐标系相对于原点的转动来实现的。不考虑平移,任意两个正交坐标系可以用三个欧拉角(角度右手螺旋为正)最多经过三次转动而重合,其方向余弦阵可用三个欧拉角经过单角转换而得到。单角转换矩阵定义为:

$$\boldsymbol{M}_i[\eta]=\begin{bmatrix} a_{11} & a_{12} & a_{13} \\ a_{21} & a_{22} & a_{23} \\ a_{31} & a_{32} & a_{33} \end{bmatrix} \qquad i=1,2,3$$

其中,1,2,3 对应正交坐标系的 x, y, z 轴。$M_i[\eta]$表示一个正交坐标系绕第 i 轴正向(右手螺旋为正)转动角度 η 后,原坐标系与得到的新坐标系之间的方向余弦阵,其维数为 3×3,形式如下:

$$\boldsymbol{M}_1[\eta]=\begin{bmatrix} 1 & 0 & 0 \\ 0 & \cos\eta & \sin\eta \\ 0 & -\sin\eta & \cos\eta \end{bmatrix}$$

$$\boldsymbol{M}_2[\eta]=\begin{bmatrix}\cos\eta & 0 & -\sin\eta\\ 0 & 1 & 0\\ \sin\eta & 0 & \cos\eta\end{bmatrix}$$

$$\boldsymbol{M}_3[\eta]=\begin{bmatrix}\cos\eta & \sin\eta & 0\\ -\sin\eta & \cos\eta & 0\\ 0 & 0 & 1\end{bmatrix}$$

坐标系之间的变换根据绕 x, y, z 轴转动的顺序不同,描述为 3 -2 -1 顺序,或 2 -3 -1 顺序等。

2.2.2.1 弹体坐标系与地面坐标系之间的关系

正如陀螺力学中讲过的一样,弹体在空间的姿态角由三个欧拉角来描述,这三个欧拉角统称为弹体姿态角。按照从地面坐标系到弹体坐标系的变换,以 2 -3 -1 顺序旋转,定义如下三个欧拉角:

(1)俯仰角 ϑ——导弹纵轴 OX_b 与地平面 OX_gZ_g 之间的夹角,OX_b 指向地面上方为正;

(2)偏航角 ψ——导弹纵轴 OX_b 在水平面上的投影 OX'_b 与地面坐标系 OX_g 轴之间的夹角,从上往下看,OX'_b 轴在 OX_g 轴左侧为正;

(3)滚动角 γ——导弹纵向对称平面与包含纵轴的竖直平面之间的夹角,从弹体尾部向前看,导弹纵向对称平面在竖直平面的右侧为正。

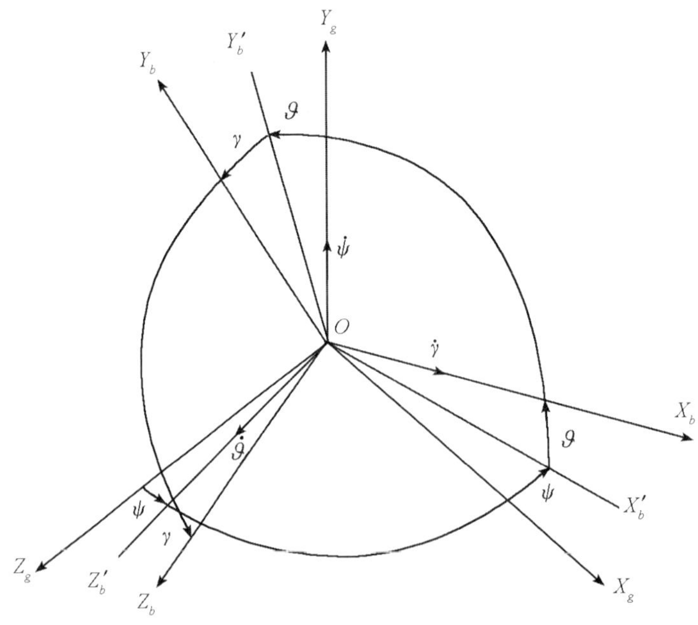

图 2 -4 弹体坐标系与地面坐标系的关系

如图 2 -4 所示,弹体坐标系 $O-X_bY_bZ_b$ 由地面坐标系 $O-X_gY_gZ_g$ 转过三个欧拉角得到,转动时符合右手螺旋法则,旋转的顺序为:

(1)首先由地面坐标系 $O-X_gY_gZ_g$ 绕 OY_g 转过偏航角 ψ，到过渡坐标系 $O-X'_bY_gZ'_b$，即

$$\begin{bmatrix} x_1 \\ y_1 \\ z_1 \end{bmatrix} = \boldsymbol{M}_2(\psi)\begin{bmatrix} x_g \\ y_g \\ z_g \end{bmatrix} = \begin{bmatrix} \cos\psi & 0 & -\sin\psi \\ 0 & 1 & 0 \\ \sin\psi & 0 & \cos\psi \end{bmatrix}\begin{bmatrix} x_g \\ y_g \\ z_g \end{bmatrix}$$

(2)再由中间坐标系 $O-X'_bY_gZ'_b$ 绕 OZ'_b 轴转过俯仰角 ϑ，到过渡坐标系 $O-X_bY'_bZ'_b$，即

$$\begin{bmatrix} x_2 \\ y_2 \\ z_2 \end{bmatrix} = \boldsymbol{M}_3(\vartheta)\begin{bmatrix} x_1 \\ y_1 \\ z_1 \end{bmatrix} = \begin{bmatrix} \cos\vartheta & \sin\vartheta & 0 \\ -\sin\vartheta & \cos\vartheta & 0 \\ 0 & 0 & 1 \end{bmatrix}\begin{bmatrix} x_1 \\ y_1 \\ z_1 \end{bmatrix}$$

(3)最后由中间坐标系 $O-X_bY'_bZ'_b$ 绕 OX_b 转过倾斜角 γ，得到弹体坐标系 $O-X_bY_bZ_b$，即

$$\begin{bmatrix} x_b \\ y_b \\ z_b \end{bmatrix} = \boldsymbol{M}_1(\gamma)\begin{bmatrix} x_2 \\ y_2 \\ z_2 \end{bmatrix} = \begin{bmatrix} 1 & 0 & 0 \\ 0 & \cos\gamma & \sin\gamma \\ 0 & -\sin\gamma & \cos\gamma \end{bmatrix}\begin{bmatrix} x_2 \\ y_2 \\ z_2 \end{bmatrix}$$

因此，由地面坐标系到弹体坐标系之间的转换关系为：

$$\begin{bmatrix} x_b \\ y_b \\ z_b \end{bmatrix} = \boldsymbol{M}_1(\gamma)\boldsymbol{M}_3(\vartheta)\boldsymbol{M}_2(\psi)\begin{bmatrix} x_g \\ y_g \\ z_g \end{bmatrix}$$

即 2－3－1 顺序，记地面坐标系到弹体坐标系的转换矩阵为 $\boldsymbol{S}_g^b$，则有：

$$\begin{aligned} \boldsymbol{S}_g^b &= \boldsymbol{M}_1(\gamma)\boldsymbol{M}_3(\vartheta)\boldsymbol{M}_2(\psi) \\ &= \begin{bmatrix} \cos\vartheta\cos\psi & \sin\vartheta & -\cos\vartheta\sin\psi \\ -\sin\vartheta\cos\psi\cos\gamma+\sin\psi\sin\gamma & \cos\vartheta\cos\gamma & \sin\vartheta\sin\psi\cos\gamma+\cos\psi\cos\gamma \\ \sin\vartheta\cos\psi\sin\gamma+\sin\psi\sin\gamma & -\cos\vartheta\sin\gamma & -\sin\vartheta\sin\psi\sin\gamma+\cos\psi\cos\gamma \end{bmatrix} \end{aligned}$$

2.2.2.2　速度坐标系与弹体坐标系之间的关系

按照两坐标系的定义，弹体坐标系和速度坐标系的 OY 轴都位于弹体纵对称平面内，它们之间的相互关系由两个角度来决定。按照从速度坐标系到弹体坐标系的变换，以 2－3 顺序旋转，定义如下两个姿态角：

(1)攻角 α——导弹纵轴 OX_b 与速度矢量在导弹纵向对称平面内的投影 OX'_v 之间的夹角，弹体纵轴位于速度矢量投影上方时为正；

(2)侧滑角 β——导弹速度矢量与导弹纵向对称平面之间的夹角，从弹体尾部向前看，速度矢量位于弹体纵对称平面右侧时为正。

攻角和侧滑角确定了弹体相对于来流的姿态。

如图 2－5 所示，由速度坐标系按右手螺旋法则转动两次可得到弹体坐标系，转动顺序为：

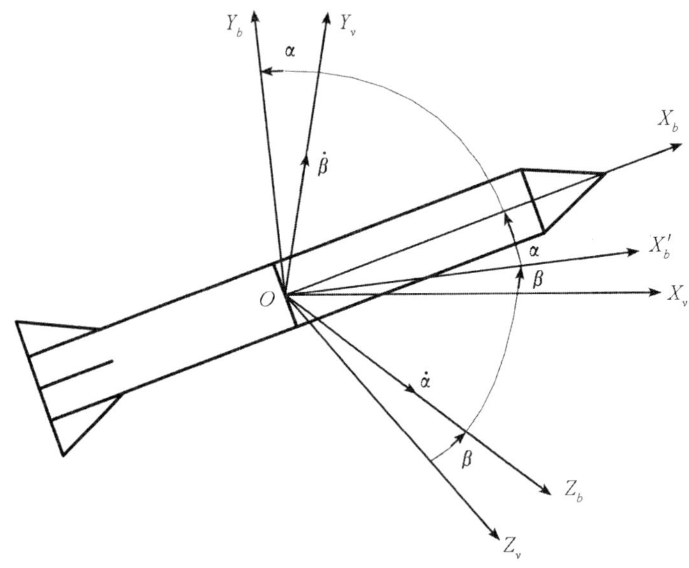

图 2-5　速度坐标系与弹体坐标系的关系

(1)首先由速度坐标系 $O_v-X_vY_vZ_v$ 绕 OY_v 转过 β 角,得到过渡坐标系 $O-X'_bY_vZ_b$,即

$$\begin{bmatrix} x_1 \\ y_1 \\ z_1 \end{bmatrix} = \boldsymbol{M}_2(\beta)\begin{bmatrix} x_v \\ y_v \\ z_v \end{bmatrix} = \begin{bmatrix} \cos\beta & 0 & -\sin\beta \\ 0 & 1 & 0 \\ \sin\beta & 0 & \cos\beta \end{bmatrix}\begin{bmatrix} x_v \\ y_v \\ z_v \end{bmatrix}$$

(2)再由中间坐标系 $O-X'_bY_vZ_b$ 绕 OZ_b 轴转过 α 角,得到弹体 $O-X_bY_bZ_b$,即

$$\begin{bmatrix} x_b \\ y_b \\ z_b \end{bmatrix} = \boldsymbol{M}_3(\alpha)\begin{bmatrix} x_1 \\ y_1 \\ z_1 \end{bmatrix} = \begin{bmatrix} \cos\alpha & \sin\alpha & 0 \\ -\sin\alpha & \cos\alpha & 0 \\ 0 & 0 & 1 \end{bmatrix}\begin{bmatrix} x_1 \\ y_1 \\ z_1 \end{bmatrix}$$

因此,由速度坐标系到弹体坐标系之间的转换关系为:

$$\begin{bmatrix} x_b \\ y_b \\ z_b \end{bmatrix} = \boldsymbol{M}_3(\alpha)\boldsymbol{M}_2(\beta)\begin{bmatrix} x_v \\ y_v \\ z_v \end{bmatrix}$$

即 2-3 转动顺序,记速度坐标系到弹体坐标系的转换矩阵为 $\boldsymbol{S}_v^b$,则有:

$$\boldsymbol{S}_v^b = \boldsymbol{M}_3(\alpha)\boldsymbol{M}_2(\beta) = \begin{bmatrix} \cos\alpha\cos\beta & \sin\alpha & -\cos\alpha\sin\beta \\ -\sin\alpha\cos\beta & \cos\alpha & \sin\alpha\sin\beta \\ \sin\beta & 0 & \cos\beta \end{bmatrix}$$

2.2.2.3　弹道固联坐标系与地面坐标系之间的关系

按照两坐标系的定义,弹道固联坐标系和地面坐标系的 OY 轴都位于铅垂平面内,它们之间的相互关系也由两个角度来决定。按照从地面坐标系到弹道固联坐标系的变换,以 2-3 顺序旋转,定义如下两个角度:

(1)弹道倾角 θ——导弹的速度矢量与水平面之间的夹角,导弹速度矢量指向水平面上方(即导弹向上飞行)时,θ 为正;

(2)航向角 φ——导弹速度矢量在水平面上的投影与 OX_g 之间的夹角,从上往下看,速度矢量的投影位于 OX_g 左侧时 φ 为正。

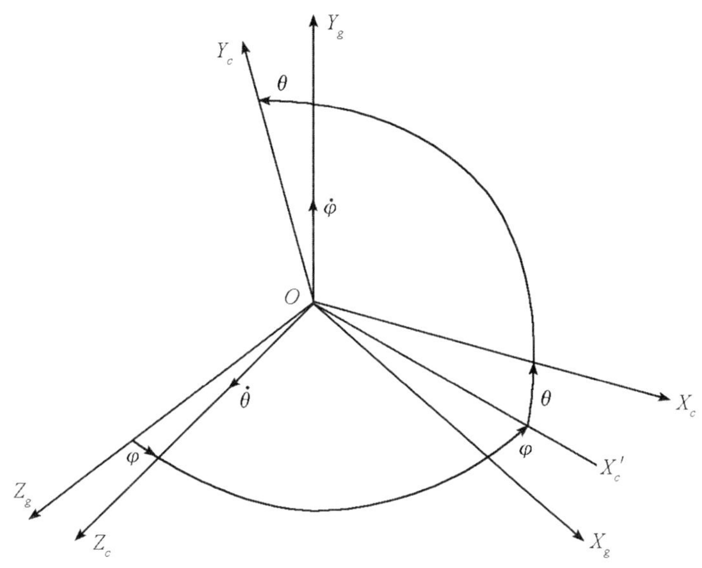

图 2-6　弹道固联坐标系与地面坐标系的关系

如图 2-6 所示,由地面坐标系按右手螺旋法则转动两次可得到弹体固联坐标系,转动顺序为:

(1)首先由地面坐标系 $O-X_gY_gZ_g$ 绕 OY_g 转过航向角 φ,得到过渡坐标系 $O-X'_cY_gZ_c$,即

$$\begin{bmatrix} x_1 \\ y_1 \\ z_1 \end{bmatrix} = \boldsymbol{M}_2(\varphi)\begin{bmatrix} x_g \\ y_g \\ z_g \end{bmatrix} = \begin{bmatrix} \cos\varphi & 0 & -\sin\varphi \\ 0 & 1 & 0 \\ \sin\varphi & 0 & \cos\varphi \end{bmatrix}\begin{bmatrix} x_g \\ y_g \\ z_g \end{bmatrix}$$

(2)再由中间坐标系 $O-X'_cY_gZ_c$ 绕 OZ_c 轴转过倾角 θ,得到弹道固联系 $O-X_cY_cZ_c$,即

$$\begin{bmatrix} x_c \\ y_c \\ z_c \end{bmatrix} = \boldsymbol{M}_3(\theta)\begin{bmatrix} x_1 \\ y_1 \\ z_1 \end{bmatrix} = \begin{bmatrix} \cos\theta & \sin\theta & 0 \\ -\sin\theta & \cos\theta & 0 \\ 0 & 0 & 1 \end{bmatrix}\begin{bmatrix} x_1 \\ y_1 \\ z_1 \end{bmatrix}$$

因此,由弹体坐标系到速度坐标系之间的转换关系为:

$$\begin{bmatrix} x_c \\ y_c \\ z_c \end{bmatrix} = \boldsymbol{M}_3(\theta)\boldsymbol{M}_2(\varphi)\begin{bmatrix} x_g \\ y_g \\ z_g \end{bmatrix}$$

即 2-3 转动顺序,记地面坐标系到弹道固联坐标系的转换矩阵为 $\boldsymbol{S}_g^c$,则有:

$$S_g^c = M_3(\theta) M_2(\varphi) = \begin{bmatrix} \cos\theta\cos\varphi & \sin\theta & -\cos\theta\sin\varphi \\ -\sin\theta\cos\varphi & \cos\theta & \sin\theta\sin\varphi \\ \sin\varphi & 0 & \cos\varphi \end{bmatrix}$$

2.2.2.4 弹道固联坐标系与速度坐标系之间的关系

按照两坐标系的定义,它们的 OX 轴是重合的,它们在空间的位置只相差一个角度。按照从弹道固联系到速度坐标系的变换,以 1 顺序旋转,定义如下角度:

速度倾角 γ_c——速度坐标系的 OX_vY_v 平面与铅垂面(也即弹道平面)之间的夹角。从弹体尾部看,OX_vY_v 平面位于弹道平面右侧为正。

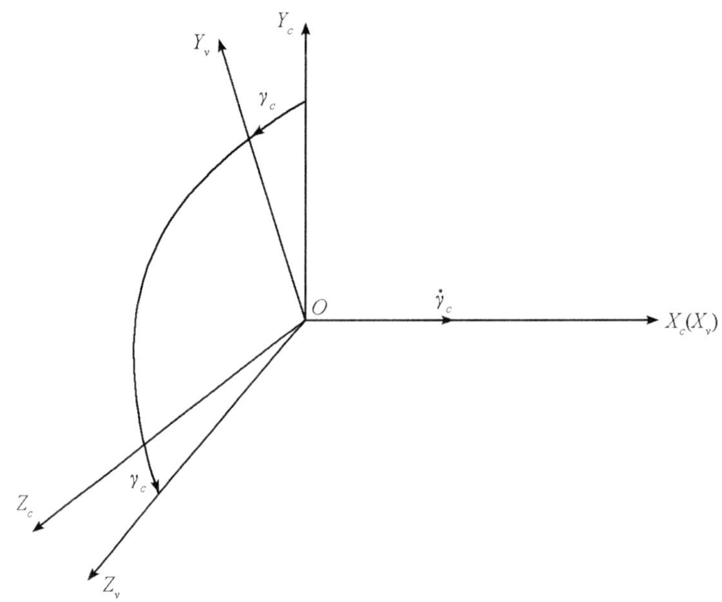

图 2-7 弹道固联坐标系与速度坐标系的关系

如图 2-7 所示,由弹道固联坐标系转动一次即可得到速度坐标系,即弹道固联坐标系绕 OX_c 轴按右手螺旋法则转动 γ_c 角,即可得到速度坐标系 $O-X_vY_vZ_v$,即

$$\begin{bmatrix} x_v \\ y_v \\ z_v \end{bmatrix} = M_1(\gamma_c) \begin{bmatrix} x_c \\ y_c \\ z_c \end{bmatrix} = \begin{bmatrix} 1 & 0 & 0 \\ 0 & \cos\gamma_c & \sin\gamma_c \\ 0 & -\sin\gamma_c & \cos\gamma_c \end{bmatrix} \begin{bmatrix} x_c \\ y_c \\ z_c \end{bmatrix}$$

记弹道固联坐标系到速度坐标系的转换矩阵为 S_c^v,则有:

$$S_c^v = M_1(\gamma_c) = \begin{bmatrix} 1 & 0 & 0 \\ 0 & \cos\gamma_c & \sin\gamma_c \\ 0 & -\sin\gamma_c & \cos\gamma_c \end{bmatrix}$$

2.2.2.5 坐标系转换框图

把上述坐标系之间的转换关系用框图表示出来,如图 2-8 所示。

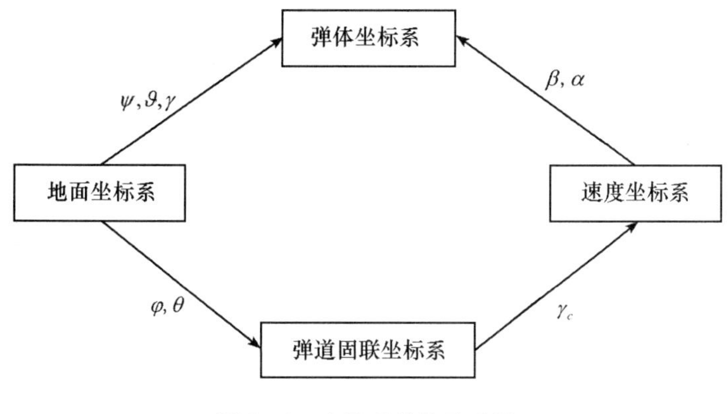

图 2-8　坐标系转换关系图

2.3　作用在导弹上的力及力矩

由理论力学可知,任何自由刚体在空间的任意运动,都可以把它视为刚体质心的平移运动和绕质心旋转运动的合成,即决定刚体质心瞬时位置的三个自由度和决定刚体瞬时姿态的三个自由度。如果把空间运动的导弹看成是一个刚体,则导弹在空中的运动有六个自由度。其中弹体质心的移动由作用在导弹上的力决定,这些力有重力、发动机的推力、控制面的控制力、气动力及各种干扰力等;弹体绕质心的姿态运动取决于作用在弹体上相对于质心的力矩,这些力矩可由发动机推力形成,也可由气动力形成。要研究导弹在空间的运动,首先必须研究作用在导弹上的力和力矩。

具有常规布局导弹的运动一般通过俯仰舵、偏航舵、副翼的偏转来改变作用在弹体上的力和力矩,从而达到控制导弹运动的目的。因此在此首先对舵偏角给出定义。通常采用由弹体尾部后视,按照操纵舵面的后缘偏转方向来定义操纵舵面的偏转极性。

(1)俯仰舵偏转角 δ_z:向下偏转为正,舵面产生向上的气动力,产生的俯仰力矩为负,即产生低头力矩;

(2)偏航舵偏转角 δ_y:向左偏转为正,产生向右的气动力,产生的偏航力矩为正;

(3)副翼偏转角 δ_x:副翼差动偏转,“左下右上”偏转为正,产生正的滚转力矩。

2.3.1　作用在导弹上的力

导弹在飞行过程中,作用在导弹上的力主要有:总空气动力 T、重力 G、发动机的推力 P 等。

空气动力是空气对在其中运动的物体的作用力。当可压缩的粘性气流绕流过导弹各部件的表面时,由于整个表面上压强分布的不对称,出现了压强差;空气对导弹表面又有粘性摩擦,出现了粘性摩擦力。这两部分力合在一起,就形成了作用在导弹上的空气动力。

推力是发动机工作时,发动机内燃气介质以高速喷出而形成的作用于导弹上的力,它是导弹飞行的动力。

作用在导弹上的重力,严格地说,应是地心引力和因地球自转所产生的离心惯性力的合力。

在研究导弹的质心移动时,为了使质心移动的动力学方程简单明了,易于求解,可把此方程投影到弹道固联坐标系上去,写成弹道固联系上的标量方程。这样,就要把力和加速度都投影到弹道固联系上去。

2.3.1.1 重力

根据万有引力定律,所有物体之间都存在着相互作用力。导弹在飞行过程中要受到地球、太阳、月球的引力等。对于战术导弹来说,通常只在地球表面附近的大气层中飞行,因此,在此只考虑地球对导弹的引力作用。

在考虑地球自转的情况下,导弹除受到地心的引力 $\boldsymbol{G}_1$ 外,还要受到因地球自转所产生的离心惯性力 $\boldsymbol{F}_e$。因而作用于导弹上的重力就是地心引力和离心惯性力的矢量和,即

$$\boldsymbol{G} = \boldsymbol{G}_1 + \boldsymbol{F}_e$$

为了研究方便,将地球看作是一个均质的球体,事实上也就是把地球看作是一个圆球模型,如图 2 -9 所示。

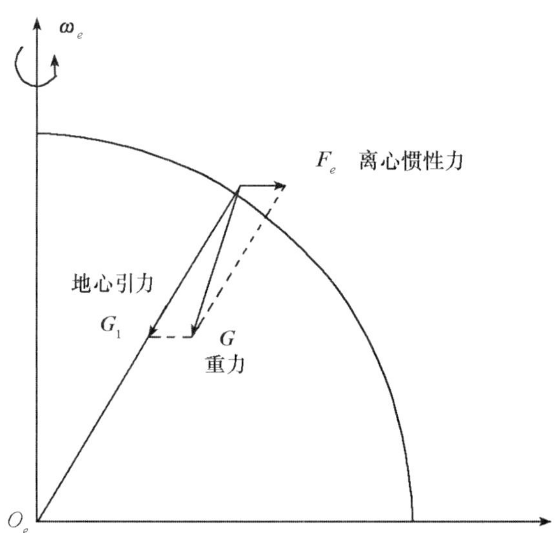

图 2 -9 圆球模型上重力的合成

因此,作用在物体上的重力总是向下垂直于地面。

实际计算表明,离心惯性力 $\boldsymbol{F}_e$ 比地心引力 $\boldsymbol{G}_1$ 的量值小得多,因此,通常把引力 $\boldsymbol{G}_1$ 就视为重力,即

$$\boldsymbol{G} = \boldsymbol{G}_1 = m\boldsymbol{g}$$

式中,m 为导弹的瞬时质量。作用在物体上的重力总是指向地心。

由于燃料不断消耗,导弹质量随时减小,它是时间的函数。一般质量变化规律如下:

$$m = m_0 - \int_0^t m_c(t)\,\mathrm{d}t \tag{2-1}$$

式中:

m_0 为导弹的起始质量；

$m_c(t)$ 为导弹燃料的质量秒消耗量，它是时间的函数，由发动机推力试验给定，并取绝对值。

根据牛顿万有引力定律，引力与地心至导弹的距离的平方成反比。式中重力加速度 g 的大小与导弹的飞行高度有关，即

$$g = g_0 \frac{R_e^2}{(R_e + H)^2} \tag{2-2}$$

式中：

g_0 为地球表面处的重力加速度，在地球不同地点有不同的值，一般取 9.80 ~ 9.81 m/s^2，因地球是椭球体，而且地球质量分布也不均匀，所以不同地点就有不同的加速度值；

R_e 为地球半径，$R_e = 6713\text{km}$；

H 为导弹离地球表面的高度。

由式(2-2)可知，重力加速度 g 是高度 H 的函数。当 $H = 32\text{km}$ 时，$g = 0.99g_0$，重力加速度仅减小 1%。因此对于近程战术导弹，在整个飞行过程中，重力加速度可认为是常量。且可视航程内的地面为平面，重力场是平行力场，即和地面坐标系的 OY_g 轴平行。因此重力在地面坐标系中的分量为：

$$(\boldsymbol{G})_g = (0 \quad -G \quad 0)^{\mathrm{T}} \tag{2-3}$$

转换到弹道固联系，则有：

$$\begin{aligned}(\boldsymbol{G})_c &= \begin{bmatrix} G_{x_c} \\ G_{y_c} \\ G_{z_c} \end{bmatrix} = \boldsymbol{S}_g^c(\theta,\varphi)(\boldsymbol{G})_g = \boldsymbol{M}_3(\theta)\boldsymbol{M}_2(\varphi)\begin{bmatrix} 0 \\ -G \\ 0 \end{bmatrix} \\ &= \begin{bmatrix} \cos\theta\cos\varphi & \sin\theta & -\cos\theta\sin\varphi \\ -\sin\theta\cos\varphi & \cos\theta & \sin\theta\sin\varphi \\ \sin\varphi & 0 & \cos\varphi \end{bmatrix}\begin{bmatrix} 0 \\ -G \\ 0 \end{bmatrix} \\ &= \begin{bmatrix} -G\sin\theta \\ -G\cos\theta \\ 0 \end{bmatrix}\end{aligned} \tag{2-4}$$

2.3.1.2　发动力的推力

推力是导弹飞行的动力。导弹上采用的发动机有火箭发动机和空气喷气发动机。发动机的类型不同，推力特性也不一样，这里介绍火箭发动机推力的计算方法。

火箭发动机的推力可在地面试验台上测定，推力计算公式为：

$$P = m_c u + f_a(P_a - P_H)$$

式中：

m_c 为燃料的每秒质量消耗量，它与弹的运动无关，仅取决于推进剂输送、燃烧方式和发动机结构，通常可以认为是常数；

u 为燃气流在喷口截面处的平均有效流速；

$m_c u$ 为代表燃气流的反作用力；

f_a 为喷管出口截面处的断面面积；

P_H 为喷管周围的大气压力，随着高度增加，空气密度降低，P_H 也减小；

P_a 为喷管出口截面燃气流压力。

从上式可以看出，火箭发动机推力的大小主要取决于发动机性能参数，也与导弹的飞行高度有关，而与导弹的飞行速度无关。推力主要由发动机内的燃气流以高速喷出而产生的反作用力，以及作用在导弹外表面上的大气静压力两部分组成。上式中的第一项是由于燃气介质以高速喷出而产生的推力部分，称之为动力学推力或动推力；第二项是由于发动机喷管截面处的燃气流压强 P_a 与大气压强 P_H 的压差引起的推力部分，称之为静力学推力或静推力，它与导弹的飞行高度有关。

推力是高度的函数。但对地空弹和反坦克弹等有翼导弹来说，因飞行高度变化不大，大气压力的影响也不大，因此可近似当作常数。

空气喷气发动机的推力，不仅与导弹飞行高度有关，还与导弹的飞行速度、攻角 $\boldsymbol{\alpha}$ 等运动参数有关。

发动机的性能通常用比冲来衡量。比冲是时间单位内由单位质量的推进剂所产生的推力：

$$I = \frac{P}{m_c}$$

一般在设计时，力图使推力沿导弹纵轴的方向，因此，在弹道计算时，也采用与纵轴一致的方向，即 OX_b 方向。但由于发动机制造和安装上的误差，以及某些发动机喷管沿导弹四周分布的不匀称等，致使发动机推力很难与纵轴一致，而且也不一定通过质量中心，产生所谓的推力偏心。这是经常发生的事情，在具体研究导弹运动时，对导弹可能出现的推力偏心问题要加以考虑。

不考虑推力偏心时，推力在体坐标系中的分量为：

$$(\boldsymbol{P})_b = (P \quad 0 \quad 0)^{\mathrm{T}} \tag{2-5}$$

推力在弹道固联坐标系上的投影，利用弹道固联系和弹体坐标系之间的转换关系可得：

$$(\boldsymbol{P})_c = \begin{bmatrix} P_{x_c} \\ P_{y_c} \\ P_{z_c} \end{bmatrix} = \boldsymbol{S}_b^c (\boldsymbol{P})_b = \boldsymbol{S}_v^c \cdot \boldsymbol{S}_b^v (\boldsymbol{P})_b = \boldsymbol{M}_1(-\gamma_c)\boldsymbol{M}_2(-\beta)\boldsymbol{M}_3(-\alpha)\begin{bmatrix} P \\ 0 \\ 0 \end{bmatrix}$$

$$= \begin{bmatrix} 1 & 0 & 0 \\ 0 & \cos\gamma_c & -\sin\gamma_c \\ 0 & \sin\gamma_c & \cos\gamma_c \end{bmatrix} \begin{bmatrix} \cos\beta & 0 & \sin\beta \\ 0 & 1 & 0 \\ -\sin\beta & 0 & \cos\beta \end{bmatrix} \begin{bmatrix} \cos\alpha & -\sin\alpha & 0 \\ \sin\alpha & \cos\alpha & 0 \\ 0 & 0 & 1 \end{bmatrix} \begin{bmatrix} P \\ 0 \\ 0 \end{bmatrix} \tag{2-6}$$

$$= \begin{bmatrix} P\cos\alpha\cos\beta \\ P(\sin\alpha\cos\gamma_c + \cos\alpha\sin\beta\sin\gamma_c) \\ P(\sin\alpha\sin\gamma_c - \cos\alpha\sin\beta\cos\gamma_c) \end{bmatrix}$$

2.3.1.3　空气动力

根据运动的相对性原理和气体流动时的基本定律，当导弹以一定的速度在大气中飞行时，导弹的弹翼、弹身和舵面等，都会受到空气动力的作用，通常用 T 表示。习惯上，把作用在导弹上的总的空气动力 T 在速度坐标系中分解成三个分量，即升力、阻力和侧力，即

$$\boldsymbol{T}=\boldsymbol{Q}+\boldsymbol{L}_Y+\boldsymbol{L}_Z$$

式中：

$\boldsymbol{T}$ 为总空气动力；

$\boldsymbol{Q}$ 为阻力，方向沿 OX_v 轴与速度方向相反；

$\boldsymbol{L}_Y$ 为升力，方向与 OY_v 轴一致；

$\boldsymbol{L}_Z$ 为侧力，方向与 OZ_v 轴方向一致。

大量实验表明，空气动力与导弹的飞行速度 V、飞行高度 H、导弹的外型及导弹相对于来流的姿态等因素有关。来流速度越大，即导弹速度 V 越大，动能$\frac{1}{2}mV^2$ 就越大。吹到导弹上后，由于受到阻滞，大部分动能转换为压力能，总的空气动力也越大。

实验分析表明，空气动力的大小与来流的动压头 $q=\frac{1}{2}\rho V^2$ 和导弹的特征面积 S 成正比，即

$$\begin{cases}Q=C_XqS\\L_Y=C_YqS\\L_Z=C_ZqS\end{cases}\tag{2-7}$$

式中：

C_X、C_Y、C_Z 为无量纲比例系数，分别称为阻力系数、升力系数和侧向力系数（总称为空气动力系数）。

S 为特征面积（或称参考面积），通常将弹身的最大横截面积作为特征面积，也有用弹翼的投影面积作为特征面积。导弹的外形不同，流过导弹的气流速度分布及相应的压力也不同，必然影响着空气动力的大小和方向。当导弹外形相似时，几何尺寸越大，空气动力也越大。导弹表面越粗糙，阻力也越大，故其外形尽量做成流线型。

ρ 为空气密度，空气密度越大，则空气的惯性越人，导弹向前飞行需要的推力就越大。根据作用力与反作用力的原理，空气必将以更大的力作用在导弹上。由于空气密度随高度增加而减小，所以高度越高，作用在弹上的空气动力越小。

由式（2-7）可以看出，当导弹外形、飞行速度和高度给定的情况下，研究导弹飞行中所受的空气动力，可简化成研究这些空气动力系数。

（1）升力 L_Y

全弹的升力可以看成是弹翼、弹身、尾翼（或舵面）等各部件产生的升力之和加上各部件间的相互干扰的附加升力。弹翼是提供升力的最主要部件，而导弹的尾翼（或舵面）和弹身产生的升力很小。

升力系数与弹翼、弹身的形状有关，而且随导弹的飞行高度和马赫数而变化。在导弹气动布局和外形尺寸给定的条件下，升力系数 C_Y 基本上取决于马赫数 M_a、攻角 α 和俯仰舵的舵面偏转角 δ_z，即 $C_Y = f(M_a, \alpha, \delta_z)$（$H$ 的因素没有考虑进来）。在导弹飞行的攻角和舵面偏转角不大的情况下，C_Y 可以表示为 α 和 δ_z 的线性函数，即

$$C_Y = C_{y0} + C_y^{\alpha}\alpha + C_y^{\delta_z}\delta_z$$

式中：

C_{y0}为攻角 α 和 δ_z 均为零时的升力系数，对于轴对称导弹，$C_{y0} = 0$，于是有

$$C_Y = C_y^{\alpha}\alpha + C_y^{\delta_z}\delta_z$$

式中：

$C_y^{\alpha} = \left.\dfrac{\partial C_Y}{\partial \alpha}\right|_{\delta_z = 0}$ 为升力系数对攻角的偏导数，又称升力线斜率，它表示攻角变化单位角度时，升力系数的变化率；

$C_y^{\delta_z} = \left.\dfrac{\partial C_Y}{\partial \delta_z}\right|_{\alpha = 0}$ 为升力系数对舵面偏转角的偏导数，它表示舵面偏转单位角度时，升力系数的变化率。

当导弹外形参数给定时，C_y^{α} 和 $C_y^{\delta_z}$ 是马赫数 M_a 的函数，C_y^{α} 和 $C_y^{\delta_z}$ 对 M_a 数的函数关系如图 2－10 所示。

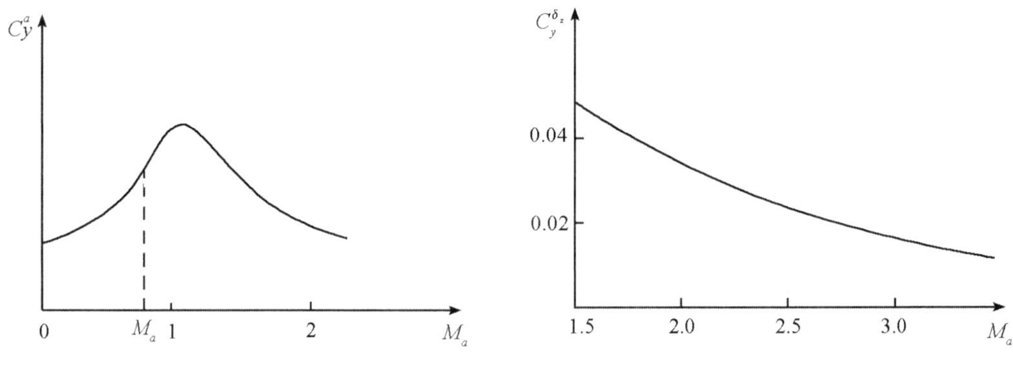

图 2－10　$C_y^{\alpha} = f_1(M_a)$ 和 $C_y^{\delta_z} = f_2(M_a)$ 关系曲线

由图 2－10 可以看出，在亚音速飞行时，C_y^{α} 随马赫数的增大而增大；在超音速飞行时，C_y^{α} 随马赫数的增大而减小；在跨音速飞行时，C_y^{α} 随马赫数的变化比较剧烈，呈非线性变化。

当马赫数 M_a 固定时，升力系数随着攻角 α 的增大而线性增长，但升力曲线的线性关系只能保持在攻角不大的范围内，而且，随着攻角的继续增大，升力线斜率将下降。当攻角增至一定程度时，升力系数将达到极值。与极值 $C_{Y\max}$ 相对应的攻角，称为临界攻角 α_k。超过临界攻角后，由于气流分离加速，升力系数 C_Y 急剧下降，这种现象称为失速，如图 2－11 所示。

系数 C_y^{α} 和 $C_y^{\delta_z}$ 的数值由风洞试验或飞行试验得到。其函数关系可由计算机表格的形式记录，通过拟合插值以及查表得到特定条件下的系数。当已知系数 C_y^{α} 和 $C_y^{\delta_z}$，以及飞

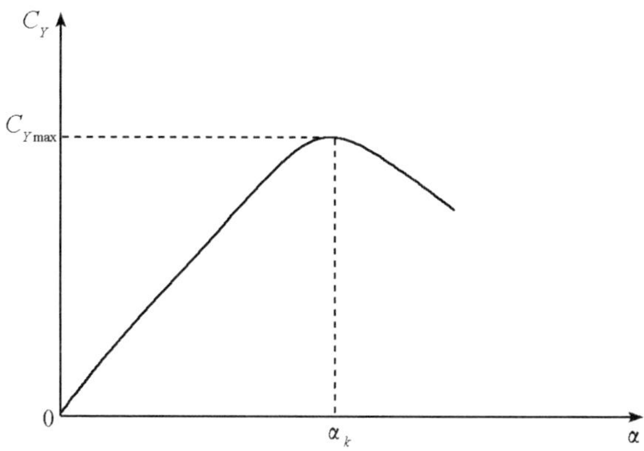

图 2-11　升力系数 C_Y 与攻角 α 的关系

行速度 V、飞行高度 H、导弹的飞行攻角 α、舵偏角 δ_z 之后，就可确定升力的大小。

$$L_Y=(C_y^{\alpha}\alpha+C_y^{\delta_z}\delta_z)\frac{\rho V^2}{2}S \tag{2-8}$$

因此，对于给定的导弹气动布局和外形参数，升力可以看作是四个参数即导弹速度 V、飞行高度 H、飞行攻角 α 和舵面偏转角 δ_z 的函数。

(2)侧向力 L_Z

侧向力 L_Z 是由侧滑角产生的气动力。与升力一样，在导弹气动布局和外形尺寸给定的情况下，侧向力系数基本上取决于马赫数 M_a、侧滑角 β 和偏航舵的舵面偏转角 δ_y，当 β、δ_y 较小时，侧向力系数可以表示为：

$$C_Z=C_z^{\beta}\beta+C_z^{\delta_y}\delta_y \tag{2-9}$$

根据所采用的符号规则，正的 β 值对应于负的 C_Z，而正的 δ_y 值对应于正的 C_Z 值，因此系数 C_z^{β} 为负，$C_z^{\delta_y}$ 为正。

对于气动轴对称的导弹，侧向力的求法和升力相同。如果将导弹看作是绕纵轴转过了 90°，这时侧滑角将起到攻角的作用，偏航舵偏角 δ_y 起到俯仰舵偏角 δ_z 的作用，而侧向力则起升力的作用。由于所采用的符号规则不同，所以在计算公式中应该用 $-\beta$ 代替 α，用 δ_y 代替 δ_z。于是，对气动轴对称的导弹，有：

$$C_z^{\beta}=-C_y^{\alpha}$$

$$C_z^{\delta_y}=C_y^{\delta_z}$$

(3)阻力 Q

作用在导弹上的总空气动力在速度方向上的分量称为阻力，它总是与速度方向相反，起阻碍导弹运动的作用。阻力受空气的粘性影响最为显著，用理论方法计算阻力必须考虑空气粘性的影响。但无论是通过理论方法或风洞试验方法求得精确的阻力数据均较为困难。

导弹的空气阻力通常分成两部分来进行研究，一部分与升力无关，称为零升阻力(即升力为零时的阻力)，另一部分取决于升力的大小，称为诱导阻力。因而阻力系数也可由两部分表示成：

$$C_X = C_{x_0} + C_{x_i}$$

零升阻力系数 C_{x_0} 为攻角和侧滑角等于零时的阻力系数，它取决于导弹飞行的高度和马赫数。诱导阻力系数 C_{x_i} 除飞行速度外，还与导弹的攻角和侧滑角有关，计算分析表明，导弹的诱导阻力近似地与有效攻角、有效侧滑角的平方成正比，即诱导阻力系数可近似表示为：

$$C_{x_i} = C_{x_i}^{\alpha^2}\alpha^2 + C_{x_i}^{\beta^2}\beta^2$$

在导弹气动布局和外形参数给定的条件下，C_X 主要取决于飞行马赫数 M_a、攻角 α 和侧滑角 β。阻力系数随马赫数和攻角的变化如图 2－12 所示。

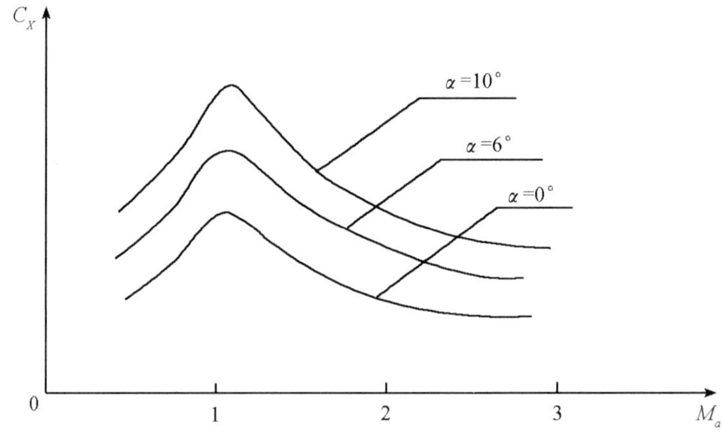

图 2－12　阻力系数 C_X 与攻角 α 和马赫数 M_a 的关系

图中，在马赫数 $M_a=1$ 的附近，阻力系数急剧增大，这种现象可由在导弹的局部地方和头部形成的激波来解释，即这些激波产生了波阻。在 $M_a>1$ 之后，阻力系数 C_X 减小，这是因为激波变斜了，因而波阻减小。

因此，在导弹气动布局和外形参数给定的情况下，阻力随着导弹的速度、攻角和侧滑角的增大而增大。但是随着飞行高度的增加，阻力将减小。

(4) 小结

空气动力的大小取决于飞行速度 V、空气密度 ρ、弹体形状以及导弹在空间的飞行姿态等。空气密度 ρ 与高度 H 有关，所以空气动力也与 H 有关。另外，气动力与攻角 α、侧滑角 β 成比例，所以改变导弹的姿态角就可以改变气动力，这一点是很重要的，因为操纵导弹飞行，引导导弹击中目标，主要的手段就是通过改变导弹相对于气流的姿态，即改变攻角 α 和侧滑角 β，从而达到改变飞行速度和方向的目的。

操纵过程大致是这样的：控制系统根据制导误差，生成控制信号，使执行机构（俯仰舵或偏航舵）偏转，从而改变舵面上的气动力，产生操纵力矩，使导弹绕重心旋转，改变相对于气流的攻角 α 或侧滑角 β，最后改变了升力 L_Y 和侧向力 L_Z。显然，由于攻角 α 和侧滑角 β 的改变，也引起了阻力的改变。根据力与运动之间的关系，必然就引起了飞行速度的大小和方向的变化。

需要强调指出的是，所有的气动力系数，如升力系数 C_y^{α} 和 $C_y^{\delta_z}$、侧向力系数 C_z^{β} 和 $C_z^{\delta_y}$、

阻力系数 C_X 等,与所有的气动力矩系数,如下文中将要用到的 m_z^α、m_y^β、$m_z^{\delta_z}$ 等,均是由风洞试验获得的,其吹风数据以表格的形式记录下来存储在计算机中,通过查表和拟合插值得到特定条件下的系数。

由空气动力的定义,总空气动力 $\boldsymbol{T}$ 在速度坐标系中的分量为:

$$(\boldsymbol{T})_v = (-Q \quad L_Y \quad L_Z)^{\mathrm{T}} \tag{2-10}$$

利用弹道固联系和速度坐标系之间的关系,可以将气动力投影到弹道固联系上。总空气动力在弹道固联系上的投影为:

$$\begin{aligned}(\boldsymbol{T})_c = \begin{bmatrix} T_{x_c} \\ T_{y_c} \\ T_{z_c} \end{bmatrix} &= \boldsymbol{S}_v^c \cdot (\boldsymbol{T})_v = \boldsymbol{M}_1(-\gamma_c)\begin{bmatrix} -Q \\ L_Y \\ L_Z \end{bmatrix} \\ &= \begin{bmatrix} 1 & 0 & 0 \\ 0 & \cos\gamma_c & -\sin\gamma_c \\ 0 & \sin\gamma_c & \cos\gamma_c \end{bmatrix}\begin{bmatrix} -Q \\ L_Y \\ L_Z \end{bmatrix} \\ &= \begin{bmatrix} -Q \\ L_Y\cos\gamma_c - L_Z\sin\gamma_c \\ L_Y\sin\gamma_c + L_Z\cos\gamma_c \end{bmatrix}\end{aligned} \tag{2-11}$$

2.3.2　作用在导弹上的力矩

导弹在空中飞行时,要使它击中目标,就要使它一面移动,一面绕重心转动。前面已经讲过,要操纵导弹飞行,一种方法就是改变升力 L_Y 和侧向力 L_Z(有时也可通过控制推力来达到操纵飞行的目的)。这实际上就是改变迎角 α 和侧滑角 β,为此就要使导弹绕质心转动。导弹的转动,取决于作用在它上面的力矩。因此,本节研究作用在导弹上的力矩和转动之间的关系。

我们知道,重力是通过质心的,因此,它对质心的力矩为零。在没有指明时,假定发动机推力和纵轴一致,推力也通过重心,因此,推力对重心的力矩也等于零。而总空气动力的作用线一般不通过导弹的重心,因此,将形成对重心的空气动力矩。总空气动力的作用线与导弹纵轴的交点称为全弹的压力中心,在攻角不大的情况下,常近似地把全弹升力作用线与纵轴的交点作为全弹的压力中心。

对于有翼导弹,弹翼是产生升力的主要部件,因此,这类导弹的压力中心位置在很大程度上取决于弹翼相对于弹身安装的前后位置;此外,还取决于飞行马赫数 M_a、攻角 α、舵偏角 δ_z 等。这是因为 M_a、α、δ_z 等改变时,同时也改变了导弹上的压力分布。当飞行速度接近于音速时,会引起压力中心位置较大幅度的变化。

2.3.2.1　空气动力矩的表达式

为了便于分析导弹的旋转运动,把总空气动力矩 $\boldsymbol{M}_R$ 沿弹体坐标系分解为三个分量,分别称之为滚动力矩(或倾斜力矩)$\boldsymbol{M}_{x_b}$、偏航力矩 $\boldsymbol{M}_{y_b}$ 和俯仰力矩 $\boldsymbol{M}_{z_b}$,即

$$\boldsymbol{M}_R = \boldsymbol{M}_{x_b} + \boldsymbol{M}_{y_b} + \boldsymbol{M}_{z_b}$$

式中：

$\boldsymbol{M}_{x_b}$为滚动力矩，使导弹产生绕纵轴 OX_b 的旋转；

$\boldsymbol{M}_{y_b}$为偏航力矩，使导弹产生绕 OY_b 轴的旋转；

$\boldsymbol{M}_{z_b}$为俯仰力矩，使导弹产生绕 OZ_b 轴的旋转。

与研究气动力时一样，用对气动力矩系数的研究来取代对气动力矩的研究。气动力矩的表达式为：

$$\begin{cases} \boldsymbol{M}_{x_b} = m_{x_b} qSL \\ \boldsymbol{M}_{y_b} = m_{y_b} qSL \\ \boldsymbol{M}_{z_b} = m_{z_b} qSL \end{cases} \tag{2-12}$$

式中：

m_{x_b}、m_{y_b}、m_{z_b}为无量纲的比例系数，分别称为滚动力矩系数、偏航力矩系数和俯仰力矩系数（统称为气动力矩系数）；

S 为特征面积，对有翼导弹，特别是飞航式导弹，常以通过弹身的弹翼面积来计算，对弹道式导弹，常以弹身的最大横截面积来表示；

L 为特征长度，对有翼导弹，通常以弹翼的平均气动力弦来计算，对弹道式导弹，常取整个弹身的长度来计算，对于轴对称导弹来说，两种方式都适用，也有将弹翼翼展长度作为特征长度。

因此，当进行弹道计算时，在弹道方程中有关气动力和气动力矩的值，必须注意它们所对应的特征面积和特征长度的尺寸。

下面分别研究俯仰力矩、航向力矩、滚动力矩的计算表达式。在后面的引用中，为了书写方便，通常将注脚“b”省略。

2.3.2.2 俯仰力矩

俯仰力矩又称纵向力矩，它使导弹产生绕横轴 OZ_b 抬头或低头的转动。在气动布局和外形参数给定的情况下，俯仰力矩的大小不仅与飞行马赫数 M_a、飞行高度 H 有关，还与飞行攻角 α、俯仰舵偏转角 δ_z、导弹绕 OZ_b 轴的旋转角速度 ω_z、攻角的变化率 $\dot{\alpha}$ 以及操纵面的偏转角速度 $\dot{\delta}_z$ 有关。因此，俯仰力矩可表示成如下的函数形式：

$$M_z = f(M_a, H, \alpha, \delta_z, \omega_z, \dot{\alpha}, \dot{\delta}_z)$$

当 α、δ_z、ω_z、$\dot{\alpha}$ 和 $\dot{\delta}_z$ 都较小时，俯仰力矩与这些量的关系是近似线性的，其一般表达式为：

$$M_z = M_{z_0} + M_z^{\alpha}\alpha + M_z^{\delta_z}\delta_z + M_z^{\omega_z}\omega_z + M_z^{\dot{\alpha}}\dot{\alpha} + M_z^{\dot{\delta}_z}\dot{\delta}_z \tag{2-13}$$

严格地说，俯仰力矩还取决于某些其他参数，例如，侧滑角 β，副翼偏转角 δ_x，导弹绕纵轴的旋转角速度 ω_x 等。通常这些参数的影响不大，一般不予计及。

为了讨论方便，俯仰力矩用无量纲力矩系数表示，即

$$m_z = m_{z_0} + m_z^{\alpha}\alpha + m_z^{\delta_z}\delta_z + m_z^{\overline{\omega}_z}\overline{\omega}_z + m_z^{\overline{\dot{\alpha}}}\overline{\dot{\alpha}} + m_z^{\overline{\dot{\delta}}_z}\overline{\dot{\delta}}_z$$

式中，$\bar{\omega}_z=\dfrac{\omega_z L}{V}$，$\bar{\dot{\alpha}}_z=\dfrac{\dot{\alpha}L}{V}$，$\bar{\dot{\delta}}_z=\dfrac{\dot{\delta}_z L}{V}$；$m_{z0}$是当 $\alpha=\delta_z=\omega_z=\dot{\alpha}=\dot{\delta}_z=0$ 时的气动力矩系数，是由导弹气动外形不对称所引起的，m_{z0} 主要取决于飞行马赫数 M_a、导弹的几何形状、弹翼或安定面的安装角等。显然，当导弹轴对称时，$m_{z0}=0$。

（1）瞬时平衡状态

所谓导弹的定态飞行，是指导弹的飞行速度 V、攻角 α、侧滑角 β、舵偏转角 δ_z 和 δ_y 等均不随时间变化的这种飞行状态。但是，实际上导弹几乎不会有严格的定态飞行。即使导弹作等速直线飞行，由于燃料的消耗使导弹质量发生变化，因而保持等速直线飞行所需的攻角也要随之改变。因此只能说导弹在整个飞行航迹中比较小的一段距离上接近于定态飞行。

导弹做定态直线飞行时，$\omega_z=\dot{\alpha}=\dot{\delta}_z=0$，俯仰力矩系数的表达式变为：

$$m_z=m_{z0}+m_z^{\alpha}\alpha+m_z^{\delta_z}\delta_z$$

对于外形为轴对称的导弹 $m_{z0}=0$，则有

$$m_z=m_z^{\alpha}\alpha+m_z^{\delta_z}\delta_z$$

实验表明，在攻角 α 和舵偏角 δ_z 不大的情况下，上述线性关系才成立，即 m_z^{α}，$m_z^{\delta_z}$ 可看作常数。随着 α、δ_z 的增大，线性关系将被破坏。

当 $m_z=m_z^{\alpha}\alpha+m_z^{\delta_z}\delta_z=0$ 时，导弹处于平衡状态，即此时作用在导弹上的所有升力相对于质心的力矩的代数和为零，这种俯仰力矩的平衡又称为导弹的纵向静平衡。此时

$$\left(\frac{\delta_z}{\alpha}\right)_B=-\frac{m_z^{\alpha}}{m_z^{\delta_z}}\quad 或\quad \delta_{zB}=-\frac{m_z^{\alpha}}{m_z^{\delta_z}}\alpha_B$$

式中的比值 $-\dfrac{m_z^{\alpha}}{m_z^{\delta_z}}$除了与飞行马赫数 M_a 有关，还随导弹气动布局的不同而不同（对于正常式布局 $-\dfrac{m_z^{\alpha}}{m_z^{\delta_z}}>0$，鸭式布局 $-\dfrac{m_z^{\alpha}}{m_z^{\delta_z}}<0$）。在弹道各段上，这个比值一般来说是变化的，因为导弹飞行过程中马赫数和质心位置均要变化，因而 m_z^{α} 和 $m_z^{\delta_z}$ 也要相应地改变。

对于气动对称的导弹来说，处于平衡状态下的全弹升力，即所谓平衡升力，可以用下式中的平衡升力系数来计算。

$$C_{Y_B}=C_y^{\alpha}\alpha_B+C_y^{\delta_z}\delta_{zB}=\left(C_y^{\alpha}-C_y^{\delta_z}\frac{m_z^{\alpha}}{m_z^{\delta_z}}\right)\alpha_B$$

由于讨论的是定态直线飞行的情况，在进行一般弹道计算时，若假设每一瞬时导弹都处于上述平衡状态，则可用上式来计算弹道每一点上的平衡升力。这种假设，通常称为“瞬时平衡”假设，即认为导弹从某一平衡状态改变到另一平衡状态是瞬时完成的，也就是忽略了导弹绕质心的旋转运动。此时，作用在导弹上的俯仰力矩只有稳定力矩 $M_z^{\alpha}\alpha$ 和操纵力矩 $M_z^{\delta_z}\delta_z$，而且此两力矩恒处于平衡状态，即 $m_z^{\alpha}\alpha+m_z^{\delta_z}\delta_z=0$，此时可把导弹的运动当作可操纵的质点运动。

导弹初步设计阶段采用瞬时平衡假设，可大大减少计算量。

(2)稳定力矩

稳定力矩 $M_z^\alpha \alpha$,又称恢复力矩。它是由攻角 α 所引起的升力 $C_y^\alpha qS\alpha$ 对重心的力矩。其计算表达式为:

$$M_z^\alpha \alpha = m_z^\alpha qSL\alpha \tag{2-14}$$

式中,m_z^α 称为稳定力矩系数,它是表征导弹静稳定性的重要参数。

导弹的平衡有稳定平衡和不稳定平衡。在稳定平衡中,导弹由于某一小扰动的瞬时作用而破坏了它的平衡之后,则经过某一过渡过程仍能恢复到原来的平衡状态。在不稳定平衡中,即便是很小的扰动瞬时作用于导弹,使其偏离平衡位置,也没有恢复到原来平衡位置的能力。判别导弹纵向静稳定性的方法是看导数 m_z^α 的性质,即:

当$m_z^\alpha \big|_{\alpha=\alpha_B} <0$ 时,如果导弹受到干扰使攻角增大,将产生负的稳定力矩,引起导弹的“低头”运动,于是攻角减小,也就是说当导弹一旦偏离平衡位置后,所产生的力矩会力图使导弹恢复到原来的平衡状态,因而导弹具有恢复到平衡位置的趋势,通常称这种导弹具有纵向静稳定性。此时产生的力矩称为静稳定力矩或恢复力矩。

当$m_z^\alpha \big|_{\alpha=\alpha_B} >0$ 时,称导弹是纵向静不稳定的;此时当导弹一旦偏离平衡位置后,所产生的力矩会使导弹的攻角发散,更加偏离原来的平衡位置,称之为翻滚力矩。

当$m_z^\alpha \big|_{\alpha=\alpha_B} =0$ 时,导弹是中立稳定的,因为当 α 稍离开 α_B 时,它不会产生附加力矩,则干扰造成的攻角偏量既不增大,也不能被消除。

综上所述,纵向静稳定性的定义可概述如下:导弹在平衡状态下飞行时,受到外界瞬间干扰作用而偏离原来的平衡状态,在外界干扰消失的瞬间,若导弹不经操纵能产生附加气动力矩,使导弹具有恢复到原来平衡状态的趋势,则称导弹是静稳定的;若产生的附加气动力矩使导弹更加偏离原平衡状态,则称导弹是静不稳定的;若附加力矩为零,导弹既无恢复到原平衡状态的趋势,也不再继续偏离,则称导弹是静中立稳定的。必须指出,静稳定性只是说明导弹偏离平衡状态那一瞬间的力矩特性,并不能说明整个飞行过程导弹最终是否具有稳定性。

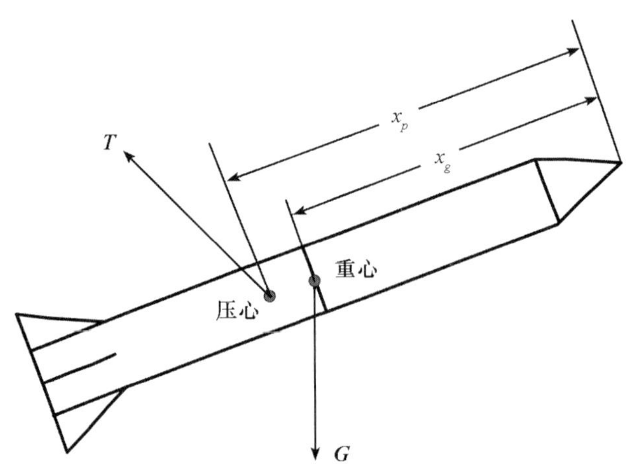

图 2-13　导弹静稳定性示意图

如图 2－13 所示，设 x_p 为弹体的压心至头部顶点的距离，x_g 为弹体的重心至头部顶点的距离，由于俯仰稳定力矩是攻角 α 所引起的升力对重心的力矩，因此可得俯仰力矩的另一种计算表达式为：

$$M_z^{\alpha}\alpha = -C_y^{\alpha}qS\alpha(x_p - x_g) \tag{2-15}$$

与式(2－14)比较后可知

$$m_z^{\alpha} = -C_y^{\alpha}\frac{x_p - x_g}{L} = -C_y^{\alpha}(\bar{x}_p - \bar{x}_g)$$

式中，x_p、x_g 分别为全弹的压心和重心离头部顶点的距离；$\bar{x}_p$、$\bar{x}_g$ 分别为对应的无量纲值。

显然，对于具有纵向静稳定性的导弹，$m_z^{\alpha} < 0$，这时，重心位于压心之前。当重心逐渐向压心靠近时，静稳定度逐渐降低。当重心后移到与压心重合时，导弹是静中立稳定的。当重心后移到压心之后时，$m_z^{\alpha} > 0$，导弹则是静不稳定的。因此把压心无量纲坐标与重心的无量纲坐标之间的差值 $-(\bar{x}_p - \bar{x}_g)$ 称为导弹的纵向静稳定度。它能对导弹的静稳定性给出质和量的估计。

导弹的静稳定度与飞行性能有关。在飞行过程中，重心和压心的位置都随飞行状态的变化而沿导弹的纵轴移动。为了保证导弹具有适当的静稳定度，设计过程中常采用两种方法：一是改变导弹的气动布局，从而改变压心的位置，如改变弹翼的外形、面积及相对弹身的前后位置，改变尾翼面积等；一是改变导弹的部位安排，以调整重心的位置。

(3)俯仰操纵力矩

操纵力矩(或控制力矩)$M_z^{\delta_z}\delta_z$，是操纵面(俯仰舵)偏转所产生的气动力(或摇摆发动机所产生的推力)相对于重心的力矩。一般导弹总是通过操纵舵面偏转改变导弹的姿态，然后通过姿态改变产生气动力，进而改变导弹的运动轨迹。

俯仰舵偏转 δ_z 角后，所产生的操纵力矩为：

$$M_z^{\delta_z}\delta_z = m_z^{\delta_z}\delta_z qSL \tag{2-16}$$

式中：

$m_z^{\delta_z}$ 为舵面偏转单位角度时所引起的操纵力矩系数，称为舵面效率。

对于正常式导弹，重心总是在舵面之前，所以总有 $m_z^{\delta_z} < 0$，对于鸭式导弹，则有 $m_z^{\delta_z} > 0$。

(4)俯仰阻尼力矩

俯仰阻尼力矩 $M_z^{\omega_z}\omega_z$ 是由导弹绕 OZ_b 轴作旋转运动所引起的，其大小和旋转角速度 ω_z 成正比，方向总与 ω_z 相反，它的作用是阻止导弹的旋转运动，故称为俯仰阻尼力矩(或称纵向阻尼力矩)。

俯仰阻尼力矩常用无量纲俯仰阻尼力矩系数来表示，即有

$$M_z^{\omega_z}\omega_z = m_z^{\omega_z}\bar{\omega}_z qSL \tag{2-17}$$

式中，$\bar{\omega}_z = \dfrac{\omega_z L}{V}$，因此式(2－17)又可写成

$$M_z^{\omega_z}\omega_z = m_z^{\bar{\omega}_z}qS \cdot \frac{L^2}{V}\omega_z \tag{2-18}$$

其中，$m_z^{\bar{\omega}_z}$ 总是一个负值，它的大小主要取决于飞行马赫数 M_a、导弹的几何形状和质心位

置。通常为书写简便,将 $m_z^{\bar{\omega}_z}$ 简记作 $m_z^{\omega_z}$,但它本来的意义并不因此而改变。

一般情况下,阻尼力矩相对于稳定力矩和操纵力矩来说是比较小的。对某些旋转角速度 ω_z 较小的导弹来说,甚至可以忽略它对导弹运动的影响。但是,它对导弹运动的过渡过程品质的影响却不能忽略。

(5)非定态飞行时的情况

当导弹作非定态运动时,俯仰力矩由两部分组成:一是根据定常假设,按 α、δ_z、ω_z、M_a 数的瞬时值求出的力矩,另一部分是取决于 $\dot{\alpha}$ 和 $\dot{\delta}_z$,由洗流延迟所引起的附加力矩,由 $\dot{\alpha}$ 和 $\dot{\delta}_z$ 引起的附加气动力矩相当于都是一种阻尼力矩。

必须强调指出,尽管影响俯仰力矩的因素有很多,但其中主要的有两项,即由攻角引起的稳定力矩 $M_z^{\alpha}\alpha$ 和由舵偏角引起的操纵力矩 $M_z^{\delta_z}\delta_z$。

2.3.2.3 偏航力矩

偏航力矩(又称航向力矩)M_y 是总空气动力矩 M_R 在弹体坐标系 OY_b 轴上的分量,它将使导弹绕 OY_b 轴转动。偏航力矩与俯仰力矩产生的物理原因是类似的,所不同的是俯仰力矩是由侧力产生的。对于轴对称的导弹,只要假想把导弹绕纵轴 OX_b 转过 90°,那时求出的升力,就是侧向力的计算表达式。

偏航力矩系数的表达式可以仿照俯仰力矩系数表达式写成如下形式:

$$m_y = m_y^{\beta}\beta + m_y^{\delta_y}\delta_y + m_y^{\omega_y}\bar{\omega}_y + m_y^{\dot{\beta}}\ \bar{\dot{\beta}} + m_y^{\bar{\dot{\delta}}_y}\bar{\dot{\delta}}_y \qquad (2-19)$$

式中,$\bar{\omega}_y = \dfrac{\omega_y L}{V}$,$\bar{\dot{\beta}} = \dfrac{\dot{\beta}L}{V}$,$\bar{\dot{\delta}}_y = \dfrac{\dot{\delta}_y L}{V}$。由于所有导弹外形相对于 OX_bY_b 平面都是对称的,故在偏航力矩系数中不存在 m_{y0} 这一项。

m_y^{β} 称为航向静稳定力矩系数,它表征着导弹的航向静稳定性。如果存在正的侧滑角 β 时,产生的力矩 M_y 是负的,即指向减小 β 的方向(即恢复力矩),则导弹具有航向静稳定性。如果存在正的侧滑角 β 时,产生的力矩 M_y 也是正的,即指向增大 β 的方向(即翻转力矩),则导弹是航向静不稳定的。同样,当 $m_y^{\beta} < 0$ 时,导弹是航向静稳定的;$m_y^{\beta} > 0$ 时,导弹是静不稳定的;$m_y^{\beta} = 0$ 时,导弹是航向中立稳定的。

$m_y^{\delta_y}\delta_y$ 表征偏航操纵力矩项,$m_y^{\delta_y}$ 称为静导数。

$m_y^{\omega_y}\bar{\omega}_y$ 是偏航阻尼力矩系数。

$m_y^{\bar{\omega}_y}$、$m_y^{\bar{\dot{\beta}}}$、$m_y^{\bar{\dot{\delta}}_y}$ 永远是负的,其产生的物理原因与俯仰力矩中的 $m_x^{\bar{\omega}_x}$、$m_z^{\bar{\dot{\alpha}}}$、$m_z^{\bar{\dot{\delta}}_z}$ 相同。

2.3.2.4 滚动力矩

滚动力矩(又称倾斜力矩)M_x 是绕导弹纵轴 OX_b 的气动力矩,它是由于迎面气流不对称地绕导弹流过所产生的。当导弹有侧滑角、某些操纵机构的偏转或导弹绕 OX_b 及 OY_b 轴旋转时,均会使气流流动的对称性受到破坏。此外,生产上的误差,如左、右弹翼(或安定面等)的安装角和尺寸制造误差所造成的不一致,也会破坏气流流动的对称性,从而引起滚动力矩。因此,滚动力矩的大小取决于导弹的形状和尺寸、飞行速度和高度、

攻角 α、侧滑角 β、舵面，以及副翼的偏转角 δ_z、δ_y、δ_x，角速度 ω_x、ω_y，制造误差等。

与分析其他气动力矩一样，只讨论滚动力矩的无量纲系数。若影响滚动力矩的上述参数都比较小时，且略去一些次要因素，则滚动力矩系数 m_x 可用如下线性关系近似地表示：

$$m_x = m_{x0} + m_x^{\beta}\beta + m_x^{\delta_x}\delta_x + m_x^{\delta_y}\delta_y + m_x^{\bar{\omega}_x}\bar{\omega}_x + m_x^{\bar{\omega}_y}\bar{\omega}_y + m_x^{\bar{\omega}_z}\bar{\omega}_z \tag{2-20}$$

式中，偏导数 m_x^{β}、$m_x^{\delta_x}$、$m_x^{\delta_y}$ 称为静导数；偏导数 $m_x^{\bar{\omega}_x} = \dfrac{\partial m_x}{\partial \bar{\omega}_x}$，$m_x^{\bar{\omega}_y} = \dfrac{\partial m_x}{\partial \bar{\omega}_y}$为无量纲旋转导数；$m_{x0}$ 是由生产误差引起的外形不对称产生的。所有这些量主要是与导弹的几何参数和马赫数 M_a 有关。

$m_x^{\beta}\beta$ 是由于气流流过弹翼和尾翼时，在左右翼面上产生不对称的升力造成的。它表示导弹的横向静稳定性。横向静稳定性对于飞航式导弹（或飞机型导弹）具有很大的意义。因为升力 L_Y 总是在纵向对称平面 OX_bY_b 内，当导弹由于某种原因向右倾斜飞行时，将产生升力的水平分量使导弹获得附加的侧向速度，即产生带侧滑的飞行，产生正的侧滑角 β。若 $m_x^{\beta} < 0$，则 $m_x^{\beta}\beta < 0$，于是产生负的倾斜力矩使导弹消除向右倾斜运动的趋势。因此，这个力矩也称为恢复力矩。这样的导弹具有横向静稳定性。因此，若 $m_x^{\beta} < 0$，则导弹具有横向静稳定性；若 $m_x^{\beta} > 0$，则导弹是横向静不稳定的。

对于正常式导弹来说，横向静稳定性不仅取决于弹翼的几何参数、上反角等，而且还与迎角 α 成正比。因此，在不同飞行状态下的横向静稳定性是不相等的。在小迎角时稳定性小，而在大迎角时，稳定性可能很大。

$m_x^{\delta_x}\delta_x$ 是滚动操纵力矩项，它是由副翼或差动舵偏转后产生的绕纵轴的力矩。副翼和差动舵总是一上一下地成对偏转，如向下偏的右副翼，相当于该处增大了迎角；左副翼向上偏，相当于该处减小了迎角。因此，右副翼增加了升力，左副翼减小了升力，这样就引起了倾斜力矩。力矩系数 $m_x^{\delta_x}$ 称为副翼的操纵效率，也就是副翼偏转单位角度时所引起的力矩系数的变化率。当舵偏角增大时，副翼的操纵效率略有降低。

$m_x^{\delta_y}\delta_y$ 是由偏航舵偏转后所引起的倾斜力矩。对于飞机外形的导弹，垂直尾翼相对于 OX_bZ_b 平面布局是非对称的。在垂直尾翼后缘安装有方向舵，当舵面偏转 δ_y 角时，作用于舵面上的侧向力除使导弹绕 OY_b 轴转动之外，还将产生一个与舵偏角 δ_y 成比例的滚动力矩，即 $m_x^{\delta_y}\delta_y$。

$m_x^{\bar{\omega}_x}\bar{\omega}_x$ 是滚动阻尼力矩，和其他阻尼力矩一样，它阻止导弹的滚动。它的值也总是负的。阻尼力矩大小可表示为

$$M_x^{\omega_x}\bar{\omega}_x = m_x^{\omega_x}\bar{\omega}_x qSL = m_x^{\omega_x} qS \cdot \frac{L^2}{V}\omega_x$$

式中，$\bar{\omega}_x = \omega_x \dfrac{L}{V}$。

$m_x^{\bar{\omega}_y}\bar{\omega}_y$ 和 $m_x^{\bar{\omega}_z}\bar{\omega}_z$ 称为倾斜螺旋力矩，它是由于导弹的角速度 ω_y，ω_z 所引起的。$m_x^{\bar{\omega}_y}$ 和 $m_x^{\bar{\omega}_z}$ 称为旋转导数。这种力矩是由机翼和尾翼上有效流速的不同而产生的。

2.3.2.5　铰链力矩

当操纵面偏转某一个角度时，在操纵面上产生空气动力。它除了产生相对于导弹质

心的力矩之外,还产生相对于操纵面铰链轴(即转轴)的力矩,称之为铰链力矩,其表达式为

$$M_h = m_h q_t S_t b_t \tag{2-21}$$

式中,m_h 为铰链力矩系数,q_t 为流经舵面的动压头,S_t 和 b_t 分别为舵面面积和弦长。

对于有人驾驶的飞机来说,铰链力矩的大小决定了驾驶员施予操纵杆上的力的大小。而对于导弹而言,驱动操纵面偏转的舵机所需的功率则取决于铰链力矩的大小。以俯仰舵为例,当舵面处的攻角为 α、舵偏角为 δ_z 时,铰链力矩主要是由舵面上的升力 Y_t 所引起的。若不计舵面阻力对铰链力矩的影响,则铰链力矩的表达式为

$$M_h = -Y_t h\cos(\alpha + \delta_z) \tag{2-22}$$

式中,h 为舵面压心至铰链轴的距离。

当攻角 α 和舵偏角 δ_z 较小时,式(2-22)中的升力 Y_t 可看作是与 α 和 δ_z 呈线性关系,且 $\cos(\alpha+\delta_z)\approx 1$,则式(2-22)可改写成:

$$M_h = -(Y_t^{\alpha}\alpha + Y_t^{\delta_z}\delta_z)h = M_h^{\alpha}\alpha + M_h^{\delta_z}\delta_z \tag{2-23}$$

铰链力矩系数也可以写成:

$$m_h = m_h^{\alpha}\alpha + m_h^{\delta_z}\delta_z \tag{2-24}$$

铰链力矩系数 m_h 主要取决于操纵面的类型及形状、马赫数 M_a、攻角(对于垂直安装的操纵面则取决于 β 角)、操纵面的偏转角,以及铰链轴的位置。

思考题

1. 描述刚体转动的欧拉角的顺序有多少种?
2. 推力 P、重力 G、气动力 T 的大小和方向分别是什么?
3. 导弹上存在哪些干扰力和干扰力矩?
4. 说明舵偏可改变气动力的原理,并说明为什么姿态控制比弹道控制的过渡过程快得多?
5. 静稳定、静不稳定是何含义?
6. 静稳定性大小各有什么优缺点?
7. 简述 BTT 控制与 STT 控制的原理及其适用范围。

第3章　导弹运动方程组

在上一章中,我们分析了导弹作为被控对象的一些特性,建立了对导弹运动进行描述所需要的一些基本坐标系,分析了导弹所受的力和力矩。从本章开始,我们将建立导弹运动的数学模型。导弹运动模型的建立,是分析、研究导弹运动特性的基础和重要的环节,一旦完整的数学模型建立起来,便可进行定性或定量的分析研究工作。

由理论力学可知,任何自由刚体在空间的任意运动,都可以把它视为刚体质心的平移运动和绕质心旋转运动的合成,即决定刚体质心瞬时位置的三个自由度和决定刚体瞬时姿态的三个自由度。一般的研究方法是利用质心运动定理来确定它在空间移动的三个自由度的变化规律,而应用绕质心转动的动量矩定理来确定转动运动的三个自由度的变化规律。因此,通过确定刚体的六个自由度,就确定了刚体在空间任一瞬时的位置和姿态。

导弹在空间的运动,比自由刚体的运动要复杂得多,因为它是可操纵的。作为一个被控对象,当控制系统驱动操纵机构偏转时,将对弹的运动施加控制作用,这时,操纵机构、控制系统的电气和机械部件都有相对运动。同时,导弹是利用推进剂燃烧所产生的反作用力来推动导弹作前进运动的,由于推进剂的不断消耗,导弹的质量不断减小,因此,它又是一个变质量物体的运动。这就是导弹运动比自由刚体运动复杂的原因。

在现代飞行器的设计中,为减轻弹体的结构重量,致使柔性成为不可避免的结构特性。许多导弹(尤其是远程导弹或具有大翼面的导弹)在接近其最大飞行速度时,由于柔性的存在,使导弹容易受到气动弹性现象的影响。这种现象一般可认为是由空气动力所造成的弹体外形变化对空气动力的反馈效应。它对飞行器的稳定性和操纵性有较大影响。从设计的观点来看,弹性现象会影响导弹的运动特性和结构的整体性。不过在一般情况下,弹体的弹性运动只表现为在刚性弹体附近的结构弹性振动,是一个小量,分析它们对导弹运动的影响,几乎总是可以应用线性化理论进行处理。在实际的设计过程中,为尽量地简化问题,我们一般将弹体的弹性运动忽略而只考虑其刚性弹体的运动。

因此,为了方便起见,在研究导弹运动时,在每一瞬间,把导弹当作一个质量不变的、在气动力、推力、操纵力等作用下运动的刚体来处理。也就是说,把变质量物体的运动当作常质量物体的运动来看待。这样的假设,称为“凝固假设”。通过这些假定,就可以应用质心运动定理和相对于质心的动量矩定理来研究导弹的运动。

系统数学模型的描述是多种多样的,对于连续系统,数学模型主要是基于微分方程组来表征的。因此,不管描述导弹在空间运动的数学模型如何复杂,通过线性化处理,总可以用一组非线性的一阶常微分方程来描述。给出相应的初始条件,在计算机上进行数值积分,就可确定其各运动参数的变化规律,得到导弹在各时刻的运动参数,为制导系统和控制系统设计提供必要的数据。

因此，导弹运动方程组的建立，是学习本课程的重要理论基础，通过本章的学习，首先必须掌握建立描述导弹运动数学模型的思路和方法；了解运动方程组各式的物理含义；学习研究问题、分析问题的方法。本章首先介绍导弹运动方程组的建立，然后介绍导弹运动方程组的简化与分解，以及方程组的线性化等，为进行控制系统的分析和设计打下基础。

3.1 导弹运动方程组的建立

要确定导弹在空间运动的规律，如求其弹道，确定导弹在空间的飞行姿态，研究飞行稳定性等问题，首先就要建立导弹运动方程组。

3.1.1 运动学方程

3.1.1.1 质心移动的运动学方程

运动学方程，就是导弹质心位移和速度之间的关系方程式。研究导弹的运动规律时，一般总是相对地面来说的，因此，质心移动的运动学方程在地面坐标系中进行描述。

设导弹的位置矢量为 $\boldsymbol{R}$，该矢量在地面坐标系中的分量可表示为

$$(\boldsymbol{R})_g=(x_g \quad y_g \quad z_g)^{\mathrm{T}}$$

矢量 $\boldsymbol{R}$ 的变化率如果用导弹的速度 V 来表示，则可写成

$$(\dot{\boldsymbol{R}})_g=\begin{bmatrix}\dot{x}_g\\ \dot{y}_g\\ \dot{z}_g\end{bmatrix}=\begin{bmatrix}V_{x_g}\\ V_{y_g}\\ V_{z_g}\end{bmatrix}=\boldsymbol{S}_c^g(\varphi,\theta)\begin{bmatrix}V\\ 0\\ 0\end{bmatrix}$$

其中转换矩阵 $\boldsymbol{S}_c^g(\varphi,\theta)$ 为弹道固联系与地面系之间的转换矩阵：

$$\boldsymbol{S}_c^g(\varphi,\theta)=(\boldsymbol{S}_g^c(\theta,\varphi))^{\mathrm{T}}=\begin{bmatrix}\cos\theta\cos\varphi & -\sin\theta\cos\varphi & \sin\varphi\\ \sin\theta & \cos\theta & 0\\ -\cos\theta\sin\varphi & \sin\theta\sin\varphi & \cos\varphi\end{bmatrix}$$

因而有

$$(\dot{\boldsymbol{R}})_g=\begin{bmatrix}\dot{x}_g\\ \dot{y}_g\\ \dot{z}_g\end{bmatrix}=\begin{bmatrix}V\cos\theta\cos\varphi\\ V\sin\theta\\ -V\cos\theta\sin\varphi\end{bmatrix}$$

省去下标“g”，得导弹的质心运动学方程组为

$$\begin{cases}\dfrac{\mathrm{d}x}{\mathrm{d}t}=V\cos\theta\cos\varphi\\ \dfrac{\mathrm{d}y}{\mathrm{d}t}=V\sin\theta\\ \dfrac{\mathrm{d}z}{\mathrm{d}t}=-V\cos\theta\sin\varphi\end{cases} \tag{3-1}$$

由此可见,如果知道导弹质心运动的速度大小和方向随时间变化的规律,即 $V(t)$, $\theta(t)$, $\varphi(t)$,则通过上式的数值积分,即可求得飞行器重心移动的变化规律,也就是说,可求得飞行弹道。

3.1.1.2　绕质心转动的运动学方程

转动运动学方程,就是转动的角位移和角速度之间的关系式。它可以利用弹体坐标系和地面坐标系之间的方向余弦关系求得。

设导弹相对地面坐标系的角位置矢量为

$$\boldsymbol{\Phi}=(\gamma \quad \psi \quad \vartheta)^{\mathrm{T}}$$

角位置矢量是由三个欧拉角组成的虚矢量。

设弹体相对于地面坐标系的角速度为 $\boldsymbol{\omega}$,$\boldsymbol{\omega}$ 在弹体坐标系中的分量为

$$(\boldsymbol{\omega})_b=(\omega_{x_b} \quad \omega_{y_b} \quad \omega_{z_b})^{\mathrm{T}}$$

在后文中,为了方便书写,将注脚“b”省略。

其角速度 $\boldsymbol{\omega}$ 可以看作是由弹体坐标系经三次旋转而得出的。假设开始瞬时,弹体坐标系与地面坐标系重合,首先第一次绕地面轴 Oy_g 转动 ψ 角,$\dot{\boldsymbol{\psi}}$与 Oy_g 轴重合;第二次绕新坐标系的 Oz'轴旋转 ϑ 角,$\dot{\boldsymbol{\vartheta}}$与 Oz'轴重合,第三次绕新坐标系的 Ox_b 轴旋转 γ 角,$\dot{\boldsymbol{\gamma}}$与 Ox_b 轴重合,即旋转顺序为 2－3－1 顺序,如图 3－1 所示。

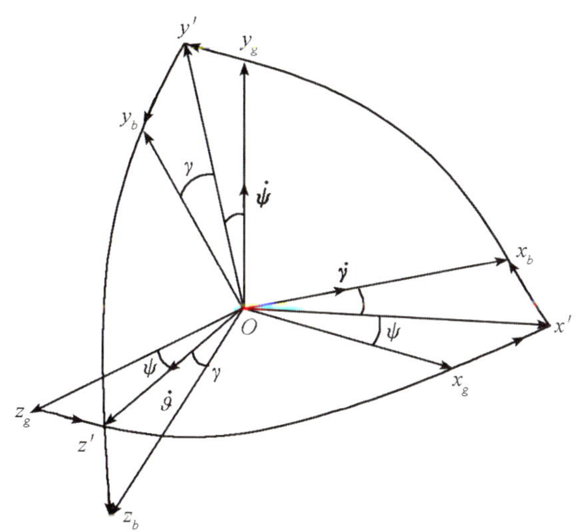

图 3－1　地面坐标系与弹体坐标系之间的旋转关系

即 $\boldsymbol{\omega}=\dot{\boldsymbol{\psi}}+\dot{\boldsymbol{\vartheta}}+\dot{\boldsymbol{\gamma}}$

由图可得

$$\begin{bmatrix}\omega_x\\ \omega_y\\ \omega_z\end{bmatrix}=\begin{bmatrix}\dot{\gamma}\\ 0\\ 0\end{bmatrix}+\boldsymbol{M}_1(\gamma)\begin{bmatrix}0\\ 0\\ \dot{\vartheta}\end{bmatrix}+\boldsymbol{M}_1(\gamma)\boldsymbol{M}_3(\vartheta)\begin{bmatrix}0\\ \dot{\psi}\\ 0\end{bmatrix}$$

$$
=\begin{bmatrix}\dot{\gamma}\\0\\0\end{bmatrix}+\begin{bmatrix}1&0&0\\0&\cos\gamma&\sin\gamma\\0&-\sin\gamma&\cos\gamma\end{bmatrix}\begin{bmatrix}0\\0\\\dot{\vartheta}\end{bmatrix}+\begin{bmatrix}1&0&0\\0&\cos\gamma&\sin\gamma\\0&-\sin\gamma&\cos\gamma\end{bmatrix}\begin{bmatrix}\cos\vartheta&\sin\vartheta&0\\-\sin\vartheta&\cos\vartheta&0\\0&0&1\end{bmatrix}\begin{bmatrix}0\\\dot{\psi}\\0\end{bmatrix}
$$

$$
=\begin{bmatrix}1&\sin\vartheta&0\\0&\cos\vartheta\cos\gamma&\sin\gamma\\0&-\cos\vartheta\sin\gamma&\cos\gamma\end{bmatrix}\begin{bmatrix}\dot{\gamma}\\\dot{\psi}\\\dot{\vartheta}\end{bmatrix}
$$

由于角位置矢量是没有实际物理意义的虚矢量，其分量互不正交（由图中可以看出），因此上述的变换矩阵不是旋转矩阵。为求角位置矢量的速率，将上式改写成如下的方程式：

$$
\begin{cases}\omega_x=\dot{\gamma}+\dot{\psi}\sin\vartheta\\\omega_y=\dot{\psi}\cos\vartheta\cos\gamma+\dot{\vartheta}\sin\gamma\\\omega_z=\dot{\vartheta}\cos\gamma-\dot{\psi}\cos\vartheta\sin\gamma\end{cases}\tag{3-2}
$$

从式（3－2）可以看出，角速度 $\boldsymbol{\omega}$ 在弹体坐标系各轴上的投影取决于偏航角 ψ、俯仰角 ϑ 和滚动角 γ 以及它们的导数值。

相反，我们要得到未知量 $\dot{\vartheta}$、$\dot{\psi}$、$\dot{\gamma}$，就可将上式进行变换，即可得

$$
\begin{bmatrix}\dot{\gamma}\\\dot{\psi}\\\dot{\vartheta}\end{bmatrix}=\begin{bmatrix}1&-\tan\vartheta\cos\gamma&\tan\vartheta\sin\gamma\\0&\cos\gamma/\cos\vartheta&-\sin\gamma/\cos\vartheta\\0&\sin\gamma&\cos\gamma\end{bmatrix}\begin{bmatrix}\omega_x\\\omega_y\\\omega_z\end{bmatrix}\tag{3-3}
$$

因此得到导弹绕质心转动的运动学方程组：

$$
\begin{cases}\dfrac{d\gamma}{dt}=\omega_x-\tan\vartheta(\omega_y\cos\gamma-\omega_z\sin\gamma)\\\dfrac{d\psi}{dt}=(\omega_y\cos\gamma-\omega_z\sin\gamma)/\cos\vartheta\\\dfrac{d\vartheta}{dt}=\omega_y\sin\gamma+\omega_z\cos\gamma\end{cases}\tag{3-4}
$$

从式（3－4）可知，如果知道了角速度的变化规律，就可求得姿态角 ϑ、ψ、γ 的改变规律，从而求得某瞬时的姿态。

3.1.2 动力学方程

由运动学方程可知，要求导弹运动的弹道，就要求得导弹质心运动速度大小和方向的变化规律；要求导弹飞行中姿态角变化的规律，就要求得角速度变化的规律。但是飞行速度大小和方向的变化规律又取决于作用在导弹上的力的变化规律；而角速度的变化规律，又取决于作用在导弹上的力矩的改变规律。因此，就要列出质心运动和绕质心转动的动力学方程。

由质心运动的动量定理得：

$$
m\frac{d\boldsymbol{V}}{dt}=\boldsymbol{F}
$$

相对于质心运动的动量矩定理为

$$\frac{d\boldsymbol{H}}{dt}=\boldsymbol{M}$$

我们根据质心运动的动量定理来研究导弹质心的运动，而应用动量矩定理来研究导弹相对于质心的转动。

需要指出，牛顿定律是在惯性坐标系下起作用的。如果用动坐标系来表示，需要计算动坐标系中矢量的绝对导数。设动坐标系相对惯性系的转动角速度为 $\boldsymbol{\omega}$，$\boldsymbol{\omega}$ 在动坐标系中的表示为

$$\boldsymbol{\omega}=(\omega_x \quad \omega_y \quad \omega_z)^{\mathrm{T}}$$

设动坐标系中存在一个矢量 $\boldsymbol{r}$

$$\boldsymbol{r}(t)=\boldsymbol{i}x+\boldsymbol{j}y+\boldsymbol{k}z$$

式中，$(x \quad y \quad z)^{\mathrm{T}}$ 是矢量 $\boldsymbol{r}$ 在动坐标系中的坐标值，$\boldsymbol{i},\boldsymbol{j},\boldsymbol{k}$ 分别是动坐标系中三个坐标轴上的单位矢量。

则 $\boldsymbol{r}$ 的绝对导数为

$$\frac{d\boldsymbol{R}}{dt}=\dot{x}\boldsymbol{i}+x\frac{d\boldsymbol{i}}{dt}+\dot{y}\boldsymbol{j}+y\frac{d\boldsymbol{j}}{dt}+\dot{z}\boldsymbol{k}+z\frac{d\boldsymbol{k}}{dt}$$

经过推导可知，$\frac{d\boldsymbol{i}}{dt}=\omega_z\boldsymbol{j}-\omega_y\boldsymbol{k}$，$\frac{d\boldsymbol{j}}{dt}=\omega_x\boldsymbol{k}-\omega_z\boldsymbol{i}$，$\frac{d\boldsymbol{k}}{dt}=\omega_y\boldsymbol{i}-\omega_x\boldsymbol{j}$，代入上式可得

$$\frac{d\boldsymbol{r}}{dt}=\dot{x}\boldsymbol{i}+\dot{y}\boldsymbol{j}+\dot{z}\boldsymbol{k}+\begin{vmatrix} i & j & k \\ \omega_x & \omega_y & \omega_z \\ x & y & z \end{vmatrix}=\begin{bmatrix}\dot{x}\\ \dot{y}\\ \dot{z}\end{bmatrix}+\boldsymbol{\omega}\times\begin{bmatrix}x\\ y\\ z\end{bmatrix} \tag{3-5}$$

这就是动坐标系中矢量的绝对导数的计算方法，也称作柯氏定理。在后面导弹的动力学分析中，将会多次用到这个公式。

再次指出，在应用质心运动的动量定理时，所采用的动坐标系为弹道固联系，在研究导弹转动时，所用动坐标系为弹体坐标系，因它与弹体固联，借助它可确定导弹在空间的姿态。这样会使描述导弹运动的方程比较简单。接下来，我们就根据这两个定理列出质心运动和绕质心转动的动力学方程。

3.1.2.1　质心运动的动力学方程

在惯性坐标系内，导弹的动力学方程为：

$$m\frac{d\boldsymbol{V}}{dt}=\sum\boldsymbol{F}$$

式中：$\boldsymbol{F}$ 为作用在弹上的外力。

如果不考虑地球自转的影响，导弹相对地面坐标系的运动可以用以下的方程式来描述：

$$\frac{d\boldsymbol{V}}{dt}=\frac{\partial\boldsymbol{V}}{\partial t}+\boldsymbol{\Omega}\times\boldsymbol{V}$$

式中，$\boldsymbol{\Omega}$ 是速度矢量 $\boldsymbol{V}$（弹道固联系）相对于地面坐标系的角速度，也即弹道固联系相对于地面坐标系的角速度。由图 3－2 可知，弹道固联系由地面坐标系经两次旋转而得，

所以

$$\boldsymbol{\Omega} = \dot{\boldsymbol{\varphi}} + \dot{\boldsymbol{\theta}}$$

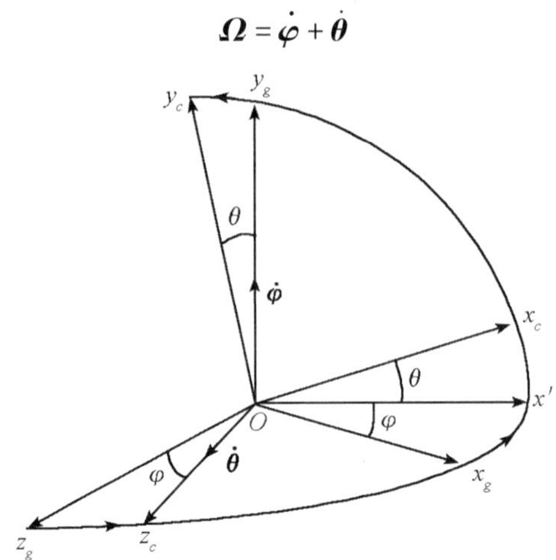

图 3-2　弹道固联坐标系与地面坐标系之间的关系

由图可知，矢量 $\boldsymbol{\Omega}$ 在弹道固联坐标系中的分量可表示为

$$(\boldsymbol{\Omega})_c = \begin{bmatrix} \Omega_{x_c} \\ \Omega_{y_c} \\ \Omega_{z_c} \end{bmatrix} = \begin{bmatrix} 0 \\ 0 \\ \dot{\theta} \end{bmatrix} + \boldsymbol{M}_3(\theta)\begin{bmatrix} 0 \\ \dot{\varphi} \\ 0 \end{bmatrix} = \begin{bmatrix} 0 \\ 0 \\ \dot{\theta} \end{bmatrix} + \begin{bmatrix} \cos\theta & \sin\theta & 0 \\ -\sin\theta & \cos\theta & 0 \\ 0 & 0 & 1 \end{bmatrix}\begin{bmatrix} 0 \\ \dot{\varphi} \\ 0 \end{bmatrix} = \begin{bmatrix} \dot{\varphi}\sin\theta \\ \dot{\varphi}\cos\theta \\ \dot{\theta} \end{bmatrix}$$

由速度矢量的方向变化引起的加速度为

$$(\boldsymbol{\Omega} \times \mathbf{V})_c = \begin{bmatrix} 0 & -\dot{\theta} & \dot{\varphi}\cos\theta \\ \dot{\theta} & 0 & -\dot{\varphi}\sin\theta \\ -\dot{\varphi}\cos\theta & \dot{\varphi}\sin\theta & 0 \end{bmatrix}\begin{bmatrix} V \\ 0 \\ 0 \end{bmatrix} = \begin{bmatrix} 0 \\ V\dot{\theta} \\ -V\dot{\varphi}\cos\theta \end{bmatrix}$$

速度矢量的变化为

$$\left(\frac{\partial \mathbf{V}}{\partial t}\right)_c = (\dot{V} \quad 0 \quad 0)^{\mathrm{T}}$$

由此得到

$$\left(\frac{\mathrm{d}\mathbf{V}}{\mathrm{d}t}\right)_c = \begin{bmatrix} \dot{V} \\ V\dot{\theta} \\ -V\dot{\varphi}\cos\theta \end{bmatrix}$$

作用在导弹上的外力有重力 G、发动机推力 P，及空气动力 T，由式(2-4)、(2-6)和(2-11)，各外力在弹道固联系中的表达式为

$$(\boldsymbol{G})_c = \begin{bmatrix} G_{x_c} \\ G_{y_c} \\ G_{z_c} \end{bmatrix} = \begin{bmatrix} -G\sin\theta \\ -G\cos\theta \\ 0 \end{bmatrix}$$

$$(\boldsymbol{P})_c=\begin{bmatrix}P_{x_c}\\P_{y_c}\\P_{z_c}\end{bmatrix}=\begin{bmatrix}P\cos\alpha\cos\beta\\P(\sin\alpha\cos\gamma_c+\cos\alpha\sin\beta\sin\gamma_c)\\P(\sin\alpha\sin\gamma_c-\cos\alpha\sin\beta\cos\gamma_c)\end{bmatrix}$$

$$(\boldsymbol{T})_c=\begin{bmatrix}T_{x_c}\\T_{y_c}\\T_{z_c}\end{bmatrix}=\begin{bmatrix}-Q\\L_Y\cos\gamma_c-L_Z\sin\gamma_c\\L_Y\sin\gamma_c+L_Z\cos\gamma_c\end{bmatrix}$$

将各外力的表达式代入动力学方程，从而得到质心的运动学方程为

$$\begin{cases}m\dfrac{\mathrm{d}V}{\mathrm{d}t}=P\cos\alpha\cos\beta-Q-G\sin\theta\\mV\dfrac{\mathrm{d}\theta}{\mathrm{d}t}=P(\sin\alpha\cos\gamma_c+\cos\alpha\sin\beta\sin\gamma_c)+L_Y\cos\gamma_c-L_z\sin\gamma_c-G\cos\theta\\-mV\dfrac{\mathrm{d}\varphi}{\mathrm{d}t}\cos\theta=P(\sin\alpha\sin\gamma_c-\cos\alpha\sin\beta\cos\gamma_c)+L_Y\sin\gamma_c+L_z\cos\gamma_c\end{cases}\tag{3-6}$$

如果作用在导弹上的力的大小和方向已确定，导弹质量 m 也已知。那么，导弹质心运动的速度大小和方向也就确定了。也就是说，力的大小和方向决定着导弹质心运动速度的大小和方向。

因速度矢量和弹道相切，所以力矢量也就决定着弹道形状。由上式中的第二式知，如果

$$P(\sin\alpha\cos\gamma_c+\cos\alpha\sin\beta\sin\gamma_c)+L_Y\cos\gamma_c-L_z\sin\gamma_c>G\cos\theta$$

则$\dfrac{\mathrm{d}\theta}{\mathrm{d}t}>0$，也就是弹道向上弯曲；相反，$\dfrac{\mathrm{d}\theta}{\mathrm{d}t}<0$ 弹道就向下弯曲。

由上式中的第二式知，如果作用力

$$P(\sin\alpha\sin\gamma_c-\cos\alpha\sin\beta\cos\gamma_c)+L_Y\sin\gamma_c+L_z\cos\gamma_c<0$$

则$\dfrac{\mathrm{d}\varphi}{\mathrm{d}t}>0$，导弹就向左拐弯；如果$\dfrac{\mathrm{d}\varphi}{\mathrm{d}t}<0$，导弹就向右拐弯。

3.1.2.2　绕质心转动的动力学方程

作用在弹体上的外力矩将引起弹体姿态角的变化。下面用动量矩定理来推导出导弹转动运动的方程式。为方便起见，动坐标系采用弹体坐标系。此外，因一般导弹对弹体坐标系是对称的，所以往往可把弹体坐标轴当作惯性主轴。

由动力学的动量矩定理得到

$$\frac{\mathrm{d}\boldsymbol{H}}{\mathrm{d}t}=\sum\boldsymbol{M}$$

其中，$\sum\boldsymbol{M}$ 是作用在弹体上的所有外力的合力矩，$\boldsymbol{H}$ 是动量矩，且

$$\boldsymbol{H}=\boldsymbol{J}\boldsymbol{\omega}$$

式中，$\boldsymbol{\omega}$ 是弹体相对与地面坐标系的转动角速度，$\boldsymbol{J}$ 是弹体的惯性张量，对于具有轴对称外形的弹体，惯性张量为

$$\boldsymbol{J}=\begin{bmatrix} J_x & 0 & 0 \\ 0 & J_y & 0 \\ 0 & 0 & J_z \end{bmatrix}$$

动量矩的变化可用下述方程描述：

$$\frac{\mathrm{d}\boldsymbol{H}}{\mathrm{d}t}=\frac{\partial \boldsymbol{H}}{\partial t}+\boldsymbol{\omega}\times\boldsymbol{H}$$

由于导弹的燃气流不断流出壳体外，因此，不仅质量减小，而且质心也不断移动，但是为了方便起见，不考虑燃料消耗的影响和质心相对于壳体的移动，弹体的转动惯量视作常数。则动量矩对弹体坐标系相对变化率的表示式为

$$\left(\frac{\partial \boldsymbol{H}}{\partial t}\right)_b=\boldsymbol{J}\frac{\mathrm{d}\boldsymbol{\omega}}{\mathrm{d}t}=\begin{bmatrix} J_x\dfrac{\mathrm{d}\omega_{x_b}}{\mathrm{d}t} \\ J_y\dfrac{\mathrm{d}\omega_{y_b}}{\mathrm{d}t} \\ J_z\dfrac{\mathrm{d}\omega_{z_b}}{\mathrm{d}t} \end{bmatrix}$$

同时

$$(\boldsymbol{\omega}\times\boldsymbol{H})_b=\begin{bmatrix} 0 & -\omega_{z_b} & \omega_{y_b} \\ \omega_{z_b} & 0 & -\omega_{x_b} \\ -\omega_{y_b} & \omega_{x_b} & 0 \end{bmatrix}\begin{bmatrix} J_x\omega_{x_b} \\ J_y\omega_{y_b} \\ J_z\omega_{z_b} \end{bmatrix}=\begin{bmatrix} (J_z-J_y)\omega_{y_b}\omega_{z_b} \\ (J_x-J_z)\omega_{z_b}\omega_{x_b} \\ (J_y-J_x)\omega_{x_b}\omega_{y_b} \end{bmatrix}$$

所有外力对质心的矩 $\boldsymbol{M}$ 在弹体坐标系各轴上的分量可写成：

$$(\boldsymbol{M})_b=(M_{x_b}\quad M_{y_b}\quad M_{z_b})^{\mathrm{T}}$$

则弹体姿态运动的动力学方程为

$$\begin{cases} J_x\dfrac{\mathrm{d}\omega_{x_b}}{\mathrm{d}t}+(J_z-J_y)\omega_{y_b}\omega_{z_b}=M_{x_b} \\ J_y\dfrac{\mathrm{d}\omega_{y_b}}{\mathrm{d}t}+(J_x-J_z)\omega_{z_b}\omega_{x_b}=M_{y_b} \\ J_z\dfrac{\mathrm{d}\omega_{z_b}}{\mathrm{d}t}+(J_y-J_x)\omega_{x_b}\omega_{y_b}=M_{z_b} \end{cases}$$

略去下标“b”，即

$$\begin{cases} J_x\dfrac{\mathrm{d}\omega_x}{\mathrm{d}t}+(J_z-J_y)\omega_y\omega_z=M_x \\ J_y\dfrac{\mathrm{d}\omega_y}{\mathrm{d}t}+(J_x-J_z)\omega_z\omega_x=M_y \\ J_z\dfrac{\mathrm{d}\omega_z}{\mathrm{d}t}+(J_y-J_x)\omega_x\omega_y=M_z \end{cases}\tag{3-7}$$

式中：

$\omega_x,\omega_y,\omega_z$ 为导弹转动角速度在弹体轴上的三个分量；

J_x, J_y, J_z 为导弹相对弹体坐标系三个轴的转动惯量;

M_x, M_y, M_z 为作用在导弹上的外力对质心之力矩在弹体坐标系 OX_b, OY_b, OZ_b 轴上的分量。它们是迎角 α,侧滑角 β,飞行速度 V,高度 H 等的函数。所以在求解旋转运动的动力学方程时,就必须和导弹质心运动的运动学和动力学方程一起联立求解。

在上述方程组中,$(J_z - J_y)\omega_y\omega_z$ 是惯性积,表明了弹体各通道交叉耦合的特性,若弹体有两个对称面,则 $J_z = J_y$,那么 $J_z - J_y = 0$,即表明交叉耦合不存在,这就是往往采用轴对称布局的依据。

在后两个方程中,若采用 $\omega_x = 0$ 的措施,则交叉耦合项可以忽略。

从上述动力学方程可知,导弹旋转运动的运动参数依赖于质心移动的运动参数,而旋转运动又影响着质心的移动,它们是互相联系、互相制约的,故必须联立求解它们的运动方程组。

3.1.3　质量变化方程

在动力学方程中,均包含有导弹质量 m,所以要求解导弹的动力学方程,亦要知道质量变化方程。导弹在飞行过程中,由于发动机不断消耗燃料,导弹的质量不断减小,描述导弹质量变化的微分方程形式如下:

$$\frac{\mathrm{d}m}{\mathrm{d}t} = -m_c \tag{3-8}$$

式中:m_c 为燃料质量秒消耗量。

对火箭发动机而言,m_c 的大小主要取决于发动机的性能。通常认为 m_c 是已知的时间函数 $m_c(t)$,也可能是常量。方程(3-8)可独立于其他方程之外单独求解,即

$$m = m_0 - \int_0^t m_c(t)\mathrm{d}t$$

式中:

m_0 为导弹起飞时的质量;

t 为发动机工作的时间;

$m_c(t)$ 为导弹燃料的质量秒消耗量,它是时间的函数。

对于空气喷气发动机,发动机工作状态还依赖于速度 V 和高度 H,这时只有同时积分导弹运动方程组,才能求得导弹的质量。

3.1.4　几何关系方程

从前面几节可以看到,出现在运动方程组中有 8 个角度:$\vartheta, \psi, \gamma, \theta, \varphi, \gamma_c, \alpha, \beta$,它们并非都是独立的。如图 3-3 所示,从地面坐标系到速度坐标系的转换,既可以通过地面坐标系→弹体坐标系→速度坐标系的转换顺序来完成,即转换矩阵通过参数 $\psi, \vartheta, \gamma, \beta, \alpha$ 来确定,又可以通过地面坐标系→弹道固联坐标系→速度坐标系的转换顺序来完成,即转换矩阵可以通过参数 $\varphi, \theta, \gamma_c$ 来确定。这就说明,8 个角参数只有 5 个是独立的,而其余 3 个角参数可以分别由 5 个独立的角参数表示出来。称这 3 个表达式为几何关系方程。根据不同的需要,这些几何关系可以表达成许多不同的形式。

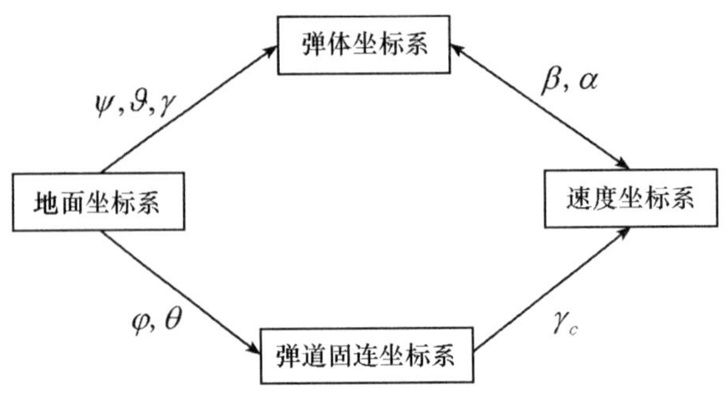

图 3-3 坐标系转换关系框图

几何关系方程可以通过任一矢量经不同坐标系转换的方法来求得。假定在速度坐标系中沿 OX_v 方向取一单位矢量 $(\boldsymbol{X})_v=(1\quad 0\quad 0)^{\mathrm{T}}$，该矢量在地面坐标系中的分量，可以通过两种不同的方法得到。

(1)通过弹道固联坐标系转换得到

将该矢量先转换到弹道固联系，再由弹道固联系转换到地面坐标系得到：

$$\begin{bmatrix}X_g\\Y_g\\Z_g\end{bmatrix}=\boldsymbol{S}_c^g\cdot\boldsymbol{S}_v^c\cdot(\boldsymbol{X})_v=(\boldsymbol{S}_g^c)^{\mathrm{T}}\cdot\boldsymbol{S}_v^c\cdot(\boldsymbol{X})_v$$

$$=\begin{bmatrix}\cos\theta\cos\varphi & -\sin\theta\cos\varphi & \sin\varphi\\ \sin\theta & \cos\theta & 0\\ -\cos\theta\sin\varphi & \sin\theta\sin\varphi & \cos\varphi\end{bmatrix}\begin{bmatrix}1 & 0 & 0\\ 0 & \cos\gamma_c & \sin\gamma_c\\ 0 & -\sin\gamma_c & \cos\gamma_c\end{bmatrix}\begin{bmatrix}1\\0\\0\end{bmatrix}$$

$$=\begin{bmatrix}\cos\theta\cos\varphi\\ \sin\theta\\ -\cos\theta\sin\varphi\end{bmatrix}$$

(2)通过弹体坐标系转换得到

如果将该矢量先转换到弹体坐标系，再由弹体坐标系转换到地面坐标系得到：

$$\begin{bmatrix}X_g\\Y_g\\Z_g\end{bmatrix}=\boldsymbol{S}_b^g\cdot\boldsymbol{S}_v^b\cdot(\boldsymbol{X})_v=(\boldsymbol{S}_g^b)^{\mathrm{T}}\cdot\boldsymbol{S}_v^b\cdot(\boldsymbol{X})_v$$

$$=\begin{bmatrix}\cos\vartheta\cos\psi & -\sin\vartheta\cos\psi\cos\gamma+\sin\psi\sin\gamma & \sin\vartheta\cos\psi\sin\gamma+\sin\psi\sin\gamma\\ \sin\vartheta & \cos\vartheta\cos\gamma & -\cos\vartheta\sin\gamma\\ -\cos\vartheta\sin\psi & \sin\vartheta\sin\psi\cos\gamma+\cos\psi\cos\gamma & -\sin\vartheta\sin\psi\sin\gamma+\cos\psi\cos\gamma\end{bmatrix}$$

$$\cdot\begin{bmatrix}\cos\alpha\cos\beta & \sin\alpha & -\cos\alpha\sin\beta\\ -\sin\alpha\cos\beta & \cos\alpha & \sin\alpha\sin\beta\\ \sin\beta & 0 & \cos\beta\end{bmatrix}\begin{bmatrix}1\\0\\0\end{bmatrix}$$

$$
=\begin{bmatrix}
\cos\vartheta\cos\psi\cos\alpha\cos\beta-\sin\alpha\sin\beta(-\sin\vartheta\cos\psi\cos\gamma+\sin\psi\sin\gamma) \\
+\sin\beta(\sin\vartheta\cos\psi\sin\gamma+\sin\psi\sin\gamma) \\
\sin\vartheta\cos\alpha\cos\beta-\sin\alpha\cos\beta\cos\vartheta\cos\gamma-\sin\beta\cos\vartheta\sin\gamma \\
-\cos\vartheta\sin\psi\cos\alpha\cos\beta-\sin\alpha\cos\beta(\sin\vartheta\sin\psi\cos\gamma+\cos\psi\cos\gamma) \\
+\sin\beta(-\sin\vartheta\sin\psi\sin\gamma+\cos\psi\cos\gamma)
\end{bmatrix}
$$

类似地，在速度坐标系中，沿 OY_v 方向取一单位矢量 $(\boldsymbol{Y})_v=(0\quad 1\quad 0)^{\mathrm{T}}$，按同样的方法通过两种途径投影到地面坐标系中。

（1）由弹道固联坐标系得到

$$
\begin{bmatrix} X'_g \\ Y'_g \\ Z'_g \end{bmatrix}=\begin{bmatrix} -\sin\theta\cos\varphi\cos\gamma_c \\ \cos\theta\cos\gamma_c \\ \sin\theta\sin\varphi\cos\gamma_c-\cos\varphi\sin\gamma_c \end{bmatrix}
$$

（2）通过弹体坐标系分解得到

$$
\begin{bmatrix} X'_g \\ Y'_g \\ Z'_g \end{bmatrix}=\begin{bmatrix} \cos\vartheta\cos\psi\sin\alpha+\cos\alpha(-\sin\vartheta\cos\psi\cos\gamma+\sin\psi\sin\gamma) \\ \sin\vartheta\sin\alpha+\cos\alpha\cos\vartheta\cos\gamma \\ -\cos\vartheta\sin\psi\sin\alpha+\cos\alpha(\sin\vartheta\sin\psi\cos\gamma+\cos\psi\cos\gamma) \end{bmatrix}
$$

比较上述两组方程，可以得到各角度之间的几何关系方程为

$$
\begin{cases}
\sin\theta=\sin\vartheta\cos\alpha\cos\beta-\sin\alpha\cos\beta\cos\vartheta\cos\gamma-\sin\beta\cos\vartheta\sin\gamma \\
\sin\varphi\cos\theta=\cos\vartheta\sin\psi\cos\alpha\cos\beta+\sin\alpha\cos\beta(\sin\vartheta\sin\psi\cos\gamma+\cos\psi\cos\gamma) \\
\qquad -\sin\beta(-\sin\vartheta\sin\psi\sin\gamma+\cos\psi\cos\gamma) \\
\cos\gamma_c\cos\theta=\sin\vartheta\sin\alpha+\cos\alpha\cos\vartheta\cos\gamma
\end{cases} \tag{3-9}
$$

应该注意到，上述几何关系方程不是唯一的。根据不同的需要可以选择不同的几何关系方程。

有时，8 个角度之间的关系显得非常简单，例如，当飞行器作既无侧滑也无滚动的飞行时，就有

$$\theta=\vartheta-\alpha$$

又如，当导弹作无侧滑、零迎角飞行时，它的滚动角 γ 就等于速度倾斜角 γ_c，即

$$\gamma=\gamma_c$$

再如，当飞行器在水平面内作机动飞行时，若迎角很小，且无滚动，则侧滑角 β，弹道偏角 φ、偏航角 ψ 之间的关系有

$$\varphi=\psi-\beta$$

诸如此类，要视不同飞行的具体情况，来决定 8 个角度之间的关系式的复杂程度。

3.1.5　控制关系方程

如前所述，描述导弹在空间运动的运动学方程(3－1)、(3－4)和动力学方程(3－6)、(3－7)共计 12 个，加上一个描述质量变化的方程(3－8)和 3 个几何关系方程(3－9)，共计 16 个方程，组成无控弹运动方程组。如果不考虑外界干扰，只要给出初始条件，求解这

组方程,就可唯一地确定一条无控弹道,并得到16个相应的运动参数随时间的变化规律:$V(t)$,$\theta(t)$,$\varphi(t)$,$\vartheta(t)$,$\psi(t)$,$\gamma(t)$,$\omega_x(t)$,$\omega_y(t)$,$\omega_z(t)$,$x(t)$,$y(t)$,$z(t)$,$m(t)$,$\alpha(t)$,$\beta(t)$,$\gamma_c(t)$。这时,方程组是封闭的。相应于这组方程求出的弹道,相当于无控刚体在空中运动的轨迹。如果不存在外界干扰的话,它完全由初始条件来决定,像普通炸弹在空中运动的情况那样。显然,这时作用在导弹上的力和力矩,仅由上述导弹的运动参数来决定。因为操纵机构不偏转,不存在控制力和力矩。

对于可控导弹来说,仅有上述16个方程还不能求解,因为方程中的力和力矩不仅与上述某些运动参数有关,还与操纵机构的偏转角$\delta_x(t)$,$\delta_y(t)$,$\delta_z(t)$和发动机的调节参数$\delta_p(t)$有关。从数学观点来说,方程式个数和未知数个数不相等,方程组不封闭,如果不增加控制方程,弹道方程组就无法求解。因此,必须给出操纵机构随时间的变化规律,运动方程才是可解的,而且确定了唯一的一条飞行弹道(在不考虑干扰的情况下)。

在实际飞行中,操纵机构随时间变化的规律$\delta_x(t)$,$\delta_y(t)$,$\delta_z(t)$,$\delta_p(t)$,是由控制系统根据所执行的飞行任务而给出的,在相同的初始条件下,操纵机构偏转角的规律不同,飞行轨迹也就不同。为了唯一地确定导弹的飞行轨迹,必须对导弹的运动施加一定的约束,也就是在上述导弹运动方程组之外,再加进描述控制系统工作过程的方程,也就是所谓的控制关系方程,使方程式的数目和未知数数目相等。加入控制方程后的导弹运动方程组,称为可控弹道方程组,通过可控弹道方程组解出的弹道,称可控弹道。

控制方程取决于控制系统的类型和结构。控制方程确定后,也就是确定了加在导弹运动上的约束。在这种条件下,飞行弹道就取决于起始条件和目标的运动。

不同类型的导弹采用不同形式的控制系统,所以有不同形式的控制方程,至于具体的控制方程,将在后面几章进行介绍。在此,只写出一般形式的通用控制关系方程:

$$\begin{cases}\delta_x=\delta_x(V,\theta,\varphi,x,y,\cdots,\omega_x,\omega_y,\cdots)\\\delta_y=\delta_y(V,\theta,\varphi,x,y,\cdots,\omega_x,\omega_y,\cdots)\\\delta_z=\delta_z(V,\theta,\varphi,x,y,\cdots,\omega_x,\omega_y,\cdots)\\\delta_p=\delta_p(V,\theta,\varphi,x,y,\cdots,\omega_x,\omega_y,\cdots)\end{cases}\tag{3-10}$$

加入这4个控制方程,导弹运动方程组就得到封闭,如给出起始条件,用数值积分求解方程组,就可确定唯一的一条弹道。

还需要强调说明的是,控制系统方程组把操纵机构偏转角表示成运动参数的泛函形式,并非表示控制方程中真正要测量那些参数,或是可以表示成那么多参数的函数表达式。实际的控制方程,取决于不同的导引方法。不同的导引方法有不同的控制系统,也就对应着不同的控制系统方程组。但不管如何,控制系统工作方程,或决定舵面偏转规律的方程总是和导弹的运动参数有关,有的还和目标的运动参数有关。写成这样的泛函形式,只说明控制方程或舵面偏转角应和决定导弹运动的运动方程组联立求解。

3.1.6 可控导弹空间运动方程组

综上所述,描述可控导弹的空间运动方程组为

(1) $m\dfrac{\mathrm{d}V}{\mathrm{d}t}=P\cos\alpha\cos\beta-Q-G\sin\theta$

$$
\begin{aligned}
&(2)\ mV\frac{d\theta}{dt}=P(\sin\alpha\cos\gamma_c+\cos\alpha\sin\beta\sin\gamma_c)+L_Y\cos\gamma_c-L_Z\sin\gamma_c-G\cos\theta\\
&(3)\ -mV\frac{d\varphi}{dt}\cos\theta=P(\sin\alpha\sin\gamma_c-\cos\alpha\sin\beta\cos\gamma_c)+L_Y\sin\gamma_c+L_Z\cos\gamma_c\\
&(4)\ J_x\frac{d\omega_x}{dt}+(J_z-J_y)\omega_y\omega_z=M_x\\
&(5)\ J_y\frac{d\omega_y}{dt}+(J_x-J_z)\omega_z\omega_x=M_y\\
&(6)\ J_z\frac{d\omega_z}{dt}+(J_y-J_x)\omega_x\omega_y=M_z\\
&(7)\ \frac{d\gamma}{dt}=\omega_x-\tan\vartheta(\omega_y\cos\gamma-\omega_z\sin\gamma)\\
&(8)\ \frac{d\psi}{dt}=(\omega_y\cos\gamma-\omega_z\sin\gamma)/\cos\vartheta\\
&(9)\ \frac{d\vartheta}{dt}=\omega_y\sin\gamma+\omega_z\cos\gamma\\
&(10)\ \frac{dx}{dt}=V\cos\theta\cos\varphi\\
&(11)\ \frac{dy}{dt}=V\sin\theta\\
&(12)\ \frac{dz}{dt}=-V\cos\theta\sin\varphi\\
&(13)\ m=m_0-\int_0^t m_c(t)\,dt,\text{或}\frac{dm}{dt}=-m_c\\
&(14)\ \sin\theta=\sin\vartheta\cos\alpha\cos\beta-\sin\alpha\cos\beta\cos\vartheta\cos\gamma-\sin\beta\cos\vartheta\sin\gamma\\
&(15)\ \sin\varphi\cos\theta=\cos\vartheta\sin\psi\cos\alpha\cos\beta+\sin\alpha\cos\beta(\sin\vartheta\sin\psi\cos\gamma+\cos\psi\cos\gamma)\\
&\qquad\qquad\qquad -\sin\beta(-\sin\vartheta\sin\psi\sin\gamma+\cos\psi\cos\gamma)\\
&(16)\ \cos\gamma_c\cos\theta=\sin\vartheta\sin\alpha+\cos\alpha\cos\vartheta\cos\gamma\\
&(17)\ \delta_x=\delta_x(V,\theta,\varphi,x,y,\cdots,\omega_x,\omega_y,\cdots)\\
&(18)\ \delta_y=\delta_y(V,\theta,\varphi,x,y,\cdots,\omega_x,\omega_y,\cdots)\\
&(19)\ \delta_z=\delta_z(V,\theta,\varphi,x,y,\cdots,\omega_x,\omega_y,\cdots)\\
&(20)\ \delta_p=\delta_p(V,\theta,\varphi,x,y,\cdots,\omega_x,\omega_y,\cdots)
\end{aligned}
\tag{3-11}
$$

以上 20 个方程以标量的形式给出了导弹的空间运动方程组，它是一组非线性时变微分方程，在这 20 个方程式中，包含有 20 个未知数：$V(t)$，$\theta(t)$，$\varphi(t)$，$\vartheta(t)$，$\psi(t)$，$\gamma(t)$，$\omega_x(t)$，$\omega_y(t)$，$\omega_z(t)$，$x(t)$，$y(t)$，$z(t)$，$m(t)$，$\alpha(t)$，$\beta(t)$，$\gamma_c(t)$，$\delta_x(t)$，$\delta_y(t)$，$\delta_z(t)$，$\delta_p(t)$，所以方程组是封闭的。只要具备了描述实际制导系统的数学模型和所需的原始数据，那么，在给定各参数的初始条件之后，即可用数值积分法求解方程组，从而获得各参数的变化规律。

3.2 导弹运动方程组的简化与分解

在上一节里，用了 20 个方程来描述导弹在空间的运动。这是一组非线性变系数微分方程，其求解是相当复杂的。在导弹设计的各个阶段，尤其是在导弹和控制系统的初步设计阶段，没有必要对运动方程组全部求解，通常是根据导弹设计的不同阶段的不同要求，在求解精度允许范围内，应用近似方法对导弹运动方程组进行简化。实践证明，在一定的假设条件下，把导弹运动方程组分解为纵向运动和侧向运动方程组，或简化为在铅垂平面和水平面内的运动方程组，都具有一定的实用价值。

3.2.1 运动方程组分解的假设条件

导弹在空间运动时，俯仰、偏航和滚动三个方向是互相交链的，若侧向运动参数、如 β,φ,ω_y 比较小，而滚转运动又有稳定控制系统，则可认为 γ,γ_c 等于零，如果忽略二阶以上的小量影响，导弹的运动可分为纵向和侧向两个独立的方程组。

导弹的纵向运动，是由导弹质心在飞行平面或对称平面 OX_bY_b 内的平移运动和绕 OZ_b 轴的旋转运动所组成。所以，在纵向运动中，参数 $V(t),\theta(t),\vartheta(t),\alpha(t),\omega_{z_b}(t)$，$x(t),y(t)$ 是随时间变化的，通常称它们为纵向运动参数。

所谓侧向运动，是指参数 $\beta(t),\gamma(t),\gamma_c(t),\omega_x(t),\omega_y(t),\varphi(t),\psi(t),z(t)$ 随时间的变化规律。这些参数称为侧向运动参数。侧向运动是由导弹质心沿 OZ_b 轴的平移运动和绕弹体 OX_b 和 OY_b 轴的旋转运动所组成。

由导弹运动方程组不难看出，导弹的飞行过程是由纵向运动和侧向运动所组成，它们之间有着相互关联和相互影响的关系。

由此可见，若将导弹的一般运动方程组分解成两个独立的方程组：一是描述纵向运动参数变化的方程组；一是描述侧向运动参数变化的方程组。当研究导弹运动规律时，就会使联立求解的方程数目减少。要把纵向运动和侧向运动分开，应满足下述假设条件：

（1）侧向运动参数 $\beta,\gamma,\gamma_c,\varphi,\omega_x,\omega_y$ 都是小量，这样可以令 $\cos\beta=\cos\gamma=\cos\gamma_c\approx 1$；略去各小量之积，诸如 $\sin\beta\sin\gamma,\omega_y\sin\gamma,\omega_y\omega_x,z\sin\gamma_c$ 等，略去 β,δ_y,δ_x 对空气阻力的影响。

（2）实际飞行弹道与铅垂平面内的弹道差别不大，以致有 $\cos\varphi\approx 1$。

在采用 STT 控制方案时，γ,γ_c 接近为零，其他参数在实际中为小量。

3.2.2 导弹的纵向运动方程组

利用上述假设，即可得到与侧向运动参数无关的导弹纵向运动方程组：

（1）$m\dfrac{dV}{dt}=P\cos\alpha-Q-G\sin\theta$

（2）$mV\dfrac{d\theta}{dt}=P\sin\alpha+L_Y-G\cos\theta$

(3) $J_z \frac{d\omega_z}{dt} = M_z$

(4) $\frac{d\vartheta}{dt} = \omega_z$

(5) $\frac{dx}{dt} = V\cos\theta$

(6) $\frac{dy}{dt} = V\sin\theta$

(7) $\frac{dm}{dt} = -m_c$

(8) $\vartheta = \theta + \alpha$

(9) $\delta_z = \delta_z(V, \theta, \varphi, x, y, \cdots, \omega_x, \omega_y, \cdots)$

(10) $\delta_p = \delta_p(V, \theta, \varphi, x, y, \cdots, \omega_x, \omega_y, \cdots)$

(3－12)

上述纵向运动方程组就是描述导弹在铅垂平面内运动的方程组。它共有 10 个方程，包含有 10 个未知数 $V(t)$，$\theta(t)$，$\alpha(t)$，$m(t)$，$\vartheta(t)$，$\omega_z(t)$，$x(t)$，$y(t)$，$\delta_z(t)$，$\delta_p(t)$，所以方程组是封闭的，可以独立求解。

大部分有翼导弹的发动机，其推力是不加调节的。这时，发动机燃料的秒质量消耗量可近似为常数，控制关系式 $\delta_p = \delta_p(V, \theta, \varphi, x, y, \cdots, \omega_x, \omega_y, \cdots)$ 也就不存在。因此，$m(t)$，$\delta_p(t)$ 都可独立求解，方程式可减少到 8 个，求得 8 个未知数。

3.2.3　导弹的侧向运动方程组

在前述假设条件下，描述导弹侧向运动的方程组，一般可写成：

(1) $-mV\frac{d\varphi}{dt}\cos\theta = (P\sin\alpha + L_Y)\sin\gamma_c - (P\cos\alpha\sin\beta - L_Z)\cos\gamma_c$

(2) $J_x \frac{d\omega_x}{dt} = M_x - (J_z - J_y)\omega_y\omega_z$

(3) $J_y \frac{d\omega_y}{dt} = M_y - (J_x - J_z)\omega_x\omega_z$

(4) $\frac{d\psi}{dt} = (\omega_y\cos\gamma - \omega_z\sin\gamma)/\cos\vartheta$

(5) $\frac{d\gamma}{dt} = \omega_x - \tan\vartheta(\omega_y\cos\gamma - \omega_z\sin\gamma)$

(6) $\frac{dz}{dt} = -V\cos\theta\sin\varphi$

(7) $\sin\varphi\cos\theta = \cos\vartheta\sin\psi\cos\alpha\cos\beta + \sin\alpha\cos\beta(\sin\vartheta\sin\psi\cos\gamma + \cos\psi\cos\gamma)$
$- \sin\beta(-\sin\vartheta\sin\psi\sin\gamma + \cos\psi\cos\gamma)$

(8) $\cos\gamma_c\cos\theta = \sin\vartheta\sin\alpha + \cos\alpha\cos\vartheta\cos\gamma$

(9) $\delta_y = \delta_y(V, \theta, \varphi, x, y, \cdots, \omega_x, \omega_y, \cdots)$

(10) $\delta_x=\delta_x(V,\theta,\varphi,x,y,\cdots,\omega_x,\omega_y,\cdots)$

(3-13)

上述方程组共有 10 个方程,除了含有 $\varphi(t),\psi(t),\gamma(t),\gamma_c(t),\beta(t),\omega_x(t),\omega_y(t)$, $\delta_x(t),\delta_y(t),z(t)$ 这 10 个侧向运动参数之外,还包括除去坐标 x 以外的所有纵向运动参数:$V(t),\theta(t),\vartheta(t),\alpha(t),\omega_z(t),\delta_z(t),y(t)$ 等。不论怎样简化该式,也不能从中消掉 $V(t),y(t),m(t)$ 等这些纵向运动参数。因此,若要由方程组求得侧向运动参数,就必须首先求解纵向运动方程组,然后将解出的纵向运动参数代入侧向运动方程组中,才可解出侧向运动参数的变化规律。这就是说,导弹的纵向运动总是直接地影响着侧向运动,而侧向运动对纵向运动的影响却可能是较弱的。

但是,当侧向运动参数不满足上述假设条件时,即侧向运动参数变化较大时,就不能再将导弹的运动分为纵向运动和侧向运动来研究,而应该直接研究完整的运动方程组。

3.3 导弹运动方程的线性化

上述运动方程仍然是非线性的,由于非线性微分方程的解与初始条件有关,且求解很困难。一般情况下求取导弹运动方程的解析解是非常困难的,目前实际应用的有两种不同的工程数学方法。

(1)用数值积分法求解导弹运动方程组。如果对导弹运动需要比较精确的计算,或者由于所研究的问题必须用非线性微分方程组来描述,这时,就需要解非线性微分方程组。一般来说,大多数微分方程组的解不可能用初等函数表述,即得不出解析解。虽然自动控制理论对非线性系统有一些研究,但很不完整,且难于运用在高阶系统的分析上。但是,用数值积分法可以求出特解。随着大容量、高速度的电子计算机的出现,可以使用较为精确的描述导弹运动的数学模型,计算步长也可以根据精度要求进行选取,还可以选择各种初始条件进行计算,因而可以精确地计算出导弹的弹道轨迹以及受控运动的过程。因此,数值积分法在现代作为一种精确的弹道计算方法,得到了广泛的应用。由于数值积分法只能是对应于一组确定的初始条件下的特解,因此在研究扰动运动时,较难从方程组解中总结出带规律性的结果,这是数值积分法的一个缺点。

(2)采用小扰动法对方程进行线性化。导弹运动方程组是一个非线性变系数的微分方程组,在数学上尚无求解这种方程组的解析方法。然而通常情况下,较之数值解而言,导弹运动方程的解析解对于分析导弹的构形参数与飞行稳定性和操纵性之间的关系更加方便有效,也更具有普遍意义。所以,在工程技术中凡是允许简化的非线性问题,往往用一个近似的线性系统来代替,因为线性问题的自动控制理论已经发展得相当完善了,线性化的导弹运动方程更适合于以成熟的线性系统控制理论为基础进行飞行控制系统的设计。因此,在分析导弹的构形参数与飞行稳定性和操纵性之间关系,以及对飞行控制系统进行设计之前,将导弹运动方程进行线性化处理的方法成为目前实际工程中应用广泛的重要方法之一。常用的方法就是利用小扰动假设将微分方程线性化,通常称为小扰动法。

在一定初始条件下,导弹质心运动方程的解称为弹道。如果控制系统的参数、大气条件及目标特性都是额定值，解算出的弹道称为未扰动弹道，也称为理论弹道或基准弹道。在实际飞行过程中，由于导弹受到各种干扰，因而导弹的飞行将偏离理想弹道，导弹实际飞行的弹道称为扰动弹道。如果扰动的影响很小，则扰动弹道很接近未扰动弹道，这样就有了对导弹运动方程组进行线性化的基础。

当干扰比较小时，扰动弹道在理论弹道附近变化，为分析方便，将扰动运动看成是在理论弹道上附加一个由干扰引起的偏差运动。首先将所有运动参数都分别写成它们在未扰动运动中的数值与某一偏量之和，即

$$\begin{cases} V(t) = V_0(t) + \Delta V(t) \\ \theta(t) = \theta_0(t) + \Delta\theta(t) \\ \vdots \\ \omega_x(t) = \omega_{x0}(t) + \Delta\omega_x(t) \\ \vdots \\ z(t) = z_0(t) + \Delta z(t) \end{cases}$$

式中，脚注“0”表示理论弹道上的参数，而 $\Delta V(t)$，$\Delta\theta(t)$，…，$\Delta z(t)$ 表示扰动弹道相对于理论弹道的偏差。

如果未扰动弹道上的运动学参数已经根据弹道学的方法求得，则只要求出偏量值，扰动弹道上的运动参数也就可以确定了。因此，研究导弹的扰动运动就可以归结为研究运动学参数的偏量变化。这样的研究方法可以得到一般性的结论，因此在工程中应用很广泛。导弹的动态特性主要是研究偏差量的变化规律，导弹弹体动态特性分析这部分内容就是建立在小扰动法的基础上的。

如果导弹制导系统的工作精度较高，实际飞行弹道总是与未扰弹道相当接近，实际的运动参数也是在未扰弹道的运动参数附近变化。那么，实践证明，在许多情况下，导弹运动方程组可以用线性化方程组来近似。

3.3.1　微分方程组的线性化方法

不失一般性，我们通过下面的方程组来研究导弹运动微分方程组的线性化方法：

$$\begin{cases} f_1 \dfrac{\mathrm{d}x_1}{\mathrm{d}t} = F_1 \\ f_2 \dfrac{\mathrm{d}x_2}{\mathrm{d}t} = F_2 \\ \vdots \\ f_i \dfrac{\mathrm{d}x_i}{\mathrm{d}t} = F_i \\ \vdots \\ f_n \dfrac{\mathrm{d}x_n}{\mathrm{d}t} = F_n \end{cases} \tag{3-14}$$

式中，f_i 和 F_i 是变量 $x_1,x_2,\cdots,x_n$ 的非线性函数，有

$$f_i = f_i(x_1,x_2,\cdots,x_n)$$

$$F_i = F_i(x_1, x_2, \cdots, x_n)$$

其中,$i=1,2,\cdots,n$。

方程组(3-14)的特解之一是

$$\begin{cases} x_1 = x_{10}(t) \\ x_2 = x_{20}(t) \\ \vdots \\ x_n = x_{n0}(t) \end{cases} \tag{3-15}$$

它对应于一个未扰运动。如果将该解代入方程组(3-14),则有下述等式成立:

$$\begin{cases} f_{10}\dfrac{\mathrm{d}x_{10}}{\mathrm{d}t} = F_{10} \\ f_{20}\dfrac{\mathrm{d}x_{20}}{\mathrm{d}t} = F_{20} \\ \vdots \\ f_{n0}\dfrac{\mathrm{d}x_{n0}}{\mathrm{d}t} = F_{n0} \end{cases} \tag{3-16}$$

式中,$f_{i0}=f_{i0}(x_{10}, x_{20}, \cdots, x_{n0})$,$F_{i0}=F_{i0}(x_{10}, x_{20}, \cdots, x_{n0})$,$i=1,2,\cdots,n$。

现在以其中的一个方程为例,讨论非线性微分方程组的线性化。假定取某一方程,并略去下标,则有

$$f\frac{\mathrm{d}x}{\mathrm{d}t} = F \tag{3-17}$$

此式代表实际飞行的一个自由度,对于基准运动它应等于

$$f_0\frac{\mathrm{d}x_0}{\mathrm{d}t} = F_0 \tag{3-18}$$

式(3-17)和式(3-18)作差,则得到偏量形式的运动方程:

$$f\frac{\mathrm{d}x}{\mathrm{d}t} - f_0\frac{\mathrm{d}x_0}{\mathrm{d}t} = F - F_0 \tag{3-19}$$

方程左端为函数$f\dfrac{\mathrm{d}x}{\mathrm{d}t}$类似的偏量。令 $\Delta F = F - F_0$,$\Delta f = f - f_0$,$\Delta x = x - x_0$,并考虑到

$$\begin{aligned} \Delta\left(f\frac{\mathrm{d}x}{\mathrm{d}t}\right) &= f\frac{\mathrm{d}x}{\mathrm{d}t} - f_0\frac{\mathrm{d}x_0}{\mathrm{d}t} \\ &= f\frac{\mathrm{d}x}{\mathrm{d}t} - f_0\frac{\mathrm{d}x_0}{\mathrm{d}t} + f\frac{\mathrm{d}x_0}{\mathrm{d}t} - f\frac{\mathrm{d}x_0}{\mathrm{d}t} \\ &= f\frac{\mathrm{d}\Delta x}{\mathrm{d}t} + \Delta f\frac{\mathrm{d}x_0}{\mathrm{d}t} \\ &= (f_0 + \Delta f)\frac{\mathrm{d}\Delta x}{\mathrm{d}t} + \Delta f\frac{\mathrm{d}x_0}{\mathrm{d}t} \end{aligned} \tag{3-20}$$

在上式中略去高于一次的微量 $\Delta f\dfrac{\mathrm{d}\Delta x}{\mathrm{d}t}$,并代入式(3-19),于是得到

$$f_0\frac{\mathrm{d}\Delta x}{\mathrm{d}t} + \Delta f\frac{\mathrm{d}x_0}{\mathrm{d}t} = \Delta F \tag{3-21}$$

式中，函数的增量 ΔF 和 Δf，可由下述方法来计算。

将函数 $F(x_1,x_2,\cdots,x_n)$ 和 $f(x_1,x_2,\cdots,x_n)$ 在基准运动解 $(x_{10},x_{20},\cdots,x_{n0})$ 的邻域中展开成泰勒级数，则不难得出

$$\begin{aligned}\Delta F &= F - F_0 \\ &= \left(\frac{\partial F}{\partial x_1}\right)_0 \Delta x_1 + \left(\frac{\partial F}{\partial x_2}\right)_0 \Delta x_2 + \cdots + \left(\frac{\partial F}{\partial x_n}\right)_0 \Delta x_n + R_2\end{aligned} \tag{3-22}$$

$$\begin{aligned}\Delta f &= f - f_0 \\ &= \left(\frac{\partial f}{\partial x_1}\right)_0 \Delta x_1 + \left(\frac{\partial f}{\partial x_2}\right)_0 \Delta x_2 + \cdots + \left(\frac{\partial f}{\partial x_n}\right)_0 \Delta x_n + r_2\end{aligned} \tag{3-23}$$

式中，$\Delta x_1 = x_1 - x_{10}, \Delta x_2 = x_2 - x_{20}, \cdots, \Delta x_n = x_n - x_{n0}$；$R_2$ 和 r_2 为展开式中含有二阶或更高阶小量的余项；偏导数 $\left(\frac{\partial F}{\partial x_1}\right)_0, \left(\frac{\partial f}{\partial x_1}\right)_0, \cdots$ 是对应于未扰动弹道的偏导数 $\frac{\partial F}{\partial x_1}, \frac{\partial f}{\partial x_1}, \cdots$ 之值。

因假定运动偏量是在小扰动范围内，可以略去式(3－22)和式(3－23)中高于一阶的小量 R_2 和 r_2，将此方程代入(3－21)式，经整理后可得

$$\begin{aligned} f_{i0}\frac{\mathrm{d}\Delta x_i}{\mathrm{d}t} = \Delta F_i - \Delta f_i \frac{\mathrm{d}x_{i0}}{\mathrm{d}t} = &\left[\left(\frac{\partial F_i}{\partial x_1}\right)_0 - \frac{\mathrm{d}x_{i0}}{\mathrm{d}t}\left(\frac{\partial f_i}{\partial x_1}\right)_0\right]\Delta x_1 + \\ &\left[\left(\frac{\partial F_i}{\partial x_2}\right)_0 - \frac{\mathrm{d}x_{i0}}{\mathrm{d}t}\left(\frac{\partial f_i}{\partial x_2}\right)_0\right]\Delta x_2 + \cdots + \\ &\left[\left(\frac{\partial F_i}{\partial x_n}\right)_0 - \frac{\mathrm{d}x_{i0}}{\mathrm{d}t}\left(\frac{\partial f_i}{\partial x_n}\right)_0\right]\Delta x_n \end{aligned} \tag{3-24}$$

重写下标“i”，$i = 1,2,\cdots,n$，表示所得结果对于式(3－14)中的式子都是适用的。

该方程组为线性微分方程组，因为包含在方程中的新变量（增量 $\Delta x_1,\Delta x_2,\cdots,\Delta x_n$）只是一阶的，并且没有这些变量的乘积。增量 $\Delta x_1,\Delta x_2,\cdots,\Delta x_n$ 前的偏导数是方程式中之系数，它们取决于基准弹道的参数。由于假定未扰动运动是已知的，则在方程组中方括号内的各项以及所有的 f_{i0} 都是时间 t 的已知函数。该方程组通常称为扰动运动方程组。由于基准运动的解是时间的函数，所以系数也是时间 t 的已知函数。因此，上述方程组代表了一组变系数的线性微分方程组。

将式(3－24)与导弹运动方程组相比较，前者是导弹运动方程组的一般表达式，描述导弹的非线性运动，其中包括导弹作为质点的未扰动运动或称基准运动。后者是导弹飞行的偏量方程组，描述导弹具有线性性质的附加运动，或称扰动运动。

如果对导弹具体的运动微分方程组进行线性化，上述 f_i 所代表的有关参数是一个不变的常量，或者变化极小的参数，因此又可简化成

$$f_{i0}\frac{\mathrm{d}\Delta x_i}{\mathrm{d}t} = \left(\frac{\partial F_i}{\partial x_1}\right)_0 \Delta x_1 + \left(\frac{\partial F_i}{\partial x_2}\right)_0 \Delta x_2 + \cdots + \left(\frac{\partial F_i}{\partial x_n}\right)_0 \Delta x_n \tag{3-25}$$

参照式(3－22)，略去高阶小量 R_2 项，则又可写成

$$f_{i0}\frac{\mathrm{d}\Delta x_i}{\mathrm{d}t} = \Delta F_i \tag{3-26}$$

所得表达式是导弹运动方程线性化的常用公式，这是一个很有用的关系式。下面我

们利用此关系式对导弹运动方程组进行线性化。

3.3.2 导弹运动方程组的线性化

首先对导弹的纵向运动方程进行线性化。

3.3.2.1 纵向运动第一个方程式的线性化

纵向运动第一个方程为

$$m\frac{\mathrm{d}V}{\mathrm{d}t}=P\cos\alpha-Q-G\sin\theta \tag{3-27}$$

在这个式子中,导弹的质量 m 相当于式(3-14)中的f_i,飞行速度 v 相当于式中的 x_i,而 $P\cos\alpha-Q-mg\sin\theta$ 相当于 F_i。关于参数f的变化,在此有必要予以说明:如果在动态分析中不研究结构参数偏差的影响,那么可以认为导弹的质量和转动惯量在扰动和未扰动运动中是一样的,它们是已知的时间函数。所以,有关导弹质量的下列偏导数等于零:

$$\left(\frac{\partial m}{\partial V}\right)_0=\left(\frac{\partial m}{\partial \alpha}\right)_0=\left(\frac{\partial m}{\partial \theta}\right)_0=0$$

因此,第一式线性化的结果为

$$\begin{aligned}m_0\frac{\mathrm{d}\Delta V}{\mathrm{d}t}&=\left[\left(\frac{\partial P}{\partial V}\right)_0\cos\alpha_0-\left(\frac{\partial Q}{\partial V}\right)_0\right]\Delta V+\left[-P_0\sin\alpha_0-\left(\frac{\partial Q}{\partial \alpha}\right)_0\right]\Delta\alpha-G_0\cos\theta_0\Delta\theta\\&=(P^v\cos\alpha_0-Q^v)\Delta V+(-P_0\sin\alpha_0-Q^\alpha)\Delta\alpha-G_0\cos\theta_0\Delta\theta\end{aligned} \tag{3-28}$$

式中标以注脚“0”的数值均取自基准弹道,即由理想弹道的运动参数来决定。为书写方便,下文中还略去下标“0”。

由于攻角 α_0 在一般飞行情况下不超过 20°,对于小角度的正弦和余弦函数,则可近似为 $\sin\alpha_0\approx\alpha_0,\cos\alpha_0\approx1$。因此有

$$m\frac{\mathrm{d}\Delta V}{\mathrm{d}t}=(P^v-Q^v)\Delta V-(P\alpha+Q^\alpha)\Delta\alpha-G\cos\theta\Delta\theta \tag{3-29}$$

式(3-29)的物理含义是,右边第一项是由于速度偏量 ΔV(同一时刻扰动运动速度相对未扰动运动速度的偏量)引起的 OX_c 方向力的偏量;第二项是由于攻角偏量 $\Delta\alpha$ 引起的 OX_c 方向力的偏量;第三项是由于弹道倾角偏量 $\Delta\theta$ 而引起的 OX_c 方向力的偏量;由于其他参数引起的 OX_c 方向力的偏量很小而被忽略。左边$\frac{\mathrm{d}\Delta V}{\mathrm{d}t}$在同一时刻 t 可表示为$\frac{\mathrm{d}\Delta V}{\mathrm{d}t}=\Delta\frac{\mathrm{d}V}{\mathrm{d}t}$,表示由于 OX_c 方向力的偏量而引起的加速度偏量。

式(3-29)可进一步变形为

$$\frac{\mathrm{d}\Delta V}{\mathrm{d}t}+\frac{-P^v+Q^v}{m}\Delta V+\frac{P\alpha+Q^\alpha}{m}\Delta\alpha+\frac{G}{m}\cos\theta\Delta\theta=0 \tag{3-30}$$

省去偏量表示符“Δ”,以 V 代替 ΔV,α 代替 $\Delta\alpha$…并且加入干扰力矩,虽然在纵向扰动运动方程组中不含干扰力和干扰力矩,但它们却是客观存在的。在这里用 F_x 表示切向干扰力,于是第一个方程可以简化成如下形式:

$$\frac{\mathrm{d}v}{\mathrm{d}t}+l_1v+l_2\theta+l_3\alpha=\frac{F_x}{m} \tag{3-31}$$

式中：

$l_1=\frac{-P^v+Q^v}{m}$表示由单位速度偏量引起的切向加速度偏量；

$l_2=g\cos\theta$ 表示由单位弹道倾角偏量引起的切向加速度偏量；

$l_3=\frac{P\alpha+Q^\alpha}{m}$表示由单位攻角偏量引起的切向加速度偏量。

3.3.2.2　纵向运动第二个方程式的线性化

纵向运动的第二式为

$$mV\frac{\mathrm{d}\theta}{\mathrm{d}t}=P\sin\alpha+L_Y-mg\cos\theta \tag{3-32}$$

式中，参量 mV 相当于 f_i，弹道倾角 θ 相当于 x_i，而法向力 $P\sin\alpha+L_Y-mg\cos\theta$ 相当于 F_i。

同样采用对第一式线性化的理由，并认为 $m\frac{\mathrm{d}\theta}{\mathrm{d}t}\Delta v$ 也是二阶小量，因此，上式线性化的结果为

$$mV\frac{\mathrm{d}\Delta\theta}{\mathrm{d}t}=(P^v\alpha+L_y^v)\Delta v+(P+L_y^\alpha)\Delta\alpha+G\sin\theta\Delta\theta+L_y^{\delta_z}\Delta\delta_z \tag{3-33}$$

为了帮助读者结合上式再次弄清基准导弹和扰动运动的关系，在此重申：偏量 Δv，$\Delta\alpha$，$\Delta\theta$ 和 $\Delta\delta_z$ 是属于纵向扰动运动的参数，而运动偏量 $\Delta\theta$ 等随时间的变化又依赖于基准弹道的参数 $v,m,\alpha,\theta,\cdots$和偏导数 $L_y^v,P^v,L_y^\alpha,L_y^{\delta_z}$等。

式(3－33)进一步可变为

$$\frac{\mathrm{d}\Delta\theta}{\mathrm{d}t}-\frac{P^v\alpha+L_y^v}{mv}\Delta v-\frac{P+L_y^\alpha}{mv}\Delta\alpha-\frac{G\sin\theta}{mv}\Delta\theta-\frac{L_y^{\delta_z}}{mv}\Delta\delta_z=\frac{F_y}{mv} \tag{3-34}$$

这里同样考虑到了法向干扰力 F_y。由于在姿态变化方程中，速度的变化是慢过程，在这里可略去速度变化的影响，因此上式简化为

$$\frac{\mathrm{d}\Delta\theta}{\mathrm{d}t}-\frac{P+L_Y^\alpha}{mv}\Delta\alpha-\frac{L_Y^{\delta_z}}{mv}\Delta\delta_z=\frac{F_Y}{mv} \tag{3-35}$$

省去偏量表示符“Δ”，可写成如下形式：

$$\frac{\mathrm{d}\theta}{\mathrm{d}t}-a_4\alpha-a_5\delta_z=\frac{F_y}{mv} \tag{3-36}$$

式中：

$a_4=\frac{P+L_y^\alpha}{mv}$称为法向力系数；

$a_5=\frac{L_y^{\delta_z}}{mv}$称为舵升力系数。

3.3.2.3 纵向运动第三个方程式的线性化

上面两个方程是导弹质心扰动运动的两个方程。在纵向扰动运动中，第三式描述导弹绕经过质心的 OZ_b 轴旋转的角加速度，即

$$J_z \frac{d\omega_z}{dt} = M_z \tag{3-37}$$

在对第一式线性化时的假设依然成立，也即

$$J_z^v = J_z^\alpha = J_z^{\omega_z} = J_z^{\dot{\alpha}} = J_z^{\delta_z} = 0 \tag{3-38}$$

因此，纵向运动的第三式的线性化结果为

$$J_z \frac{d\Delta\omega_z}{dt} = M_z^v \Delta v + M_z^\alpha \Delta\alpha + M_z^{\omega_z} \Delta\omega_z + M_z^{\dot{\alpha}} \Delta\dot{\alpha} + M_z^{\delta_z} \Delta\delta_z + M_z^{\dot{\delta}_z} \Delta\dot{\delta}_z \tag{3-39}$$

而由纵向运动第四式可知，$\frac{d\Delta\vartheta}{dt} = \Delta\omega_z$，因此有

$$\frac{d^2\Delta\vartheta}{dt^2} - \frac{M_z^v}{J_z}\Delta v - \frac{M_z^\alpha}{J_z}\Delta\alpha - \frac{M_z^{\omega_z}}{J_z}\Delta\omega_z - \frac{M_z^{\dot{\alpha}}}{J_z}\Delta\dot{\alpha} - \frac{M_z^{\delta_z}}{J_z}\Delta\delta_z - \frac{M_z^{\dot{\delta}_z}}{J_z}\Delta\dot{\delta}_z = \frac{M'_z}{J_z} \tag{3-40}$$

式中，M'_z 表示纵向干扰力矩。力矩偏导数 $M_z^v, M_z^\alpha, M_z^{\omega_z}, M_z^{\dot{\alpha}}, M_z^{\delta_z}, M_z^{\dot{\delta}_z}$ 应由基准弹道的运动参数来计算。

由于 $M_z^{\dot{\delta}_z}$ 系数很小，通常略去最后一项，再省去偏量表示符“Δ”，式(3-40)可写成如下形式：

$$\frac{d^2\Delta\vartheta}{dt^2} + a_0 v + a_1 \frac{d\vartheta}{dt} + a'_1 \frac{d\alpha}{dt} + a_2\alpha + a_3\delta_z = \frac{M'_z}{J_z} \tag{3-41}$$

式中，a_0 称为速度动力系数；a_1 称为阻尼动力系数；a_2 称为恢复动力系数，也称静稳定系数；a_3 称为操纵动力系数，也称舵效率系数；a'_1 称为下洗动力系数。动力系数具有气动力矩导数的性质。其具体含义将在3.3.3节中详细介绍。

3.3.2.4 纵向运动的线性化方程组

在纵向运动方程组中，第五式和第六式是将导弹作为质点，在地面坐标系内的运动学方程。其线性化后的结果为

$$\frac{d\Delta x}{dt} = \cos\theta\Delta v - V\sin\theta\Delta\theta \tag{3-42}$$

$$\frac{d\Delta y}{dt} = \sin\theta\Delta v + V\cos\theta\Delta\theta \tag{3-43}$$

相对而言，$\Delta\theta$ 很小，后项可以略去，并去掉偏量表示符“Δ”，可得

$$\frac{dx}{dt} = V\cos\theta \tag{3-44}$$

$$\frac{dy}{dt} = V\sin\theta \tag{3-45}$$

第四式是绕质心转动的运动学关系，其线性化形式为

$$\frac{\mathrm{d}\Delta\vartheta}{\mathrm{d}t}=\Delta\omega_z \tag{3-46}$$

第七式是描述导弹质量的变化，前面已经说明，可以认为在扰动运动中质量不变，偏量 $\Delta m=0$，因此

$$\frac{\mathrm{d}\Delta m}{\mathrm{d}t}=0 \tag{3-47}$$

第八式是角度间的几何关系，其偏量等式为

$$\Delta\vartheta=\Delta\theta+\Delta\alpha \tag{3-48}$$

至此，导弹纵向运动方程组的几个方程已经全部线性化了。归纳以上 8 个表达式线性化的结果，略去偏量表示符“Δ”，由此得到纵向扰动运动的线性化方程组为

$$\begin{aligned}
&(1)\ \frac{\mathrm{d}v}{\mathrm{d}t}+l_1v+l_2\theta+l_3\alpha=\frac{F_x}{m}\\
&(2)\ \frac{\mathrm{d}^2\vartheta}{\mathrm{d}t^2}+a_0v+a_1\frac{\mathrm{d}\vartheta}{\mathrm{d}t}+a'_1\frac{\mathrm{d}\alpha}{\mathrm{d}t}+a_2\alpha+a_3\delta_z=\frac{M'_z}{J_z}\\
&(3)\ \frac{\mathrm{d}\theta}{\mathrm{d}t}-a_4\alpha-a_5\delta_z=\frac{F_y}{mv}\\
&(4)\ \frac{\mathrm{d}\vartheta}{\mathrm{d}t}=\omega_z\\
&(5)\ \vartheta=\theta+\alpha\\
&(6)\ \frac{\mathrm{d}x}{\mathrm{d}t}=V\cos\theta\\
&(7)\ \frac{\mathrm{d}y}{\mathrm{d}t}=V\sin\theta
\end{aligned} \tag{3-49}$$

所列方程称为纵向扰动运动方程组。它的变量是运动参数偏量，Δv，$\Delta\theta$，$\Delta\omega_z$，$\Delta\alpha$，$\Delta\vartheta$，Δx 和 Δy，它们是待求的未知时间函数，其模态反映了纵向扰动运动的动态特性。

3.3.2.5 倾斜运动的线性化方程

导弹绕纵轴的运动称为倾斜运动，或滚转运动。描述导弹倾斜运动的方程为

$$J_x\frac{\mathrm{d}\omega_x}{\mathrm{d}t}=M_x-(J_z-J_y)\omega_y\omega_z \tag{3-50}$$

对于轴对称布局的导弹，有 $J_z=J_y$，那么 $J_z-J_y=0$，因此上式变为

$$J_x\frac{\mathrm{d}\omega_x}{\mathrm{d}t}=M_x \tag{3-51}$$

对于气动轴对称，且具有倾斜稳定的导弹，忽略次要因素，滚动气动力矩可以近似表示为

$$M_x=M_{x_0}+M_x^{\omega_x}+M_x^{\delta_x} \tag{3-52}$$

根据前述假设 $J_x^{\omega_x}=J_x^{\delta_x}=0$，因此可得倾斜扰动的线性化方程为

$$J_x\frac{\mathrm{d}\Delta\omega_x}{\mathrm{d}t}=M_x^{\omega_x}\Delta\omega_x+M_x^{\delta_x}\Delta\delta_x \tag{3-53}$$

式中 $M_x^{\omega_x}$,$M_x^{\delta_x}$ 为滚动力矩分别相对于 ω_x 和 δ_x 的偏导数,应由基准弹道的运动参数来计算。

由侧向运动方程组的第八式,$\frac{\mathrm{d}\gamma}{\mathrm{d}t}\approx\omega_x$,且略去偏量符号“Δ”,式(3-53)可写成如下形式:

$$\frac{\mathrm{d}^2\gamma}{\mathrm{d}t^2}+c_1\frac{\mathrm{d}\gamma}{\mathrm{d}t}=-c_3\delta_x \tag{3-54}$$

式中:

$c_1=-\frac{M_x^{\omega_x}}{J_x}$为滚转阻尼系数;

$c_3=-\frac{M_x^{\delta_x}}{J_x}$为副翼效率。

3.3.3 冻结系数法

上述线性化方程组中的系数称为动力学系数,它们是由理论弹道确定的随时间变化的已知参数。各系数的物理意义分别表示如下。

(1)速度动力系数

$$a_0=-\frac{M_z^v}{J_z}$$

速度系数表示导弹的速度对弹体转动的影响。

(2)阻尼系数

$$a_1=-\frac{M_z^{\omega_z}}{J_z}=-\frac{m_z^{\bar{\omega}_z}qSL}{J_z}\cdot\frac{L}{V}$$

它表征导弹的空气动力阻尼。a_1 是角速度偏量为一个单位($\Delta\omega_z=\Delta\dot{\vartheta}=1$)时所引起的导弹绕 OZ_b 轴的转动角加速度的偏量。由于 $M_z^{\omega_z}$ 始终是一个负值,所以总有 $a_1>0$。

(3)静稳定系数

$$a_2=-\frac{M_z^{\alpha}}{J_z}=-\frac{m_z^{\alpha}qSL}{J_z}$$

它表征导弹的静稳定性。a_2 是攻角变化一个单位($\Delta\alpha=1$)时,所引起的导弹绕 OZ_b 轴的转动角加速度的偏量。当 $a_2>0$,即 $M_z^{\alpha}<0$ 时,导弹是静稳定的;反之,若 $a_2<0$,则 $M_z^{\alpha}>0$,导弹是静不稳定的。

(4)舵效率系数

$$a_3=-\frac{M_z^{\delta_z}}{J_z}=-\frac{m_z^{\delta_z}qSL}{J_z}$$

它表征升降舵的操纵效率。a_3 是指操纵机构偏转一个单位($\Delta\delta_z=1$)时,所造成的导弹绕 OZ_b 轴的转动角加速度的偏量。它的正负取决于导弹的气动布局,对正常式布局的导弹,$a_3<0$;而对鸭式导弹,则有 $a_3>0$。

(5)法向力系数

$$a_4 = \frac{P + L_y^\alpha}{mv} = \frac{P + C_y^\alpha qS}{mv}$$

它表示由单位攻角所引起的弹道倾角变化速率，它表征了导弹的机动能力。

(6)舵升力系数

$$a_5 = \frac{L_y^{\delta_z}}{mv} = \frac{C_y^{\delta_z} qS}{mv}$$

它是由舵偏角引起的升力系数，表示由单位舵偏角所引起的弹道倾角变化速率。

(7)下洗动力系数

$$a'_1 = -\frac{M_z^{\dot{\alpha}}}{J_z} = -\frac{m_z^{\dot{\alpha}} qSL}{J_z} \cdot \frac{L}{V}$$

它表征气流下洗的延迟对于俯仰力矩的影响。a'_1 是攻角变化率的偏量为一个单位($\Delta\dot{\alpha} = 1$)时，所引起导弹绕 OZ_b 轴的转动角加速度的偏量。

(8)滚转阻尼系数

$$c_1 = -\frac{M_x^{\omega_x}}{J_x} = -\frac{m_x^{\bar{\omega}_x} qSL}{J_z} \cdot \frac{L}{V}$$

它表征导弹滚动方向的空气动力阻尼系数。

(9)副翼效率

$$c_3 = -\frac{M_x^{\delta_x}}{J_x} = -\frac{m_x^{\delta_x} qSL}{J_x}$$

它表征导弹的副翼效率。

上述导弹的气动系数与导弹的结构布局、气动外形，重心位置以及飞行的状态有关，并且都是时间的函数。因而线性化方程组(3－49)是变系数的微分方程组。求解变系数的微分方程是比较复杂的，一般难以求得解析解，通过数字计算机求解也只能得到特解。而研究常系数线性微分方程则简单得多，特别是求其一般解析解的方法是已知的。此外，还有很多研究常系数线性微分方程解的方法，它们在工程实践中获得了广泛的应用，例如判断解的稳定性的方法，频率法等。

为了可能采用常系数线性系统自动控制理论中所介绍的方法，通常利用所谓系数“冻结”法来研究导弹的动态特性。

所谓系数“冻结”就是在研究导弹(或飞行器)的动态特性时，如果基准弹道已经给出，则在基准弹道上任意点上的运动参数和结构参数都为已知数值。在导弹整个飞行时间内，取一些代表性的时刻，称为特征点，可以近似地认为在每个特征点附近的小范围内，未扰动运动的运动参数、气动参数、结构参数和制导系统参数都固定不变，也就是近似地认为方程组(3－49)各扰动运动方程中扰动偏量前的系数，在特征点的附近冻结不变。这样就将变系数线性微分方程变为常系数线性微分方程，使求解大为简化。

3.3.4　长周期运动和短周期运动

导弹的运动弹道决定于速度。速度方向的变化通过改变弹体的姿态角实现控制。对质心运动来说，速度变化比较缓慢，而攻角和姿态角的变化周期短、衰减快，很快就能到达稳态,因此在研究质心运动时,可以把姿态参数视为常量。对姿态运动来说,由于攻角和姿态角变化周期短,在这段时间内,速度等质心运动参数变化很小,也可近似为常量。因此导弹的运动可以分为两个阶段:短周期运动和长周期运动。

操纵导弹的运动都发生在短周期运动阶段,如以舵面偏转作为输入,在短周期阶段,有 $\Delta v=0$,再略去 $\dot{\alpha}$,可得到俯仰姿态运动的扰动方程线性化模型为

$$\begin{cases}\dfrac{\mathrm{d}^2\vartheta}{\mathrm{d}t^2}+a_1\dfrac{\mathrm{d}\vartheta}{\mathrm{d}t}+a_2\alpha=-a_3\delta & (1)\\ \dfrac{\mathrm{d}\theta}{\mathrm{d}t}-a_4\alpha=a_5\delta & (2)\\ \vartheta-\theta-\alpha=0 & (3)\end{cases} \tag{3-55}$$

3.4 导弹运动的传递函数

前面几节中建立的由微分方程构成的导弹线性化运动方程组,是在时间域描述导弹动态性能的数学模型。当给定外部作用以及初始条件后,借助于计算机求解微分方程组,就不难得到导弹动态系统的输出响应。但是,如果导弹的构形和某些参数变化后,则需要重新列写和求解微分方程组,因此不便于对飞行稳定性和操纵性进行分析和设计。

运用拉普拉斯变换(Laplace Transform)求解系统的线性微分方程,就可以得到系统在复数域的数学模型,称其为传递函数(Transfer Function)。传递函数不仅能够表征系统的动态特性,而且还可以借以研究系统的结构或参数变化对系统性能的影响,以及系统的频带特性和稳定性等。考虑到在整个飞行控制系统中,导弹的运动只是其中的一个环节,因此求出导弹传递函数后,不仅能详细了解导弹的动态性质,而且还可将导弹作为操纵对象分析整个回路的特性,因此,在这一节我们将建立导弹纵向运动的传递函数。

传递函数函数具有下列性质:

(1)传递函数是复变量 s 的有理真分式函数,分子多项式的次数低于或等于分母多项式的次数,这是由于系统必然具有惯性所致,同时传递函数的所有系数均应为实数,这是因为传递函数的系数都是系统元部件参数的函数,而系统元部件的参数只能为实数;

(2)传递函数只取决于系统和元部件的结构,而与外部作用形式并无关系。

(3)一定的传递函数都有一定的零、极点分布图与之相对应,因此,传递函数的零、极点分布图也可表征系统的动态性能。

(4)传递函数的拉普拉斯反变换是系统的脉冲响应,因此,系统的脉冲响应与传递函数有单值对应关系,都可以用来表征系统的动态特性。

3.4.1 导弹纵向运动的传递函数推导

在纵向控制回路中,导弹运动是开环环节。对纵向平面内的短周期运动,其输入量是舵面偏转角 δ,输出量是姿态运动参数 ϑ,θ,α。

对纵向姿态运动的扰动运动方程组(3-55),若选择状态矢量为 $\boldsymbol{X}=(\dot{\vartheta}\quad\theta\quad\alpha)^{\mathrm{T}}$,则

纵向运动的短周期运动方程可写成矢量形式 $\dot{\boldsymbol{X}} = \boldsymbol{AX} + \boldsymbol{B}\delta$，即

$$\begin{bmatrix} \ddot{\vartheta} \\ \dot{\theta} \\ \dot{\alpha} \end{bmatrix} = \begin{bmatrix} -a_1 & 0 & -a_2 \\ 0 & 0 & a_4 \\ 1 & 0 & -a_4 \end{bmatrix} \begin{bmatrix} \dot{\vartheta} \\ \theta \\ \alpha \end{bmatrix} + \begin{bmatrix} -a_3 \\ a_5 \\ -a_5 \end{bmatrix} \delta \tag{3-56}$$

这是因为由方程组(3－55)的第三式和第二式，$\dot{\alpha} = \dot{\vartheta} - \dot{\theta} = \dot{\vartheta} - a_4\alpha + a_5\delta$。

根据线性控制理论，导弹的传递函数矩阵可写成

$$W(s) = \frac{\text{adj}(s\boldsymbol{I} - \boldsymbol{A})\boldsymbol{B}}{\det(s\boldsymbol{I} - \boldsymbol{A})} \tag{3-57}$$

其中：

$$(s\boldsymbol{I} - \boldsymbol{A}) = \begin{bmatrix} s + a_1 & 0 & a_2 \\ 0 & s & -a_4 \\ -1 & 0 & s + a_4 \end{bmatrix}$$

$$\det(s\boldsymbol{I} - \boldsymbol{A}) = s(s^2 + (a_1 + a_4)s + (a_1a_4 + a_2))$$

$$\text{adj}(s\boldsymbol{I} - \boldsymbol{A}) = \begin{bmatrix} s(s + a_4) & -a_4 & s \\ 0 & (s + a_1)(s + a_4) + a_2 & 0 \\ -a_2s & (s + a_1)a_4 & (s + a_1)s \end{bmatrix}^{\mathrm{T}}$$

$$\text{adj}(s\boldsymbol{I} - \boldsymbol{A})\boldsymbol{B} = \begin{bmatrix} -s(a_3s + a_3a_4 - a_2a_5) \\ -(a_3a_4 - a_2a_5) + (a_5S^2 + a_1a_5S) \\ -s(a_5s + a_3 + a_1a_5) \end{bmatrix}$$

由此可得到各运动参数对舵偏角的传递函数：

$$W_{\dot{\vartheta}}(s) = \frac{\dot{\vartheta}(s)}{\delta(s)} = -\frac{a_3s + a_3a_4 - a_2a_5}{s^2 + (a_1 + a_4)s + (a_1a_4 + a_2)} \tag{3-58}$$

$$W_{\theta}(s) = \frac{\theta(s)}{\delta(s)} = -\frac{(a_3a_4 - a_2a_5) - (a_5s^2 + a_1a_5s)}{s(s^2 + (a_1 + a_4)s + (a_1a_4 + a_2))} \tag{3-59}$$

$$W_{\alpha}(s) = \frac{\alpha(s)}{\delta(s)} = -\frac{a_5s + a_3 + a_1a_5}{s^2 + (a_1 + a_4)s + (a_1a_4 + a_2)} \tag{3-60}$$

式中，a_1 为阻尼系数，a_2 为静稳定系数，a_3 为舵效率系数，a_4 为法向力系数，a_5 为舵升力系数。

由于对一般布局的导弹来说，由舵偏产生的升力远比弹翼所产生的升力小，因此动力系数 a_5 与 a_3 相比可以忽略。略去后，如果采用典型的形式，导弹在纵向平面内的传递函数可表示成

$$W_{\dot{\vartheta}}(s) = \frac{\dot{\vartheta}(s)}{\delta(s)} = \frac{K_D(T_{qD}s + 1)}{T_D^2s^2 + 2\xi_DT_Ds + 1} \tag{3-61}$$

$$W_{\theta}(s) = \frac{\theta(s)}{\delta(s)} = \frac{K_D}{s(T_D^2s^2 + 2\xi_DT_Ds + 1)} \tag{3-62}$$

$$W_{\alpha}(s) = \frac{\alpha(s)}{\delta(s)} = \frac{K_DT_{qD}}{s(T_D^2s^2 + 2\xi_DT_Ds + 1)} \tag{3-63}$$

式中：

K_D 为导弹纵向运动的传递系数，即

$$K_D = -\frac{a_3 a_4}{a_2 + a_1 a_4}$$

T_D 为导弹纵向运动的时间常数，即

$$T_D = \frac{1}{\sqrt{a_2 + a_1 a_4}}$$

ξ_D 为导弹纵向运动的相对衰减系数，即

$$\xi_D = \frac{a_1 + a_4}{2\sqrt{a_2 + a_1 a_4}}$$

T_{qD} 为导弹运动的气动力时间常数，即

$$T_{qD} = \frac{1}{a_4}$$

采用空气动力控制的导弹，其相对衰减系数都小于 1，因此受扰动后的动态过程具有振荡性质。

3.4.2 导弹纵向运动的动态特性

导弹纵向运动的特征方程 $\Delta L = 0$ 具有如下形式：

$$T_D^2 s^2 + 2\xi_D T_D s + 1 = 0$$

导弹的特征方程具有下列特点：

(1)描述了导弹本身的固有特性；

(2)当纵向运动方程组右侧输入为零时(即在无操纵和无输入情况下)，导弹在空间的运动是自扰动运动；

(3)特征方程完全取决于导弹本身的构造参数、气动参数和飞行状态，而与初始扰动条件无关(这可以由特征方程的构成系数看出来)；

(4)特征方程的根(即特征根)可用于分析导弹扰动运动的基本特性。

下面我们利用导弹纵向运动的特征方程来分析导弹纵向运动的动态特性。由于导弹纵向运动各运动参数的传递函数具有相同的特征多项式，因此，其动态特性具有相近的性质。现以攻角为例进行分析。

3.4.2.1 过渡特性

当舵面作阶跃偏转时，攻角的时间响应为

$$\alpha(t) = K_D T_{qD}\left(1 - \frac{e^{-\frac{\xi_D}{T_D}t}}{\omega_D T_D}\sin(\omega_D t + \varphi)\right)\delta$$

$$\varphi = \arctan\frac{\sqrt{1-\xi_D^2}}{\xi_D}$$

式中：

动态过程的振荡频率：$\omega_D = \sqrt{1-\xi_D^2}/T_D$；

最大超调量：$\sigma = \exp\left(-\dfrac{\pi\xi_D}{\sqrt{1-\xi_D^2}}\right)$；

最大超调量对应的时间：$t_p = \dfrac{\pi T_D}{\sqrt{1-\xi_D^2}}$；

当时间趋向无穷时，攻角的稳态值为：$\alpha_0 = K_D T_{qD}\delta$。

3.4.2.2　频率特性

设舵面的偏转为

$$\delta = \delta_0 \sin\omega t$$

攻角 $\alpha(t)$ 的稳态输出为

$$\alpha(t) = A(\omega)\sin[\omega t + \varphi(\omega)]\delta_0$$

弹体的频率特性为

$$W(\mathrm{j}\omega) = \frac{\alpha(\mathrm{j}\omega)}{\delta(\mathrm{j}\omega)} = A(\omega)\mathrm{e}^{-\varphi(\omega)}$$

其中，$A(\omega)$ 和 $\varphi(\omega)$ 分别称为弹体的幅频特性和相频特性。

$$A(\omega) = \frac{K_D T_{qD}}{\sqrt{(1-T_D^2\omega^2)^2 + 4\xi_D^2 T_D^2\omega^2}}$$

$$\varphi(\omega) = -\arctan\frac{2\xi_D T_D\omega}{1-T_D^2\omega^2}$$

幅频特性的谐振频率：

$$\omega_r = \sqrt{1-2\xi_D}/T_D = \omega_n\sqrt{1-\xi_D^2}$$

谐振的峰值：

$$M_r = \frac{1}{2\xi_D\sqrt{1-\xi_D^2}}$$

在谐振频率处的相位角：

$$\varphi(\omega) = -90^\circ + \arcsin\left(\frac{\xi_D}{\sqrt{1-\xi_D^2}}\right)$$

3.4.2.3　稳定性

导弹纵向运动的稳定性，取决于特征方程式的根在复平面上的位置。如特征根全部位于左半平面，则扰动运动是稳定的。将纵向运动的特征方程重新写为

$$s^2 + 2\xi_D\omega_n s + \omega_n^2 = 0$$

根据劳斯－赫尔维兹判据，纵向运动稳定的充分必要条件是特征方程的系数满足

$$2\xi_D\omega_n = a_1 + a_4 > 0$$

$$\omega_n^2 = a_2 + a_1 a_4 > 0$$

无论弹体的气动外形如何布局，气动参数 a_1、a_4 都是正值，所以有 $2\xi_D\omega_n > 0$。因此扰

动运动的稳定条件为

$$a_2 + a_1 a_4 > 0$$

3.4.3 导弹的航向运动

对于采用轴对称外形的导弹，导弹的航向扰动运动与纵向运动具有相同的数学模型，因而航向运动的气动力系数、传递函数以及动态特性也都与纵向运动一致。

3.4.4 导弹的倾斜运动

由导弹倾斜扰动的线性化方程

$$\frac{d^2\gamma}{dt^2} + c_1 \frac{d\gamma}{dt} = -c_3\delta_x \tag{3-64}$$

可导出倾斜运动的传递函数为

$$W_\gamma(s) = \frac{\gamma(s)}{\delta_x(s)} = \frac{K_{Dx}}{s(T_{Dx}s+1)} \tag{3-65}$$

式中：

K_{Dx}为导弹倾斜运动传递系数，且有 $K_{Dx} = -\frac{c_3}{c_1}$；

T_{Dx}为导弹倾斜运动时间常数，且有 $T_{Dx} = \frac{1}{c_1}$。

思考题

1. 在动坐标系中如何描述牛顿定律？

2. 柯氏定理中的求导公式中，各矢量在哪个坐标系中描述？相对导数和绝对导数的含义分别是什么？在惯性坐标系中的描述是何种形式？

3. 推导姿态运动的动力学方程。

4. 几何关系方程是否唯一？为什么？

5. 未扰动弹道在线性化中起什么作用？

6. 导弹运动中哪些量是短周期运动？哪些量是长周期运动？为什么长周期与短周期可以实现解耦？

7. 什么是系数冻结法，含义是什么？

第 4 章　自动驾驶仪的主要部件

自动驾驶仪是制导控制系统弹上设备的重要组成部分，它与导弹构成的闭合回路称为稳定控制系统（英文文献中常称为飞行控制系统）。在稳定控制系统中，自动驾驶仪是控制器，导弹是控制对象。自动驾驶仪的作用是稳定导弹绕质心的角运动，并根据制导指令正确而快速地操纵导弹，使导弹按照预定的弹道飞行。

自动驾驶仪的主要部件通常指传感系统、舵机及控制电路等。

（1）导弹传感系统用来感受导弹飞行过程中弹体姿态和重心加速度的瞬时变化，反映这些参数的变化量或变化趋势，产生相应的电信号供给控制系统。用于测量弹体运动参数和物理量的器件称为敏感元件。常用的敏感元件有自由陀螺、速率陀螺、线加速度计等。其中感受弹体转动状态的元件用陀螺仪，感受弹体横向或直线运动的元件用加速度计和高度表。由于这些敏感元件大多根据牛顿定律的基本原理工作，因此常称为惯性元件。

（2）舵机是自动驾驶仪的执行元件。其作用是根据控制信号的要求，操纵舵面偏转以产生操纵导弹运动的控制力矩，控制弹体绕质心转动，从而使导弹产生需要的空气动力和力矩。在舵系统中利用电动、气动或液压方式驱动舵面或副翼偏转的动力元件称为舵机。

（3）控制电路对信号进行传递、变换和处理，改善回路的动力学特性，在电气上将驾驶仪的各部分连成一个整体，以构成控制系统。

本章从自动驾驶仪系统设计的角度出发，简单介绍敏感元件和舵机的工作原理，给出必要的坐标转换关系、传递函数和性能要求，不着重这些部件本身的结构和参数设计。

4.1　传感系统

4.1.1　自由陀螺

自由陀螺（三自由度陀螺）又称为角位置陀螺或定位陀螺。它有三个自由度，用于测量弹体运动的姿态角。其原理结构如图 4－1 所示。

高速旋转的陀螺转子通过转轴支撑在内框架上，内框架通过转轴与外框架相连。由内外框架组成的装置称为万向支架。陀螺仪三个转轴的交点称为陀螺仪的支点。它以不同的方式安装在导弹上，可以测出弹体的俯仰角、偏航角或滚动角。

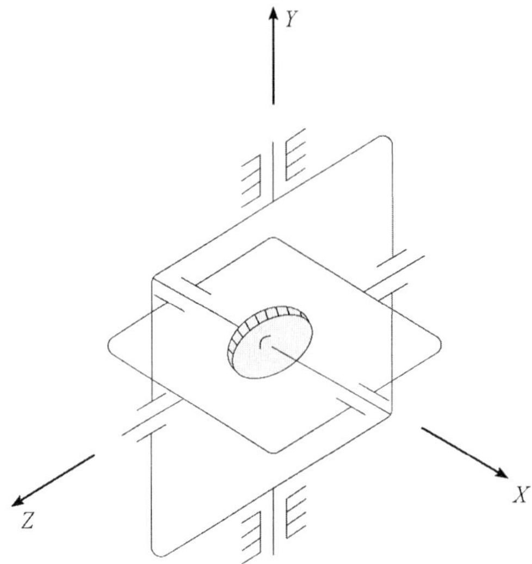

图 4-1 自由陀螺原理结构图

为了分析陀螺仪的动态特性，采用与陀螺内框架固联的陀螺坐标系 $OXYZ$ 作为动坐标系，如图 4-1 所示，其中 OX 轴与转子轴一致，OZ 轴和内环轴相重合。

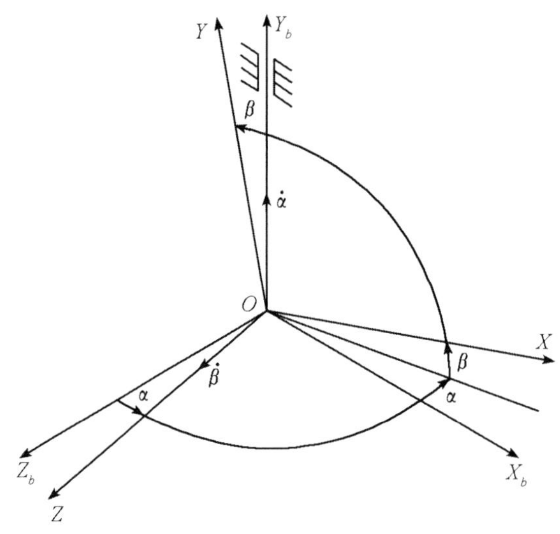

图 4-2 自由陀螺的陀螺坐标系

设陀螺仪在弹上的安装如图 4-2 所示，陀螺的外环轴固定在弹体上，也即外环轴向与弹体坐标系的 OY_b 轴一致。在起始时陀螺坐标系与弹体坐标系重合，当陀螺仪的转子绕外环轴转过 α 角，绕内环轴 OZ 转过 β 角后，陀螺坐标系与弹体坐标系之间的转换关系为

$$\begin{bmatrix} X \\ Y \\ Z \end{bmatrix} = \boldsymbol{M}_3(\beta)\boldsymbol{M}_2(\alpha)\begin{bmatrix} X_b \\ Y_b \\ Z_b \end{bmatrix} = \begin{bmatrix} \cos\beta\cos\alpha & \sin\beta & -\cos\beta\sin\alpha \\ -\sin\beta\cos\alpha & \cos\beta & \sin\beta\sin\alpha \\ \sin\alpha & 0 & \cos\alpha \end{bmatrix}\begin{bmatrix} X_b \\ Y_b \\ Z_b \end{bmatrix}$$

4.1.1.1　自由陀螺的动力学模型

设陀螺转子对支点的动量矩为 $\boldsymbol{H}$,作用在转子轴上的外力矩为 $\boldsymbol{M}$,外力矩在动坐标系(陀螺坐标系)中的分量为

$$\boldsymbol{M} = (M_x \quad M_y \quad M_z)^{\mathrm{T}}$$

由动量矩定理可知:

$$\frac{\mathrm{d}\boldsymbol{H}}{\mathrm{d}t} = \boldsymbol{M}$$

根据柯氏转动定理,陀螺动量矩的变化可以表示成:

$$\frac{\mathrm{d}\boldsymbol{H}}{\mathrm{d}t} = \frac{\partial \boldsymbol{H}}{\partial t} + \boldsymbol{\omega} \times \boldsymbol{H}$$

式中:

$\boldsymbol{\omega}$ 为陀螺坐标系相对于惯性空间的转动角速度;

$\frac{\partial \boldsymbol{H}}{\partial t}$为角动量相对于动坐标系的变化率。

设弹体相对于惯性空间的角速度在弹体坐标系的分量为

$$(\boldsymbol{\omega})_b = (\omega_{x_b} \quad \omega_{y_b} \quad \omega_{z_b})^{\mathrm{T}}$$

则陀螺坐标系相对于惯性坐标系的角速度在陀螺坐标系中的分量为

$$\boldsymbol{\omega} = \begin{bmatrix} \omega_x \\ \omega_y \\ \omega_z \end{bmatrix} = \begin{bmatrix} 0 \\ 0 \\ \dot{\beta} \end{bmatrix} + \begin{bmatrix} \cos\beta & \sin\beta & 0 \\ -\sin\beta & \cos\beta & 0 \\ 0 & 0 & 1 \end{bmatrix}\begin{bmatrix} 0 \\ \dot{\alpha} \\ 0 \end{bmatrix} + M_3(\beta)M_2(\alpha)\begin{bmatrix} \omega_{x_b} \\ \omega_{y_b} \\ \omega_{z_b} \end{bmatrix} \tag{4-1}$$

设陀螺转子的自旋角速度为 $\boldsymbol{\Omega}$,陀螺绕相应轴的转动惯量为 J_x、J_y、J_z,则陀螺的角动量在陀螺坐标系中的分量为

$$\boldsymbol{H} = \begin{bmatrix} J_x(\Omega + \omega_x) \\ J_y\omega_y \\ J_z\omega_z \end{bmatrix}$$

其速率为

$$\frac{\partial \boldsymbol{H}}{\partial t} = \begin{bmatrix} J_x \frac{\mathrm{d}}{\mathrm{d}t}(\Omega + \omega_x) \\ J_y \frac{\mathrm{d}\omega_y}{\mathrm{d}t} \\ J_z \frac{\mathrm{d}\omega_z}{\mathrm{d}t} \end{bmatrix}$$

由此得到

$$\boldsymbol{\omega}\times\boldsymbol{H}=\begin{bmatrix}0 & -\omega_z & \omega_y\\ \omega_z & 0 & -\omega_x\\ -\omega_y & \omega_x & 0\end{bmatrix}\begin{bmatrix}J_x(\Omega+\omega_x)\\ J_y\omega_y\\ J_z\omega_z\end{bmatrix}=\begin{bmatrix}(J_z-J_y)\omega_y\omega_z\\ (J_x-J_z)\omega_x\omega_z+J_x\Omega\omega_z\\ (J_y-J_x)\omega_x\omega_y-J_x\Omega\omega_y\end{bmatrix}$$

根据柯氏定理写出陀螺运动的动力学方程式:

$$\begin{cases}J_x\dfrac{\mathrm{d}\omega_x}{\mathrm{d}t}+J_x\dfrac{\mathrm{d}\Omega}{\mathrm{d}t}+(J_z-J_y)\omega_y\omega_z=M_x\\ J_y\dfrac{\mathrm{d}\omega_y}{\mathrm{d}t}+(J_x-J_z)\omega_x\omega_z+J_x\Omega\omega_z=M_y\\ J_z\dfrac{\mathrm{d}\omega_z}{\mathrm{d}t}+(J_y-J_x)\omega_x\omega_y-J_x\Omega\omega_y=M_z\end{cases}\tag{4-2}$$

4.1.1.2 自由陀螺运动动力学方程的简化及其传递函数

下面对该运动方程进行简化。

(1)简化步骤一

由于 ω_x、ω_y、ω_z 相对于陀螺自旋角速度 Ω 来说要小得多,可视为小量,并设 $M_x=0$ 和 Ω 为常值,则陀螺仪绕转子轴方向的方程可以不考虑。在方程中略去二阶小量,对方程解耦并简化为

$$\begin{cases}J_y\dfrac{\mathrm{d}\omega_y}{\mathrm{d}t}+J_x\Omega\omega_z=M_y\\ J_z\dfrac{\mathrm{d}\omega_z}{\mathrm{d}t}-J_x\Omega\omega_y=M_z\end{cases}\tag{4-3}$$

(2)简化步骤二

由 $\boldsymbol{\omega}$ 的表达式(4-1),弹体的角速度 $\boldsymbol{\omega}_b$ 与陀螺运动的角速度 $\boldsymbol{\omega}$ 相比要小得多,在分析陀螺的运动时可以略去,因而有

$$\begin{bmatrix}\omega_x\\ \omega_y\\ \omega_z\end{bmatrix}\approx\begin{bmatrix}0\\0\\ \dot\beta\end{bmatrix}+\begin{bmatrix}\cos\beta & \sin\beta & 0\\ -\sin\beta & \cos\beta & 0\\ 0 & 0 & 1\end{bmatrix}\begin{bmatrix}0\\ \dot\alpha\\ 0\end{bmatrix}=\begin{bmatrix}\dot\alpha\sin\beta\\ \dot\alpha\cos\beta\\ \dot\beta\end{bmatrix}\tag{4-4}$$

对上式两边求导数可得

$$\begin{bmatrix}\dot\omega_x\\ \dot\omega_y\\ \dot\omega_z\end{bmatrix}=\begin{bmatrix}\ddot\alpha\sin\beta+\dot\alpha\dot\beta\cos\beta\\ \ddot\alpha\cos\beta-\dot\alpha\dot\beta\sin\beta\\ \ddot\beta\end{bmatrix}\tag{4-5}$$

在实际应用时,陀螺仪的转角与其在弹上的安装状态有关。通常是用外环输出相应的测量角。为了分析方便,假定 β 角比较小。因而有 $\cos\beta\approx1$,$\sin\beta\approx0$。再忽略非线性高次项的影响,于是方程(4-4)和(4-5)可以简化为

$$\begin{bmatrix}\omega_x\\ \omega_y\\ \omega_z\end{bmatrix}=\begin{bmatrix}\dot\alpha\sin\beta\\ \dot\alpha\cos\beta\\ \dot\beta\end{bmatrix}\approx\begin{bmatrix}0\\ \dot\alpha\\ \dot\beta\end{bmatrix}\tag{4-6}$$

以及

$$\begin{bmatrix} \dot{\omega}_x \\ \dot{\omega}_y \\ \dot{\omega}_z \end{bmatrix} = \begin{bmatrix} \ddot{\alpha}\sin\beta + \dot{\alpha}\dot{\beta}\cos\beta \\ \ddot{\alpha}\cos\beta - \dot{\alpha}\dot{\beta}\sin\beta \\ \ddot{\beta} \end{bmatrix} \approx \begin{bmatrix} 0 \\ \ddot{\alpha} \\ \ddot{\beta} \end{bmatrix} \tag{4-7}$$

从而陀螺运动方程可以简化成

$$\begin{cases} J_y\ddot{\alpha} + H_G\dot{\beta} = M_y \\ J_z\ddot{\beta} - H_G\dot{\alpha} = M_z \end{cases} \tag{4-8}$$

式中：$H_G = J_x\Omega$ 为陀螺转子的角动量。

假定陀螺运动的初始条件为零，对方程式(4－8)进行拉氏变换：

$$\begin{cases} J_y s^2\alpha(s) + H_G s\beta(s) = M_y(s) \\ J_z s^2\beta(s) - H_G s\alpha(s) = M_z(s) \end{cases} \tag{4-9}$$

由此得到，陀螺仪是一个双输入双输出的复合系统，且输入与输出的关系式为

$$\begin{bmatrix} \alpha(s) \\ \beta(s) \end{bmatrix} = \begin{bmatrix} \dfrac{J_z}{J_yJ_zs^2 + H_G^2} & \dfrac{-H_G}{s(J_yJ_zs^2 + H_G^2)} \\ \dfrac{H_G}{s(J_yJ_zs^2 + H_G^2)} & \dfrac{J_z}{J_yJ_zs^2 + H_G^2} \end{bmatrix} \begin{bmatrix} M_y(s) \\ M_z(s) \end{bmatrix} \tag{4-10}$$

通过这个式子，可以考察当弹体不动时，陀螺在干扰力矩下的漂移，或者陀螺在控制力矩下的运动。

4.1.1.3　陀螺的章动与进动

(1)陀螺的章动

设输入力矩为

$$\begin{bmatrix} M_y(t) \\ M_z(t) \end{bmatrix} = \begin{bmatrix} M_{y0}\delta(t) \\ 0 \end{bmatrix}$$

其中，$\delta(t)$为脉冲函数。即沿外环轴方向输入幅度为 M_{y0} 的脉冲函数，沿内环轴方向输入力矩为零。

陀螺的初始状态为

$$\begin{bmatrix} \dot{\alpha} \\ \dot{\beta} \end{bmatrix} = \begin{bmatrix} \dot{\alpha}_0 \\ 0 \end{bmatrix}$$

输入力矩为冲击力矩，其拉氏变换为

$$\begin{bmatrix} M_y(s) \\ M_z(s) \end{bmatrix} = \begin{bmatrix} M_{y0} \\ 0 \end{bmatrix}$$

代入式(4－10)，经拉氏反变换可求得陀螺仪的输出响应为

$$\begin{cases} \alpha(t) = \dfrac{\sqrt{J_yJ_z}}{H_G}\dot{\alpha}_0\sin\omega_0 t \\ \beta(t) = \dfrac{J_y}{H_G}\dot{\alpha}_0(1 - \cos\omega_0 t) \end{cases} \tag{4-11}$$

其中，$\omega_0=\dfrac{H_G}{\sqrt{J_yJ_z}}$。

这是一个不衰减的振荡过程，它所对应的运动称为陀螺的章动，ω_0 称为陀螺的章动频率。因此，章动运动是由冲击力矩引起的陀螺同时绕内、外环轴的不衰减的振荡，且绕内框架轴的振荡与绕外框架轴的振荡在相位上相差 90°。于是，转子轴在空间的轨迹成为一个椭圆，其图形如图 4－3 所示。

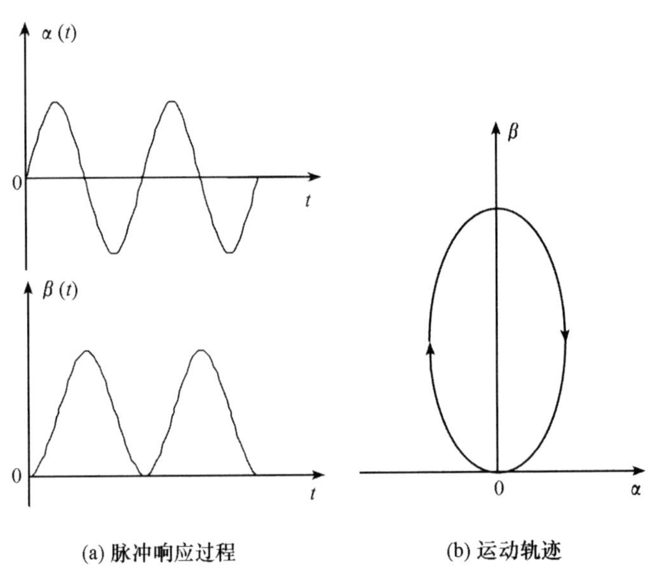

图 4－3　陀螺的脉冲响应

这个过程说明，当陀螺有初始的横向角速度 $\dot{\alpha}_0$，并且受到沿外环轴方向的瞬时外界干扰力矩 M_y 时，就会产生章动运动。

对一般的陀螺仪而言，质量大都集中在转子上。因此绕内、外框架轴的转动惯量略大于绕转子轴的转动惯量，若假定 $J_y=J_z=1.5J_x$，则 $\omega_0=\dfrac{H_G}{\sqrt{J_yJ_z}}=\dfrac{J_x\Omega}{\sqrt{J_yJ_z}}=0.66\Omega$，可见章动频率与转子的自旋频率很接近。

(2)陀螺的进动

设输入力矩为

$$\begin{bmatrix} M_y(t) \\ M_z(t) \end{bmatrix}=\begin{bmatrix} 0 \\ M_{z0}u(t) \end{bmatrix}$$

其中，$u(t)$ 为单位阶跃函数。也即输入力矩为沿内环轴方向幅度为 M_{z0} 的常值力矩，沿外环轴方向的力矩为零。

其拉氏变换式为

$$\begin{bmatrix} M_y(s) \\ M_z(s) \end{bmatrix}=\begin{bmatrix} 0 \\ M_{z0}/s \end{bmatrix}$$

代入式(4－10)，经拉氏反变换后可求得陀螺仪的输出响应为

$$
\begin{cases}
\alpha(t) = -\dfrac{M_{z0}}{H_G}t + \dfrac{\sqrt{J_yJ_z}}{H_G^2}M_{z0}\sin\omega_0 t \\
\beta(t) = \dfrac{\sqrt{J_yJ_z}}{H_G^2}M_{z0}(1-\cos\omega_0 t)
\end{cases}
\tag{4-12}
$$

上式说明，沿内环轴的阶跃力矩将引起陀螺仪绕外环轴作等速运动，这就是陀螺的进动；与此同时还出现沿内环轴和外环轴的不衰减振荡。因此，转子运动的轨迹是一个圆滚线，其过程如图 4-4 所示。

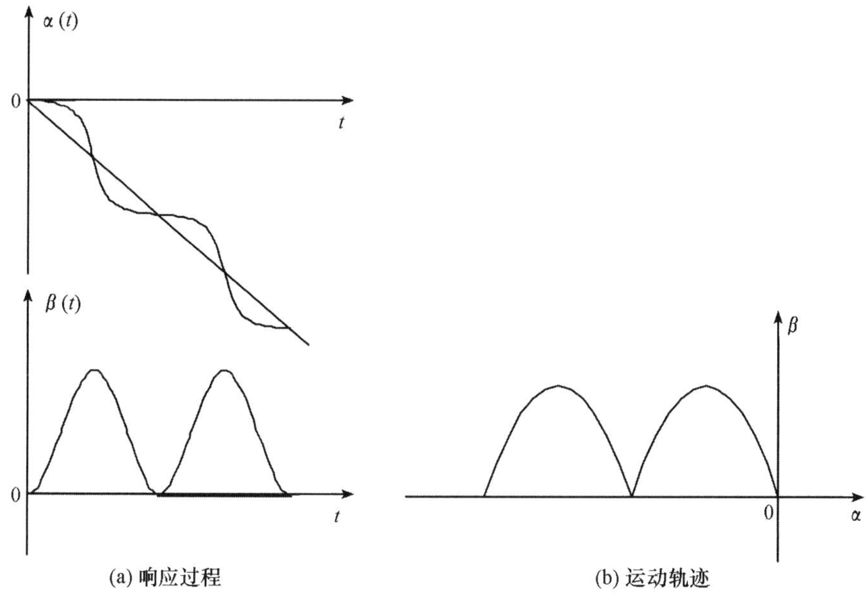

图 4-4　陀螺的进动过程

从图中可以看出，章动是伴随进动过程的不衰减振荡。由于陀螺的角动量 H_G 比较大，因而绕内框架轴的转角一般非常小。在实际工作时，由于陀螺的运动存在着阻尼，因而章动很快被衰减掉。稳态时，陀螺的转子轴将沿着与外加力矩垂直的方向运动，且角速度与外力矩成正比，即

$$
\dot{\alpha} = -\frac{M_{z0}}{H_G}
\tag{4-13}
$$

这表明，当陀螺受到外力矩作用时，外加力矩的作用不是改变动量矩的大小，而是改变动量矩的方向。这就是陀螺进动的特点。

上述分析表明，陀螺仪的运动包括稳态响应和暂态响应两部分。稳态输出表示的规律称为陀螺的进动，暂态过程对应的运动称为陀螺的章动。

(3)陀螺进动的方向

从式(4-13)可以看出，陀螺进动的角速度与外力矩 M_{z0} 和陀螺角动量 H_G 有关。当外力矩一定时，自旋角速度越大(即角动量越大)，进动角速度越小；当自旋角速度一定时，外力矩越大，进动角速度也越大；当外力矩一旦消失，进动会立即停止。也就是说，陀

螺的进动是无惯性的。

设陀螺自旋角速度 $\boldsymbol{\Omega}$ 的大小为一个常量，也就是说它只存在方向上的变化，则陀螺角动量 $\boldsymbol{H}=J\boldsymbol{\Omega}$ 也为常值，也就是说 $\frac{\partial \boldsymbol{H}}{\partial t}=0$。当陀螺转子受到外力矩 $\boldsymbol{M}$，由动量矩定理 $\frac{\mathrm{d}\boldsymbol{H}}{\mathrm{d}t}=\boldsymbol{M}$ 可得

$$\frac{\partial \boldsymbol{H}}{\partial t}+\boldsymbol{\omega}\times\boldsymbol{H}=\boldsymbol{\omega}\times\boldsymbol{H}=\boldsymbol{M}$$

式中：$\boldsymbol{\omega}$ 为动坐标系相对于惯性空间的转动角速度。

从而有

$$\boldsymbol{H}\times(\boldsymbol{\omega}\times\boldsymbol{H})=\boldsymbol{H}\times\boldsymbol{M}$$

可以证明：$\boldsymbol{H}\times(\boldsymbol{\omega}\times\boldsymbol{H})=(\boldsymbol{H}\cdot\boldsymbol{H})\boldsymbol{\omega}-(\boldsymbol{H}\cdot\boldsymbol{\omega})\boldsymbol{H}$，因此，$\boldsymbol{H}\times\boldsymbol{M}=|H|^2\boldsymbol{\omega}-\boldsymbol{H}(\boldsymbol{H}\cdot\boldsymbol{\omega})$，从而得到

$$\boldsymbol{\omega}=\frac{\boldsymbol{H}\times\boldsymbol{M}}{|H|^2}+\frac{\boldsymbol{H}(\boldsymbol{H}\cdot\boldsymbol{\omega})}{|H|^2}$$

式中，第一项 $\frac{\boldsymbol{H}\times\boldsymbol{M}}{|H|^2}$ 的指向为与 $\boldsymbol{H}$ 垂直的方向，第二项 $\frac{\boldsymbol{H}(\boldsymbol{H}\cdot\boldsymbol{\omega})}{|H|^2}$ 的指向为与 $\boldsymbol{H}$ 相同的方向。

也就是说，在外力矩作用下陀螺坐标系的转动角速度 $\boldsymbol{\omega}$ 可以分解为两个分量，其中横向分量的方向为 $\boldsymbol{H}\times\boldsymbol{M}$，它是与 $\boldsymbol{H}$ 垂直的，这就是陀螺的进动方向；纵向分量的方向与 $\boldsymbol{H}$ 矢量方向一致，由于 $\boldsymbol{H}=(J_x\Omega\quad 0\quad 0)^{\mathrm{T}}$，$\boldsymbol{H}$ 的指向就是 $\boldsymbol{\Omega}$ 的指向，因此角速度的纵向分量与陀螺自旋的方向是一致的。

从而可知，陀螺的进动方向与 $\boldsymbol{H}\times\boldsymbol{M}$ 方向一致，也即与 $\boldsymbol{\Omega}\times\boldsymbol{M}$ 方向一致。也就是说，从现象上来看，在外力矩作用下，陀螺的主轴会朝着与外力矩一致的方向，做追赶外力矩的转动。

4.1.1.4 自由陀螺测量原理

如果陀螺不受外加力矩的作用，即 $\boldsymbol{M}=0$，则有 $\frac{\mathrm{d}\boldsymbol{H}}{\mathrm{d}t}=0$，因此，陀螺的动量矩在惯性空间保持不变，其转子轴指向固定的方向。也就是说高匀速转动的转子具有定向性。陀螺的这种特性通常也称为定轴性。

自由陀螺是借助于陀螺的定轴性测量弹体的姿态角的。由于陀螺在不受外力矩作用时，转子轴在惯性空间保持固定方向。这样，当弹体的姿态变化时，陀螺的支座将相对框架产生相应的角位移。如果将支座在弹体上沿一定的方位安装，则陀螺框架轴相对于支座的转角，就对应于弹体相对于惯性空间运动的姿态角。在图 4－2 中，弹体相对于外框轴的转角，对应于弹体的偏航角。

陀螺框架相对于支座的转角可通过传感器变换成电压输出。设 k 为电压对转角的转换系数，则自由陀螺的传递函数可表示成：

$$W(s)=\frac{u}{\gamma}=k$$

式中：

γ 为框架相对支座的转角；

k 为陀螺的传递系数。

为保证导弹发射前陀螺的三根轴线互相垂直，并使转子轴相对弹体保持一定的方向，自由陀螺都有制锁机构。

自由陀螺主要用于测量弹体的滚动姿态角，并使弹体的滚动姿态在惯性空间保持稳定，以保持弹上的执行坐标与测量系统相一致。

4.1.1.5　陀螺的漂移

由于陀螺的转子与框架的支撑之间存在着摩擦，因而会对陀螺产生干扰力矩，干扰力矩将引起陀螺转子轴的进动。这种现象称为陀螺的漂移。漂移将造成误差，影响陀螺的测量精度。

自由陀螺的主要性能指标之一是漂移。漂移是由陀螺结构不平衡、摩擦等干扰力矩产生的。漂移会引起测量基准的变化，因而将造成控制信号的交链。

在一定的干扰力矩 $\boldsymbol{M}_0$ 作用下，自由陀螺的漂移与陀螺的角动量 $\boldsymbol{H}_G$ 的大小成反比，即

$$\dot{\alpha}_0 = -\frac{M_0}{H_G}$$

由上式可以看出，为减小陀螺的漂移，应尽可能增大陀螺的角动量和减小摩擦力的干扰力矩。增大角动量在工程上可采取两种途径，一是增加陀螺马达的转速，二是增大马达转子的轴向转动惯量，例如采用高比重的材料作陀螺马达的转子。减小干扰力矩的方法，主要是减小运动支承的摩擦以及减小结构的不平衡。

对于用自由陀螺测量水平姿态的情形，可以利用水泡来敏感重力方向，并通过控制力矩使转子进动，保持转子与重力方向一致。达到抑制漂移增大，使陀螺可长时间有效工作的目的。

自由陀螺的另一个重要参数是内、外环架的活动范围。外框架相对支座的活动范围，主要受测量元件（如电位计传感器）以及制锁机构的结构约束。内框架相对于外框架的活动范围，在工作原理上就受到限制，因为自由陀螺是三自由度陀螺，如果内框架相对于外框架转过 90°，则内、外框架平面相重合，从而失去一个自由度。因此，通常限制内框架相对外环的转角不超过 ±60°的范围，而且在结构上有挡钉限制。

当自由陀螺用于测量弹体的滚动姿态角时，内、外框架之间的夹角，将反映弹体俯仰或偏航角的变化。因而弹体俯仰或偏航方向的姿态变化受到一定的限制，如果姿态角的变化超过挡钉的限制范围，陀螺的框架就会出现翻转，因而不能正常工作。

除了存在上述缺点外，自由陀螺仪还存在启动时间长，体积大，以及各种框架结构复杂等缺陷。目前导弹自动驾驶仪用的自由陀螺，主要向着小型化和缩短启动时间两方面发展。目前启动时间已由早期的 1 分钟左右，缩短到几秒钟；体积、质量也已有了成倍的减小，但相对于其他器件来说，小型化的进展还是比较缓慢。由于自由陀螺的体积、质量远大于速率陀螺，有些导弹自动驾驶仪采用速率陀螺和积分器代替了自由陀螺。

4.1.2 速率陀螺

速率陀螺(二自由度陀螺)的种类有很多,又称为阻尼陀螺。二自由度陀螺仪是速率陀螺的一种,它只有一个框架,附加有恢复弹簧、阻尼器、传感器以及力矩器等器件,其中框架起到隔离的作用。其结构如图 4-5 所示。

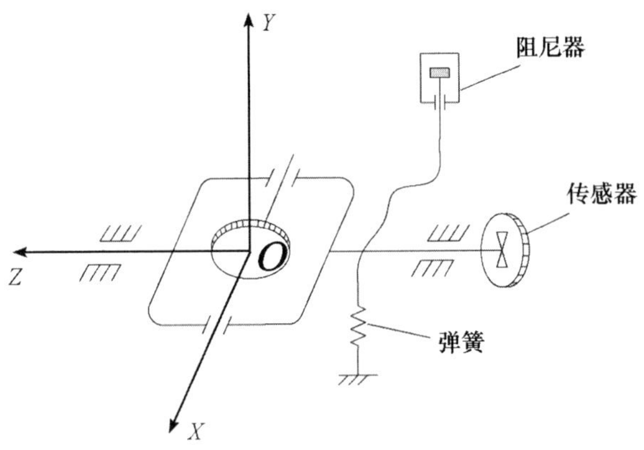

图 4-5 速率陀螺原理图

4.1.2.1 陀螺力矩

与自由陀螺不同,速率陀螺的万向支架只有一个框架。自由陀螺的内外框架既用在支承陀螺的转子旋转,同时在运动上又起着隔离作用。即弹体在绕支点转动时,不会带动陀螺的转子轴一道运动,因此陀螺转子轴的方向在惯性空间保持不变。

速率陀螺的框架仍然起隔离作用,但是弹体绕 OY 轴的转动将强迫转子一同运动,使转子的方向发生变化,因而产生附加陀螺力矩,引起转子沿框架轴的转动。陀螺力矩是指当物体牵连运动和相对运动都是转动时,由哥氏加速度引起的惯性力矩。

设有一方位角速率陀螺匀质的转子,并假设转子绕 OX 轴的转动惯量为 J_x,其绕 OX 轴的转动角速度为 $\boldsymbol{\Omega}$。

由于陀螺在 Y 轴方向没有转动自由度,若弹体绕 OY 轴转动时,强迫陀螺转子同样绕 Y 轴转动,其角速度为 ω。由此产生的哥氏加速度将引起绕 OZ 轴方向的惯性力矩,即陀螺力矩,引起框架转动 θ 角。

转子绕 OX(轴)旋转的角动量 $\boldsymbol{H}=J_x\boldsymbol{\Omega}$ 为常值,则陀螺力矩可写成矢量的形式:

$$\boldsymbol{M}=\boldsymbol{H}\times\boldsymbol{\omega}=\begin{bmatrix}J_x\Omega\\0\\0\end{bmatrix}\times\begin{bmatrix}0\\\omega\\0\end{bmatrix}=\begin{bmatrix}0&0&0\\0&0&-J_x\Omega\\0&J_x\Omega&0\end{bmatrix}\begin{bmatrix}0\\\omega\\0\end{bmatrix}=\begin{bmatrix}0\\0\\J_x\Omega\omega\end{bmatrix}\tag{4-14}$$

陀螺力矩是转子由于强迫运动而产生的力矩作用在支撑转子的框架上。框架在 Z 轴方向有一个旋转自由度,在陀螺力矩的作用下会绕 Z 轴转动。

假设 OZ 轴上附加有恢复弹簧,当平衡时,有

$$K\theta=J_x\Omega\omega$$

其中，K 为弹簧的刚性系数。

那么从静态关系看，θ 的大小与绕 OY 轴的转动角速度 ω 的值成正比。

4.1.2.2　速率陀螺的动力学模型

选取与内环固联的陀螺坐标系 $OXYZ$ 作为动坐标系进行分析，如图 4－6 所示。

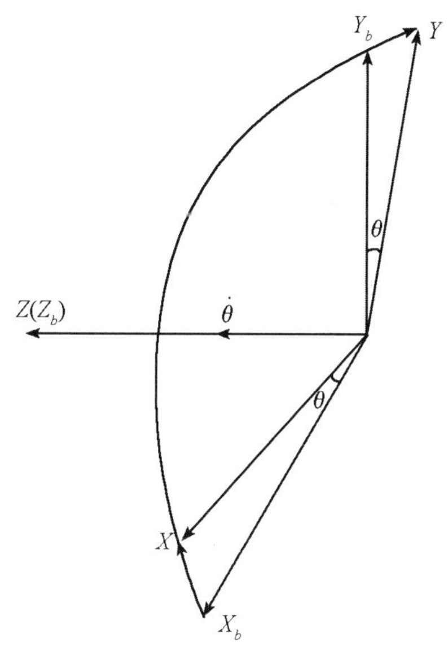

图 4－6　速率陀螺坐标系

设弹体绕 OY_b 轴的运动角速度为 $\boldsymbol{\omega}_b$。如果框架在起始时与弹体坐标系重合，在陀螺力矩的作用下转过 θ 角，则坐标系的转换关系为

$$\begin{bmatrix} X \\ Y \\ Z \end{bmatrix} = \boldsymbol{M}_3(\theta)\begin{bmatrix} X_b \\ Y_b \\ Z_b \end{bmatrix} = \begin{bmatrix} \cos\theta & \sin\theta & 0 \\ -\sin\theta & \cos\theta & 0 \\ 0 & 0 & 1 \end{bmatrix}\begin{bmatrix} X_b \\ Y_b \\ Z_b \end{bmatrix}$$

设弹体相对于惯性空间的角速度在弹体坐标系中的分量为

$$(\boldsymbol{\omega})_b = (\omega_{x_b} \quad \omega_{y_b} \quad \omega_{z_b})^{\mathrm{T}}$$

陀螺坐标系相对于惯性坐标系的角速度在陀螺坐标系中的分量为

$$\boldsymbol{\omega} = \begin{bmatrix} \omega_x \\ \omega_y \\ \omega_z \end{bmatrix} = \boldsymbol{M}_3(\theta)\begin{bmatrix} \omega_{x_b} \\ \omega_{y_b} \\ \omega_{z_b} \end{bmatrix} + \begin{bmatrix} 0 \\ 0 \\ \dot{\theta} \end{bmatrix}$$

若设 $\omega_{x_b} = \omega_{z_b} = 0$，且令 $\omega_{y_b} = \omega_b$，则有

$$\boldsymbol{\omega} = \begin{bmatrix} \omega_b\sin\theta \\ \omega_b\cos\theta \\ \dot{\theta} \end{bmatrix}$$

由于内环的转角 θ 一般很小，因而有 $\sin\theta \approx 0$，$\cos\theta \approx 1$。因此

$$\boldsymbol{\omega}=\begin{bmatrix}\omega_b\sin\theta\\ \omega_b\cos\theta\\ \dot{\theta}\end{bmatrix}=\begin{bmatrix}0\\ \omega_b\\ \dot{\theta}\end{bmatrix}$$

设陀螺转子的自旋角速度为 $\boldsymbol{\Omega}$,陀螺绕相应轴的转动惯量为 J_x、J_y、J_z,则陀螺的角动量在陀螺坐标系中的分量为

$$\boldsymbol{H}=\begin{bmatrix}J_x(\Omega+\omega_x)\\ J_y\omega_y\\ J_z\omega_z\end{bmatrix}=\begin{bmatrix}J_x\Omega\\ J_y\omega_b\\ J_z\dot{\theta}\end{bmatrix}$$

其速率为:

$$\frac{\partial\boldsymbol{H}}{\partial t}=\begin{bmatrix}J_x\dfrac{\mathrm{d}}{\mathrm{d}t}(\Omega+\omega_x)\\ J_y\dfrac{\mathrm{d}\omega_y}{\mathrm{d}t}\\ J_z\dfrac{\mathrm{d}\omega_z}{\mathrm{d}t}\end{bmatrix}$$

转子的角速度 $\boldsymbol{\Omega}$ 一般为常量且比 $\boldsymbol{\omega}$ 大得多,因此主要考虑转子的角动量。弹体运动的角速度 ω_b 变化缓慢,与陀螺框架相比可以看成是常量。因此有

$$\frac{\partial\boldsymbol{H}}{\partial t}=\begin{bmatrix}J_x\dfrac{\mathrm{d}}{\mathrm{d}t}(\Omega+\omega_x)\\ J_y\dfrac{\mathrm{d}\omega_y}{\mathrm{d}t}\\ J_z\dfrac{\mathrm{d}\omega_z}{\mathrm{d}t}\end{bmatrix}=\begin{bmatrix}J_x\dfrac{\mathrm{d}}{\mathrm{d}t}(\Omega+\omega_x)\\ J_y\dfrac{\mathrm{d}\omega_b}{\mathrm{d}t}\\ J_z\dfrac{\mathrm{d}\dot{\theta}}{\mathrm{d}t}\end{bmatrix}=\begin{bmatrix}0\\ 0\\ J_z\dfrac{\mathrm{d}^2\theta}{\mathrm{d}t^2}\end{bmatrix}\tag{4-15}$$

由此得到

$$\boldsymbol{\omega}\times\boldsymbol{H}=\begin{bmatrix}0 & -\dot{\theta} & \omega_b\\ \dot{\theta} & 0 & 0\\ -\omega_b & 0 & 0\end{bmatrix}\begin{bmatrix}J_x\Omega\\ J_y\omega_b\\ J_z\dot{\theta}\end{bmatrix}=\begin{bmatrix}(J_z-J_y)\omega_b\dot{\theta}\\ J_x\Omega\dot{\theta}\\ -J_x\Omega\omega_b\end{bmatrix}$$

如果忽略小量 $\omega_b\dot{\theta}$ 的影响,则可得到

$$\boldsymbol{\omega}\times\boldsymbol{H}=\begin{bmatrix}(J_z-J_y)\omega_b\dot{\theta}\\ J_x\Omega\dot{\theta}\\ -J_x\Omega\omega_b\end{bmatrix}=\begin{bmatrix}0\\ J_x\Omega\dot{\theta}\\ -J_x\Omega\omega_b\end{bmatrix}\tag{4-16}$$

根据柯氏定理写出陀螺运动的动力学方程式

$$\begin{cases}J_x\Omega\dot{\theta}=M_y\\ J_z\dfrac{\mathrm{d}^2\theta}{\mathrm{d}t^2}-J_x\Omega\omega_b=M_z\end{cases}\tag{4-17}$$

速率陀螺的框架通过活动支撑直接安装在弹体上，转子轴只限于绕内环轴转动，框架轴通常称为陀螺的输出轴。因此，对速率陀螺主要是研究沿输出轴的运动，即陀螺绕 OZ 轴的动力学方程

$$J_z \frac{\mathrm{d}^2\theta}{\mathrm{d}t^2} - J_x \Omega \omega_b = M_z \tag{4-18}$$

作用在输出轴上的外力矩主要是框架转动引起的阻尼力矩，以及弹簧产生的恢复力矩。

$$M_z = -C\dot{\theta} - K\theta$$

式中，C 为阻尼系数；K 为弹性系数。

将 M_z 的关系式代入动力学方程，并进行整理后可得到

$$J_z\ddot{\theta} + C\dot{\theta} + K\theta = J_x \Omega \omega_b \tag{4-19}$$

将方程进行拉氏变换并假定其初始条件为零，可以得到速率陀螺的传递函数为

$$W(s) = \frac{\theta(s)}{\omega_b(s)} = \frac{k}{T^2 s^2 + 2\xi T s + 1} \tag{4-20}$$

式中：

k 为速率陀螺的传递系数，其值为 $k = H_G/K$，其中 $H_G = J_x \Omega$；

T 为速率陀螺的时间常数，其值为 $T = \sqrt{J_z/k}$；

ξ 为速率陀螺的相对衰减系数，$\xi = \dfrac{C}{2\sqrt{KJ_z}}$。

4.1.2.3　速率陀螺的工作原理

速率陀螺的工作原理是基于陀螺仪的进动特性。当陀螺及其支座绕输入轴以某一角速度旋转时，沿陀螺的输出轴方向将产生与该角速度成比例的陀螺力矩，在陀螺力矩作用下，陀螺的框架将沿输出轴转动，直到与弹簧产生的恢复力矩相平衡。稳态时，陀螺绕框架轴的转角 θ 与弹体沿输入轴的角速度 ω_b 成正比。框架转过的角度由传感器转换成电压输出，设传感器的传递系数为 K_u，则速率陀螺的动力学特性可用图 4－7 所示的方块图描述。

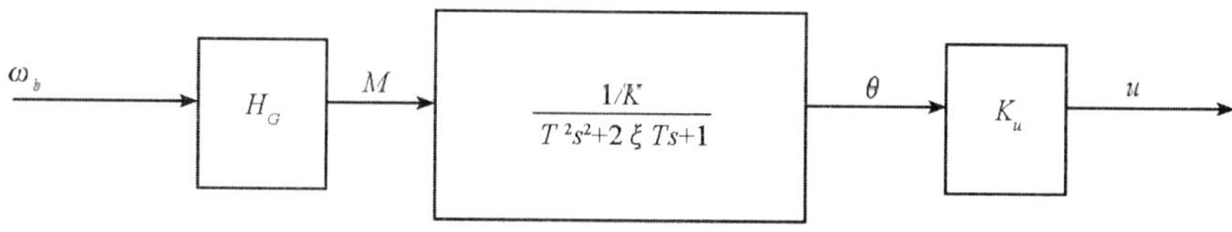

图 4－7　速率陀螺方块图

4.1.2.4　自动驾驶仪对速率陀螺的参数要求

对于二自由度的陀螺，沿输出轴的干扰力矩将产生输出特性的不灵敏域。为此，必须减少轴承的摩擦力矩，因而速率陀螺的结构中常常采用悬浮技术。

浮子式陀螺的框架设计成圆柱型的浮筒。浮筒密封,且充有惰性气体。浮筒通过支承安装在陀螺的壳体上,在壳体和浮筒之间充满液体。由悬浮液产生的浮力将部分或全部平衡浮筒的重量。因而支承框架的轴承受到的压力很小,摩擦力矩也随之减小,从而提高了陀螺的测量精度。此外,悬浮液还能起阻尼的作用。

自动驾驶仪对速率陀螺参数的要求主要有以下几个方面:

(1)测量范围。由于导弹在跟踪目标时运动变化很剧烈,角速度比较大,为了不致使弹体的运动参数在测量时受到限制,要求速率陀螺应有比较宽的测量范围。通常情况,最大的测量值应大于150°/s,最小的敏感量要小于1°/s。

(2)零位输出。目前越来越多的导弹是通过速率陀螺的输出,经过积分运算后得到弹体的姿态信息。为减小积分运算引起的漂移误差,要求速率陀螺的零位输出尽可能小,一般在0.5°/s以下。

(3)传递系数。速率陀螺的传递系数直接影响回路的增益,因而要求参数稳定。为减小温度变化对传递系数的影响,速率陀螺的输出电路中,常设有温度补偿。

描述速度陀螺的动态特性的参数是固有频率和阻尼系数。为了使速率陀螺的参数不致影响回路的动态性能,一般要求陀螺的固有频率比伺服机构的频带高一倍以上,通常大于40Hz以上。

由于目前导弹自动驾驶仪中的二自由度速率陀螺,大都采用液体悬浮,而阻尼特性又随温度变化,为保持陀螺具有稳定的阻尼特性,设计时需采取相应的措施,如阻尼补偿,阻尼调节等,以使速率陀螺的相对衰减系数保持在0.7~1.0的范围内。

速率陀螺已完成了由框架式陀螺向液浮陀螺的过渡,挠性速率陀螺、光纤陀螺、激光陀螺已有广泛的工程应用,MENS及压电晶体陀螺等新型陀螺,正在积极研制之中,它们的主要发展趋势是减小体积、质量,扩大量程和提高测量精度。

4.1.3 加速度计

加速度计是导弹控制系统中一个重要的惯性敏感元件,用来测量导弹相对惯性空间且沿规定轴向的线加速度,通常称为过载传感器。

典型的线加速度计由质量块、恢复弹簧、阻尼器以及输出传感器等部件组成,其原理结构如图4-8所示。

质量块一端由弹簧悬挂在壳体上,另一端与阻尼器的活塞相连接,而阻尼筒则与壳体固联在一起。加速度表的壳体安装在弹体上,并随导弹一起运动。在质量块上安装有传感器的活动部件,传感器则固定在壳体上。当质量块相对于壳体运动时,传感器将输出与位移相应的电信号。

选取地面坐标系作为参考系。设弹体沿 OX 轴方向作加速运动,如果加速度计的绝对位移为 X_A,质量块的绝对位移为 X_m,质量块相对于加速度计壳体的位移为 ΔX,则有

$$\Delta X = X_A - X_m$$

设质量块的质量为 m,质量块所受到的外力有阻尼器产生的阻力、弹簧产生的恢复力以及重力,其中阻力和弹簧恢复力的方向与重力方向相反,即

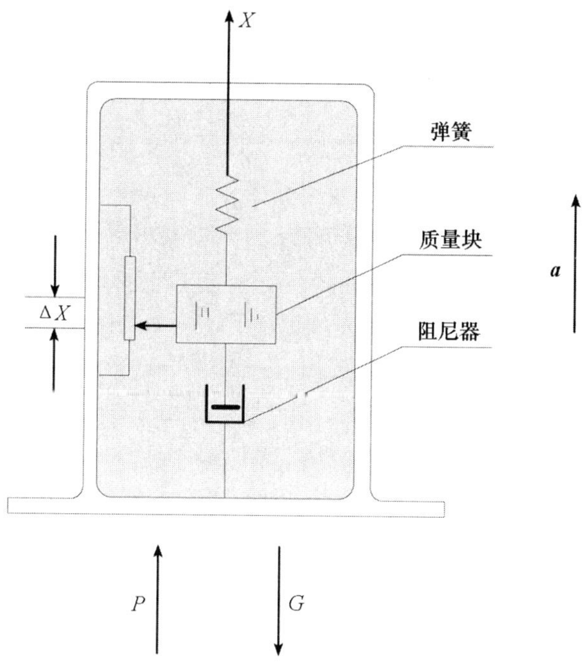

图 4-8　线加速度表原理图

$$F = C\Delta\dot{X} + K\Delta X - G$$

式中：

F 为质量块受到的外力的合力；

C 为阻尼器的阻尼系数；

K 为弹簧的刚性系数；

G 为质量块受到的重力，$G = mg$。

因而由牛顿定律得到质量块的动力学方程为：

$$m\ddot{X}_m = C\Delta\dot{X} + K\Delta X - G \tag{4-21}$$

因为 $\Delta X = X_A - X_m$，因而有

$$\ddot{X}_m = \ddot{X}_A - \Delta\ddot{X}$$

代入动力学方程(4-21)有

$$m\ddot{X}_A + mg = m\Delta\ddot{X} + C\Delta\dot{X} + K\Delta X \tag{4-22}$$

对于加速度计，实际运动的加速度为 $a = \ddot{X}_A$，因而有

$$\frac{m}{K}\Delta\ddot{X} + \frac{C}{K}\Delta\dot{X} + \Delta X = \frac{m}{K}(a + g) \tag{4-23}$$

当运动稳定时，有 $\Delta X = \frac{m}{K}(a + g)$，即 $K\Delta X = m(a + g)$，也就是说，运动平衡时弹簧的恢复力提供了质量块的加速度。由于加速度表的输出与质量块的相对位移 ΔX 有关，也就是说，惯性加速度表所感受的是弹体的加速度与重力加速度的合成加速度，即 $W = a +$

g,通常称之为比力,也称为视加速度。

令 $T=\sqrt{\frac{m}{K}},\xi=\frac{C}{2\sqrt{mK}},K_A=\frac{m}{K}$,则有

$$T^2\Delta\ddot{X}+2\xi T\Delta\dot{X}+\Delta X=K_A W$$

传感器输出的电信号与质量块的相对位移成正比,即 $u=K_u\Delta X$。对上式进行拉氏变换,并假定其初始条件为零,则加速度计的传递函数可表示成

$$G(s)=\frac{u(s)}{W(s)}=\frac{K}{T^2s^2+2\xi Ts+1} \tag{4-24}$$

式中:

K 为放大系数,且 $K=K_AK_u$;

T 为加速度计的时间常数;

ξ 为加速度计的阻尼常数。

由于线加速度计的质量块通常限制在一定的方向上运动,所以加速度计测量的是沿敏感轴方向作用在弹体上的比力分量。对于竖直方向上的加速度计,测量出的弹体加速度 a 与重力加速度 g 无法分开,因此 g 的误差将影响到弹体加速度 a 的测量精度。

根据结构形式的不同,测量弹体运动加速度的元件还有摆式加速度表和积分陀螺式加速度表等不同类型。

4.1.4 高度表

为隐蔽和有效地攻击目标,很多导弹,如反舰导弹、巡航导弹等,大部分时间必须在敌方雷达视角之下低空飞行。为使导弹不致坠海或触地,导弹应有跟踪地形的能力,这就必须用高度表对导弹进行高度控制,目前使用的高度表多为气压式的膜盒高度表和无线电高度表。另外激光高度表也已问世。

4.1.4.1 膜盒高度表

膜盒高度表也称为气压高度表,是用来测量导弹飞行高度的一种敏感元件。我们知道大气层的气压是随高度的增加而下降的。因此测量气压的变化就可测量出高度的变化。当导弹发射时,电磁活门工作,把发射阵地的气压封闭在膜盒内腔。随着高度的爬升,下降的外部大气压通过空速管使膜盒外气压不断下降。从而在膜盒腔内外形成压力差,膜盒膨胀,通过机械传动放大机构,使电刷逐渐向电位计中点移动。当爬升到预定高度时,电刷与电位计中点重合,信号为零。当实际高度偏离预定高度时,信号电位计就发出高度偏差信号。装定电位计的高度等于预定高度与阵地高度之差。这就是膜盒高度表的测量原理。

4.1.4.2 无线电高度表

无线电高度表用于指示导弹相对于地面或海平面的高度,气压式高度表用于指示海平面或另外某个被选定高度以上的高度。如果导弹需要在地面以上给定高度飞行 20km

或 30km 距离,并且其高度不低于 100m,那么用简单的气压式真空膜盒,或者甚至用压电式压力传感器指示其高度就足够准确了。但当高度低于 100m 时,由于大气压力的局部微小变化以及这些仪表的鉴别能力和精度的限制而使它们不再适用了。这时必须采用精度比较高的无线电高度表才行。目前 FM/CW(调频/连续波)和脉冲式高度表都能在低至 1m 左右的高度上工作,而 FM/CW 高度表在 0 ~ 10m 范围内似乎更准确。

这两种高度表都能在很宽的范围内连续指示高度,但需要进行精心的设计。如果需要测量的高度仅在 0 ~ 60m 范围内,那么用一个结构较简单而重量不过 2.5kg 的仪表就可以了。上述这两种高度表都能设计成宽波束的,容许导弹有 ±25°甚至更大的滚动和俯仰角。被测距离是飞行器至最靠近的回波点的距离。典型的批量生产的 FM/CW 高度表在 10m 以下的测量精度为 ±5% 或 ±0.5m。

4.1.4.3　激光高度表

激光高度表是另一种类型的装置。这种装置用一束由激光源发出的持续时间很短的辐射能照射目标。从目标反射或散射回来的辐射能被紧靠激光源的接收机检测。再采用普通雷达的定时技术给出高度信息。目前已经用普通的电源和半导体砷化镓(GaAs)器件构成了激光高度表。EMI 电子有限公司用砷化镓激光器设计并生产了一个系统,它的典型性能是从 0.3m 到 50m,精度在 10m 以内是 ±0.1m,从 10m 到 50m 时是 1%。激光高度表的波束宽度一般很窄(大约 1°数量级),因此给出的是相对高度的定点测量结果。

4.1.4.4　高度表的传递函数

如上所述,气压高度表通过气压测量海拔高度,无线电高度表通过回波测量相对高度。无论是哪种类型的高度表,其输出形式均有数字式和模拟电压式两种。这里以输出模拟电压为例,忽略其时间常数,高度表的传递函数为

$$\frac{u_H(s)}{H(s)} = K_H \tag{4-25}$$

4.1.5　自动驾驶仪传感系统的组成

在导弹自动驾驶仪中,通常用一个自由陀螺测量弹体的滚动角,用二个速率陀螺分别测量弹体的俯仰角速度和偏航角速度,用两个加速度表分别测量弹体俯仰方向和偏航方向的线加速度。但是根据自动驾驶仪的不同设计,也有下列不同的运用方法:

(1)在使用自由陀螺测量滚动角的条件下,再用一个速率陀螺测量弹体的滚动角速度。例如,法国的“响尾蛇”和“海响尾蛇”。

(2)用一个滚动速率陀螺加上适当的积分线路去代替自由陀螺。例如,苏联的 SAM-6,意大利的“阿斯派德”。

(3)专门用一个加速度表测量弹体的纵向加速度,把测得的加速度信号经积分后,用于自动驾驶仪参数的在线调整。例如,意大利的“阿斯派德”。

(4)在侧向控制稳定回路中,使用两个加速度表,分别安装于弹体质心的前方与后方,而不使用速率陀螺。例如,英国的“海标枪”。

(5)在侧向控制稳定回路中不用加速度表,只用一个速率陀螺。例如,英国的"雷鸟"。

垂直发射的面空导弹中,自动驾驶仪在导弹垂直上升和程序转弯期间必须对导弹的三个姿态角进行准确的测量和控制,而导弹滚动角和俯仰角的变化范围都可能超过90°,无法使用一般的自由陀螺,因此开始应用捷联惯性姿态基准。也就是用三个或更多的速率陀螺测量弹体的姿态角速率,根据速率陀螺的输出,弹上计算机实时解算出导弹的三个姿态角。

一些中、远程防空导弹,为了在发射之后尽量减小对地面设施或载机的依赖,在中制导阶段采用自主式捷联惯导或指令式捷联惯导,为此要求在弹上使用完全的捷联惯性基准,也就是用三个或更多的速率陀螺和加速度表测量导弹的角速度和加速度,根据它们的输出信号,弹上计算机实时解算出导弹的姿态、速度和位置。在此条件下,自动驾驶仪所需的导弹姿态、角速度和加速度信号均可由捷联惯性基准提供,捷联惯性已成为导弹驾驶仪的主要测量方案。

高度表主要有气压高度表和无线电高度表,气压高度表通过气压测量海拔高度,精度较低,随着捷联惯导和 GPS 在导弹上的成功应用,它们可以提供相对精确的高度信息,气压高度表在弹上已较少使用。无线电高度表通过回波测量相对高度,在低高度时测量精度很高,但测量高度有限,实现高度控制的巡航导弹通常用无线电高度计测量高度。

4.2 舵　机

舵机是自动驾驶仪的执行元件,其作用是根据控制信号的要求,操纵舵面偏转以产生操纵导弹运动的控制力矩。

当舵面发生偏转时,流过舵面的气流将产生相应的空气动力,并对舵轴形成气动力矩,通常称为铰链力矩。铰链力矩是舵机的负载力矩,与舵偏角的大小、舵面的形状及飞行的状态有关。为了使舵面偏转到所需的位置,舵机所产生的主动力矩必须能克服作用在舵轴上的铰链力矩,以及舵面转动所引起的惯性力矩和阻尼力矩。

根据所用能源的不同,舵机有液压舵机、气压舵机、燃气舵机及电动舵机等不同类型。

4.2.1 电动舵机

4.2.1.1 电动舵机作用原理

直流电动舵机的原理结构如图4-9所示。

根据直流电机力矩特性得出,电机产生的转矩与流过电枢绕组的电流和磁通的乘积成比例,即

$$M = K\Phi I_a$$

式中:

Φ 为磁通;

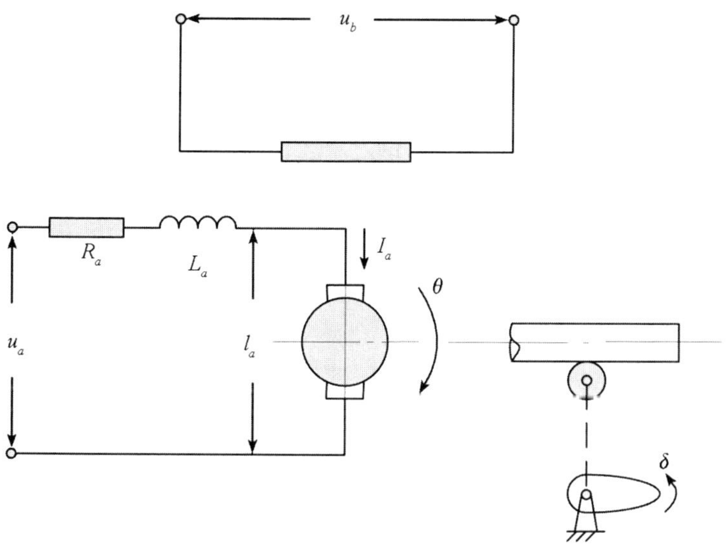

u_b—激磁电压；u_a—电机的控制电压；R_a，L_a—电枢绕组的电阻和电感

图 4－9　电动舵机原理图

I_a 为流过电枢绕组的电流；

K 为比例系数。

而磁通又与激磁电流成比例。即 $\Phi = K'I_b$，假定激磁电流 I_b 为恒值，则电机的转矩为：

$$M = K\Phi I_a = KK'I_bI_a = K_eI_a$$

I_a 由电枢回路的电压方程确定：

$$L_a\frac{\mathrm{d}I_a}{\mathrm{d}t} + R_aI_a + e_a = u_a \tag{4-26}$$

式中：

L_a 为电枢绕组的电感；

R_a 为电枢绕组的电阻；

u_a 为电机的控制电压；

e_a 为电机旋转时电枢产生的反电势，且有 $e_a = K_a\omega$，其中 ω 为电机的旋转角速度。

将 $e_a = K_a\omega$ 代入方程式（4－26），并令 $S = \frac{\mathrm{d}}{\mathrm{d}t}$，则得到电枢电流的关系式为

$$I_a = \frac{u_a - e_a}{L_aS + R_a} = \frac{u_a - K_a\omega}{L_aS + R_a} \tag{4-27}$$

因此，电机的力矩表达式为

$$M = K_eI_a = \frac{K_e(u_a - K_a\omega)}{L_aS + R_a} \tag{4-28}$$

4.2.1.2　舵面运动方程

电机转动后，经过减速装置带动舵面偏转。假定减速机构的减速比为

$$N=\frac{\theta}{\delta}$$

式中，θ 为电机的转角；δ 为舵面的偏转角。

因此，作用在舵面转轴上的等效力矩为 NM。为了使舵面偏转到所需的位置，舵机产生的主动力矩必须能克服作用在舵轴上的铰链力矩，以及舵面转动所引起的惯性力矩和阻尼力矩。因此得到舵面的运动方程为

$$J\frac{\mathrm{d}^2\delta}{\mathrm{d}t^2}+D\frac{\mathrm{d}\delta}{\mathrm{d}t}+K\delta=NM \tag{4-29}$$

式中：

J 为活动部分折算到舵面转轴上的惯性矩；

D 为阻尼力矩系数；

K 为空气动力铰链力矩系数。

将电机的力矩表达式(4－28)代入(4－29)式，得到

$$J\frac{\mathrm{d}^2\delta}{\mathrm{d}t^2}+D\frac{\mathrm{d}\delta}{\mathrm{d}t}+K\delta=NK_e\frac{(u_a-K_a\omega)}{L_aS+R_a} \tag{4-30}$$

由于 $\omega=\frac{\mathrm{d}\theta}{\mathrm{d}t}=N\frac{\mathrm{d}\delta}{\mathrm{d}t}$，代入上述方程并整理得

$$\frac{L_aJ}{KR_a}\cdot\frac{\mathrm{d}^3\delta}{\mathrm{d}t^3}+\frac{R_aJ+L_aD}{KR_a}\cdot\frac{\mathrm{d}^2\delta}{\mathrm{d}t^2}+\frac{R_aD+L_aK+K_eK_aN^2}{KR_a}\frac{\mathrm{d}\delta}{\mathrm{d}t}+\delta=\frac{K_eN}{KR_a}u_a$$

若令 $K_M=\frac{K_eN}{KR_a}$，$B_3=\frac{L_aJ}{KR_a}$，$B_2=\frac{R_aJ+L_aD}{KR_a}$，$B_1=\frac{R_aD+L_aK+K_eK_aN^2}{KR_a}$，则可得到电动舵机的传递函数为

$$W(s)=\frac{\delta(s)}{u_a(s)}=\frac{K_M}{B_3s^3+B_2s^2+B_1s+1} \tag{4-31}$$

空载时，即 $K=0$，舵机的传递函数为

$$W_0(s)=\frac{\delta(s)}{u_a(s)}=\frac{K_eN}{s(L_aJs^2+(R_aJ+L_aD)s+(R_aD+K_eK_aN^2))}$$

电枢电路的电感 L_a 一般很小，对动态过程的影响可以忽略。因此电动舵机空载的传递函数可描述为

$$W_0(s)=\frac{\delta(s)}{u_a(s)}=\frac{K_M}{s(T_Ms+1)} \tag{4-32}$$

其中，$K_M=\frac{K_eN}{R_aD+K_eK_aN^2}$，$T_M=\frac{R_aJ}{R_aD+K_eK_aN^2}$。

K_M 和 T_M 分别称为电动舵机空载时的传递系数和时间常数，是电动舵机的重要性能参数。

4.2.1.3 铰链力矩和反操纵现象

前面已经讲过，铰链力矩是指流过舵面的气流对舵轴形成的空气动力矩。执行机构一般是通过机械传递控制舵面的偏转，为了使舵面偏转到需要的位置，必须克服作用在舵

轴上的铰链力矩。

铰链力矩与速压成比例，在飞行过程中，随着导弹飞行状态的变化，铰链力矩将在比较大的范围内发生变化，因而影响伺服机构的动态性能。为了减少铰链力矩对舵机特性的影响，必须尽量减小铰链力矩。减小铰链力矩的方法一般有两种：一是改变、优化舵面形状以减小压心的变化范围；二是移动舵轴以减小舵面空气动力对转轴的力臂，从而减小最大铰链力矩，因此在设计操纵机构和舵面的形状时，应使舵面的转轴位于舵面压力中心变化范围的中心附近。此外在选择舵机时，必须合理地设计舵机的输出功率和控制力矩，在确定舵机的控制力矩时，留有足够的余量。

铰链力矩的极性与舵面气动力压力中心的位置有关。如果舵面的压力中心位于舵轴的前方，则铰链力矩的方向将使舵面进一步增大与主动力矩的方向相同，从而引起反操纵现象。如果舵面转轴离舵面压力中心比较近，当压力中心发生变化时，舵有可能成为静不稳定的，以致出现反操纵现象。当导弹处于亚音速和超音速的不同飞行状态时，压力中心就会发生明显的变化。因此在确定舵机的控制力矩时，必须留有足够的余量。在设计时，应尽量克服反操纵，使系统具有结构稳定性。归纳起来，克服反操纵的技术措施有以下四种类型：

(1)移轴法：当发现有反操纵现象后，精确测定压心在舵轴前的最大距离及变化范围，然后调整舵面，前移舵轴，使压心位于舵轴之后。

(2)特殊舵面法：精心设计舵面，做成特殊形状，使压心位于舵轴之后，且接近舵轴。在整个飞行过程中，压心变化不大。这样气动铰链力矩较小，有利于采用小功率的舵机。

(3)制动法：增加舵机功率，采用机械特性硬的舵机和位置反馈舵系统，控制反操纵力矩，留有安全余量。

(4)自锁法：操纵机构(或减速器)的第一级或末级采用蜗轮蜗杆传动，对一定的反操纵具有自制或自锁作用。通常电动舵机采用这种方案。

4.2.2　液压舵机

液压舵机是由高压油源驱动舵面偏转，根据液压放大的类型，通常有滑阀式和喷嘴挡板式等形式。

滑阀式液压舵机由滑阀和作动器两部分所组成，其原理结构如图 4-10 所示。

滑阀包括阀套和阀芯，而作动器由套筒和活塞构成。滑阀和作动器在油路上是相通的。活塞通过活塞杆与舵面相连接，当控制信号操纵阀芯相对阀套移动时，节流孔的开放程度随之发生相应的变化，高压油通过进油孔进入阀套，然后经过节流孔流进作动筒内推动活塞移动。活塞移动时，由活塞杆带动舵面偏转。同时，作动器内的油经另一节流孔通往回油管返回油箱。

当液压舵机空载时，舵面偏转的角速度与液体的秒流量成正比，且相应的传递函数为

$$\frac{\delta(s)}{X(s)}=\frac{\dot{\delta}_{\max}}{s} \tag{4-33}$$

式中：

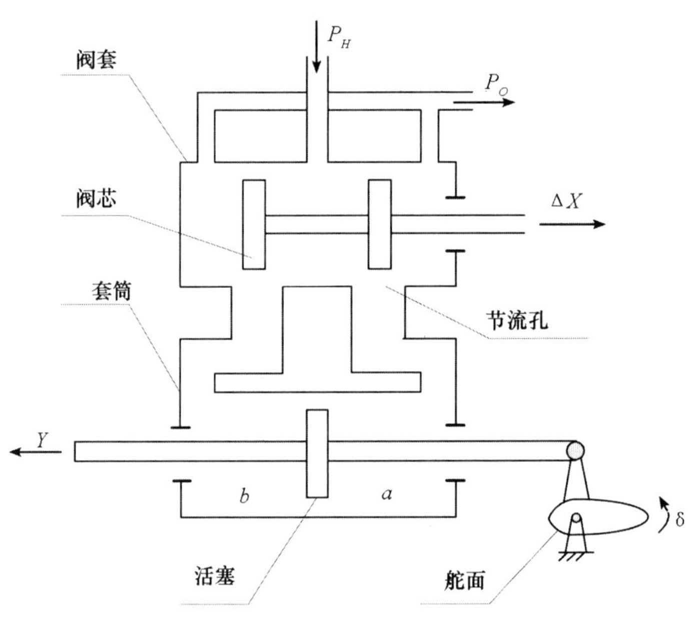

图 4-10　液压舵机原理图

X 为阀芯相对位移，$X \leqslant 1$；

δ 为舵偏角；

$\dot{\delta}_{\max}$ 为阀芯最大相对位移对应的最大舵偏速率。

对于液压舵机，动态特性受负载的影响不大，因此，常可近似地用空载状态下的传递函数来描述。

4.2.3　气动舵机

气动舵机在导弹控制系统中应用也很广泛，对于飞行距离短的控制系统，利用高压气体作为能源是很方便的。高压气体贮存在高压气瓶内，压力很大，在工作时必须进行减速调节后才能使用。

气动舵机的结构可分为两种类型：气体分配阀式和射流管式，前者结构类似于液压舵机，当阀门偏转就会引起工作活塞的两边压力差而产生位移，控制舵面偏转；后者的射流管在中间位置，如果射流向一边移动一个位移，就会破坏工作活塞的压力平衡而产生运动。

典型冷气舵机结构如图 4-11 所示。它由磁放大器、电磁控制器、喷嘴、接收器、作动器等组成。

冷气舵机的传递函数为

$$\frac{\delta(s)}{u_c(s)} = \frac{K_\delta}{T_\delta s + 1} \tag{4-34}$$

式中，K_δ 和 T_δ 分别为冷气舵机的传递函数和时间常数。

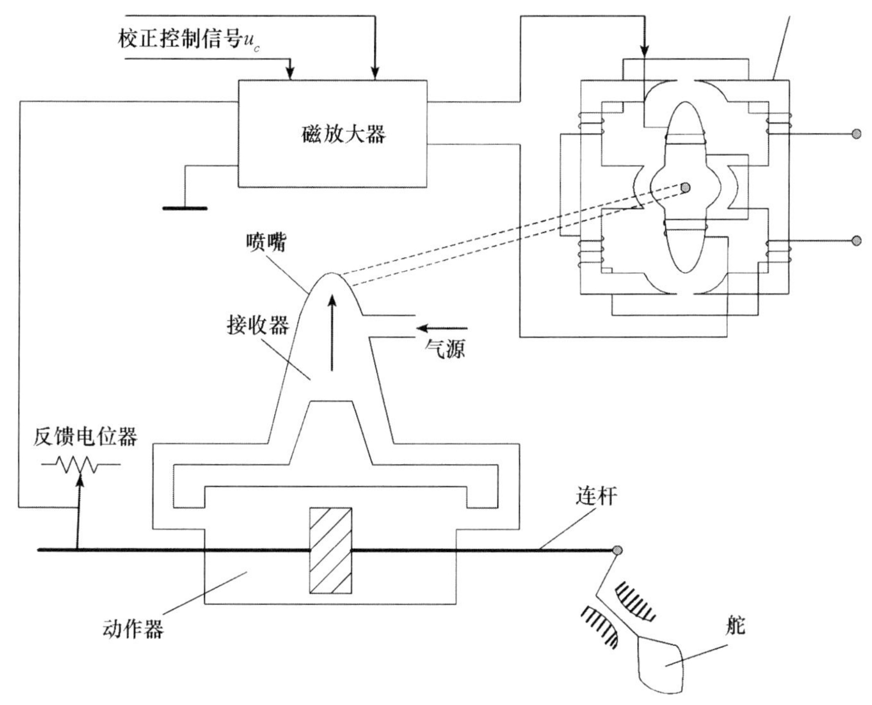

图 4－11　冷气舵机原理框图

4.2.4　对舵机选择的要求

对舵机的性能要求，主要有舵面的最大偏角、舵偏的最大角速度，舵机的最大输出力矩，以及动态过程的时间响应特性等。在结构上，要求舵机具有质量轻、尺寸小、结构紧凑、容易加工和工作可靠等特点。

电动舵机的突出优点是能源供给方便，可以实现整个自动驾驶仪乃至全弹的电气化，维护较方便。主要的缺点是体积、质量较大，快速性较差，它的主要发展方向是提高快速性和减小体积、质量。

冷气舵机的主要优点是结构简单、价格便宜、快速性好。其缺点是负载刚度差，它的主要发展趋势是提高工作压力，以提高输出功率和减小体积、质量。

燃气舵机的突出优点是体积、质量小，能源轻便，但由于燃气的温度很高，只能工作较短的时间，它的主要发展趋势是提高耐热、耐压能力和增长可靠性。

液压舵机在输出功率、快速性和负载刚度等性能方面都具有突出的优点，在导弹上得到了广泛的应用，其主要优点是快速、功率大。但是加工精度要求高、维护麻烦。

自动驾驶仪上舵机的采用主要取决于下列因素：

(1) 自动驾驶仪对舵机的技术要求；

(2) 各类舵机的特点和与弹上能源体制的协调；

(3) 现有的研制、生产条件。

对舵机的具体选择应考虑下列因素：

(1)功率大小:舵机的功率必须大于最大铰链力矩,可抑制反操纵现象;

(2)快速性:应考虑舵机的空载速度,负载速度,以及舵机的频带等;

(3)舵机的零位和精度;

(4)舵机的角度偏转范围。

在垂直发射导弹的引入段上,由于导弹的飞行速度小,空气舵的操纵效率低,而程序转弯又要求具有很高的快速性,自动驾驶仪开始使用(单独使用或与空气舵同时使用)推力矢量控制装置。引入段结束后,这种推力矢量控制装置一般都被抛掉,其工作时间只有几秒钟。推力矢量控制的方法有操纵燃气舵、操纵发动机喷管和使用侧向推进器等。操纵燃气舵是目前使用的主要方法。

在使用空气舵的情况下,首先要让舵机产生力矩引起舵面运动,舵面运动后,再改变导弹的攻角,从而产生导弹机动所需的力。经历这么一个控制过程,导弹的反应速度当然比较慢,用通过重心的某种推力直接产生导弹机动所需的力,导弹的反应速度显然要快得多,因此,近年提出在导弹拦截飞行的末段,使用通过重心的推力协助气动控制的设想。

思考题

1. 自由陀螺测量的力学原理是什么?为什么高速转动的转子具有定向性?
2. 自由陀螺进动的方向怎样判断?
3. 外力矩、自转速度与进动角速度大小的关系是什么?
4. 消除章动有哪些方法?
5. 说明二自由度速率陀螺的力学原理和结构,如何测出角速度?
6. 简述陀螺力矩的大小和方向。
7. 怎样用线加速度表测量加速度?线加速度表能够测量重力加速度吗?
8. 比力的定义是什么?比力在各个坐标系中的表示是怎样的?
9. 什么是铰链力矩?怎样减小铰链力矩?
10. 什么是反操纵现象?怎样处理反操纵现象?
11. 电动舵机、液压舵机、气动舵机各有什么优缺点?
12. 选择舵机应考虑哪些因素?

第5章　导弹的稳定与控制

要使导弹精确地命中目标,需要对导弹的质心与姿态同时进行控制。通过姿态控制使导弹的姿态发生变化,并保持导弹姿态的稳定;通过质心的运动控制使导弹稳定地按预定弹道飞行,从而精确地命中目标。在导弹控制系统中,实现前一个目标的系统称为姿态稳定控制回路,实现后一个目标的称为质心稳定控制回路。目前大部分导弹都是通过对姿态的控制间接实现质心控制的,但是在必要的情况下也需要直接采取对质心的稳定和控制。

本章主要介绍导弹的姿态稳定控制和质心稳定控制方法,首先介绍自动驾驶仪的基本功能及对稳定控制回路的设计要求,然后介绍特征弹道与特征气动点的选择,第三节介绍侧向稳定控制回路的设计,第四节介绍滚动稳定回路的设计,第五节介绍高度控制和航向控制,最后对数字式自动驾驶仪进行了简单介绍。

5.1　自动驾驶仪的基本功能与设计要求

导弹上对姿态角运动进行稳定和控制并实现制导指令的装置通常称为自动驾驶仪,自动驾驶仪是制导控制系统弹上设备的重要组成部分。由自动驾驶仪和被控对象——导弹弹体的动力学环节组成的闭环通路,称为稳定回路,即稳定控制系统(英文文献中常称为飞行控制系统)。也有文献把这种稳定回路的概念简称为自动驾驶仪。下面首先介绍自动驾驶仪的基本功能。

5.1.1　自动驾驶仪的基本功能

5.1.1.1　自动驾驶仪的稳定功能

稳定性是实现操纵的前提。导弹绕质心的旋转运动(角运动)是短周期的,它的稳定性是操纵质心沿基准弹道飞行的前提。自动驾驶仪的稳定作用有以下几个方面。

1. 稳定弹体轴在空间的角位置和角速度

除了旋转导弹以外,多数导弹对绕纵轴的滚动角度是有限制的,甚至不允许滚动。比如指令控制导弹就不允许导弹绕纵轴滚动,要求倾斜角 $\gamma=0$ 或 $\gamma\approx0$,以免控制面随导弹滚动之后,破坏指令坐标系与执行坐标系的平行关系,致使系统不能正常工作。对于安装有导引头的导弹,因为导引头的天线轴并不是与导弹纵轴重合的,实际上,它总是与纵轴成一定的夹角，因为天线轴要始终对准目标。这样，当导弹以一定的速率滚动时，它将在导引头的两个伺服回路中产生耦合，导引头测量视线的精度就要受到影响。因此，为了满足导引头测量视线角速率精度的要求，要求滚动角与角速度的值应当比较小，而且变化要缓慢。有些导弹为了探测导弹与目标之间的相对参数，允许导弹绕纵轴转动，但由于舵回路通频带有限，若转动过快，控制面可能来不及跟随指令信号而滞后，导致控制面执行命令的错乱，为此必须限制干扰作用下弹体的滚动角速度，通常采用滚动速率陀螺来实现这一要求。

此外，导弹弹体的滚动运动是没有静稳定性的，因此即使在常态飞行条件下，也必须在导弹上安装一个滚动稳定装置，在受到干扰时使系统能够快速衰减，并具有较高的稳定精度。有些导弹不但需要稳定倾斜角，也需要稳定弹体的俯仰角和偏航角。

2. 保证弹体绕质心角运动过渡过程的品质

有些导弹弹体模型是严重欠阻尼的（$\xi=0.1$ 左右），特别是对于具有较大静稳定度的导弹，在高空飞行时，就更是如此。在干扰作用下，即使导弹运动是稳定的，也将产生剧烈的振荡和超调，这将造成一些不良后果：如阻尼很小会使攻角和法向过载产生很大的超调，影响导弹结构强度的充分利用，造成导弹承受比设计要求大2倍的过载；阻尼很小时，宽频带噪声导致攻角振荡值增大，诱导阻力增加，射程减小；降低导弹的跟踪精度，增大脱靶量，甚至脱靶；攻角和过载的大幅度超调，可能引起失速。故稳定回路必须考虑将严重欠阻尼的自然弹体人为地增加阻尼，使其弹体等效阻尼系数在0.4～0.8之间，通常用俯仰（偏航）速率陀螺反馈构成阻尼回路的方法实现这一要求。

3. 稳定导弹的静态传递系数及动态特性

由于导弹在不同高度、速度下飞行时，导弹有不同的静态传递系数及动态特性，且变化范围比较大，有时传递系数可能有几倍、几十倍，甚至上百倍的变化，导致系统的变参数特性明显，如果不采取措施减小导弹传递系数的影响，将大大增加系统分析的难度，给制导控制回路的设计带来极大的困难。为确保导弹在各种条件下正常飞行，必须限制导弹的静态、动态特性的变化范围。许多导弹控制系统属于条件稳定系统，开环增益变化对系统性能指标影响较大。通常，要求控制回路闭环增益的变化不超过额定值的±20%，工程中可以用加速度计反馈和使用变结构校正网络等方法实现这一要求。

4. 保证自动驾驶仪有较宽的通频带

稳定回路是控制回路的一部分，而自动驾驶仪含有舵回路及弹体动力学环节，因此，惯性较大，若使整个控制回路具有45°以上的相位裕度，必须使稳定回路的频带大约高于控制回路的通频带一个数量级，从而保证导弹质心沿基准弹道稳定飞行。

5.1.1.2 自动驾驶仪执行制导指令的控制功能

导弹质心运动的控制与导弹角运动的控制有密切关系，而角运动的控制与稳定是由俯仰、偏航、倾斜三个通道独立完成的。但三个通道之间实际上存在着交叉耦合，初步分析设计时为了简便可以不予考虑，而在稳定回路设计时应尽可能降低交叉耦合的影响。通过在俯仰、偏航通道引入阻尼，可以降低交叉耦合的影响。

导弹在飞行中，必然会受到各种气动不对称、推力偏心、仪器设备误差、常值风等各种内外干扰,这些干扰将引起导弹对基准弹道的散布。为了保证导弹的制导精度,一方面要限制这些干扰误差的范围;另一方面自动驾驶仪必须具有抗干扰能力。关于这些干扰误差的处理,通常采用简化为一个等效指令或等效舵偏角,作为控制系统的一个常值干扰来考虑。

自动驾驶仪的功能是控制和稳定导弹的飞行。所谓控制是指自动驾驶仪按制导指令的要求操纵舵面偏转或改变推力矢量的方向,改变导弹的姿态,使导弹沿导引弹道飞行。这种工作状态,称为自动驾驶仪的控制工作状态。所谓稳定是指自动驾驶仪消除因干扰引起的导弹姿态的变化,使导弹的飞行方向不受扰动的影响。这种工作状态,称为自动驾驶仪的稳定工作状态。

稳定是指导弹在受到干扰的条件下保持其姿态不变,而控制是指通过改变导弹的姿态,使导弹准确地沿着基准弹道飞行。

5.1.2　对自动驾驶仪的设计要求

从对导弹的制导和控制要求出发,自动驾驶仪稳定控制回路应当在控制指令作用下,准确、快速、稳定地控制导弹机动,使其给出相应的法向过载;同时,对外界干扰有较好的抑制能力。根据经验,自动驾驶仪分析设计时应满足以下指标。

(1)应有足够的稳定裕度。为保证控制回路具有足够的稳定性,稳定回路幅稳定裕度不可小于 8 分贝,相稳定裕度不小于 60°。要保证在导弹参数变化 50% 的范围内,系统仍是稳定的。

(2)应具有良好的阻尼特性。稳定回路应增大导弹的等效阻尼系数,阻尼回路的主导复数极点具有 0.4 ~ 0.8 的相对阻尼导数,通常在线性工作范围内,要求半振荡次数不多于 2 ~ 4 次,以改善稳定回路和控制回路的过渡过程。

(3)应有一定的快速性。系统的上升时间应小于设计要求值,稳定回路的通频带约比导弹控制回路的通频带高一个数量级,以保证制导控制回路的稳定性和快速性。

(4)闭环传递系数应满足高低空变化尽可能小的要求。稳定回路必须减小导弹传递系数变化的影响,通常要求在所有飞行条件下,稳定回路闭环传递系数及动态特性在 ±20% 范围内变化。

(5)应保证在无控段飞行时,导弹速度矢量初始散布角满足要求。导弹在无控段飞行时,会受到较强的外干扰作用,因此要求稳定回路应具有较强的抗外干扰能力。在最大外干扰作用下,导弹的初始散布应满足制导控制的要求,以保证导弹有足够的能力克服初始误差,满足杀伤区近界的导引精度要求。

(6)在最大控制指令和最大外干扰同时作用时,应保证导弹姿态角速度小于要求值,过载超调量小。导弹在飞行中的总过载等于导弹的机动过载、外干扰引起的过载再加上系统动态过程中的超调量,导弹的机动过载当然是越大越好,外干扰引起的过载又是不可避免的,因此就要求严格控制超调量,以保证导弹结构强度所允许的限度内,获得最大的导弹机动过载。同时还要求导弹姿态角速度要小,以免对导引头的工作带来严重影响。

(7)应有过载限制装置,以确保导弹的结构安全。

(8)应对弹性振动进行有效的抑制。

5.2 特征弹道和特征气动点的选择

在导弹制导控制系统的初步设计阶段，一般只需研究某些具有代表性的弹道点(即特征点)的系统特性。用线性化和系数“冻结”法，使系统简化为常系数的线性系统。这种近似处理方法的合理性在于，导弹的制导控制系统(尤其是自动驾驶仪)反应过程比系数的变化来得快，因此在自动驾驶仪设计中，通常可以针对几个有代表性的特性气动点进行设计，待设计好后，按典型弹道进行全弹道仿真试验，以验证设计的合理性。这样，系统设计的好坏，除了设计方法正确以外，还决定于所选典型弹道及特征点的合理性，即要使特征点所反映的系统品质能代表导弹各种可能飞行弹道的任意点的品质；同时尽可能地减少所选特征点的数目，以便于设计。因此，合理地选择特征弹道和特征气动点是自动驾驶仪设计中很重要的工作。

5.2.1 特征弹道的选择

我们知道，各动力系数均是气动参数、结构参数、发动机参数、飞行高度和速度的函数。气动参数除了在跨音速范围内变化急剧外，在超音速范围内($M_a=1.5\sim4.5$)，一般只变化两倍左右。转动惯量、质量、推力的变化均不超过两倍。空气密度ρ随高度增加而显著下降(高空22km的ρ值要比海平面的下降19倍)。而飞行速度随高度增加而增大。

根据导弹的可能攻击区，按目标高度可分为高空、中空、低空三种情况，以命中点看有远界、近界之分。这种分法是为了便于叙述不同弹道所具有的特点。

1. 高空近界弹道

导弹沿这条弹道飞行时，其高度急剧地变化，气动参数也随之做剧烈变化。因此，该弹道能够考察稳定控制回路的快速性和对气动参数变化的适应性。

在攻击区的最大高度上(如22km)，空气密度最小，它对导弹的气动性能具有显著的影响。因为导弹在主动段加速度总是正的，所以，在同一高度上近界弹道点的速度总是比远界的小。这样，在大发射角下高空近界弹道包含了可用过载最小的特征点。

同时，由于高空空气稀薄，弹体的气动阻尼显得不足，因此，弹体在高空的动态品质是很差的。包含这种特征点的典型弹道，不论是检验过载的大小是否足够，还是检验制导系统的动态品质是否满足，都是必须的。因此，高空近界弹道应被选为典型弹道。

2. 低空近界弹道

低空时空气密度最大，且末端飞行速度最大(因续航飞行段加速)，因此速压头q具有最大值，导弹由此而获得最大可用过载。但是，导弹结构强度允许的过载是受限制的，在大速压头时，必须使舵偏转所造成的过载不超过允许值。所以，设计时应当考虑这种弹道。

3. 远界弹道

远界弹道主要是指高空远界弹道和低空远界弹道。高空远界弹道的特点是，除了气动参数的变化率大以外，变化范围也很大。低空远界弹道的特点是，某些气动参数（如 K_D）的最大值往往出现于这种飞行弹道。远界弹道的另一特点是飞行时间长，能够考察系统在真实负载状态下的能源消耗。

4. 需用过载最大的弹道

计算表明，出现最大需用过载的是中空近界弹道。在某地空导弹中空（10km）近界弹道上需要过载达 5g，所以应对此弹道进行检验。根据对系统的精确度分析，此弹道动态误差较大。

5. 干扰力和干扰力矩最大的弹道

地空导弹在大气层内飞行时，大气风是飞行中外干扰的一个主要因素。由于风引起的干扰力和干扰力矩对导弹运动的影响取决于导弹本身的特性、风速的大小及其变化规律，而风的流动特性则是随地点、高度、季节而变化的。对导弹进行设计时，要考虑导弹的结构和控制系统能够承受飞行区域中可能出现的最强烈的风值。某地空导弹所攻击的目标高度在 30km 以下，而在 9 ~ 12km 内风的影响最大。特别是需用过载最大的弹道，同时又受到风的干扰作用，这时导弹承受的过载最大，需要作为典型弹道来考虑。

根据以上分析得到对导弹设计选择特征弹道的原则为：包含可用过载最小的弹道；包含可用过载最大的弹道；包含需用过载最大的弹道；干扰力和干扰力矩最大的弹道。而其他弹道上的气动特性、弹道特性将介于这些典型弹道之间。

5.2.2　特征气动点的选择

有了典型弹道，使得分析问题简化。但是具体的每条弹道都是由无穷多个点组成的，在选择参数、分析动态品质时，不可能将所有点都进行分析，所以要选择能代表飞行特性的典型点，也就是特征点。这样不但能节省计算工作量，且易于抓住问题的本质，掌握其变化规律。在设计中，下列各点一般可选为特征点：

（1）导弹离轨点

导弹离轨瞬间扰动大，飞行速度低，须考察此点系统的稳定性及抗干扰能力。

（2）Ⅰ、Ⅱ级转换点

对带有助推器的导弹来说，Ⅰ、Ⅱ级转换时，由于助推器突然抛掉，给导弹带来一个瞬间扰动和重心的前移。考察系统在此点附近的性能至关重要。

在设计时，不仅要保证Ⅰ级分离时的稳定性，而且对Ⅱ级结构的确定，也要满足飞行时有良好的操纵性和足够的稳定性。所以，对导弹动态特性进行分析时，必须要考虑助推器脱落点的影响，因为脱落干扰直接影响引入段的散布。

（3）控制段始点

导弹在引入段之前是不受地面导引站控制的，因此，外界或本身干扰作用可能使导弹射入波束偏差很大，甚至不能引入波束进行控制，所以控制段始点应作为特征点。

（4）动压最小点（可用过载最小点）

如前所述，高空近界弹道（大发射角）包含了可用过载的最小点。计算表明：高空近界弹道末点是速压头最小点，在这点动力系数 a_1、a_2、a_3、a_4 及传递系数公式中的 K_D、ξ_D

均达到最小值，而时间常数 T_{qD}、T_D 则达到最大值。所以该点弹体放大系数最小，可用过载最小，阻尼系数最小，而时间常数最大，因此，动态品质最差。选这一点作为特征点，一方面检验可用过载是否大于需用过载，另一方面要分析动态品质是否满足指标要求，以及考察经过自动驾驶仪阻尼回路的补偿，弹体阻尼特性改善的程度。

(5)动压最大点(可用过载最大点)

由前所述，低空远界弹道(小发射角)的空气密度变化不大，其弹道末点的飞行速度最大，因此，低空远界弹道末点速压头具有最大值。计算表明，在这点动力系数 a_1、a_2、a_4 及放大系数 K_D、阻尼系数 ξ_D 均达到最大值，动态品质最好。因为此点可用过载最大，所以必须分析考察弹体过载是否在允许的范围内，以及检验过载限制器对最大过载限制的能力。

总之，用动压头最小点及动压头最大点来找出 $K_D V$ 的变化范围，如果要提高高空的可用过载，在低空的可用过载就有可能超过允许值，弹体的强度和飞行攻角的范围都不允许。有的导弹解决这个问题的方法是利用速度头传感器，根据速度头的变化，不断改变陀螺仪电位计上的电压，使电路的传递系数随速度头的变化而变化。

(6)需用过载最大点及干扰力和干扰力矩较大的点

需用过载的大小与弹道曲率半径有关。曲率半径愈小，需用过载愈大。因此，需用过载在弹道末点最大，一般是中空近界弹道末点。在中空 10km 左右，风的干扰较大，动态误差大，导引准确度最差，但此点可用过载并不是最大值，而需用过载为最大，所以要检验机动能力是否够，动态品质是否满足要求，应作为一个特征点。

(7)弹性振动振幅最大点

弹性振动振幅最大点是选择气动特征点时必不可少的，选此点是为了考察自动驾驶仪侧向稳定控制回路对弹性振动抑制的效果。因为此点即弹性振动的“满载点”，故弹性振动的频率最低、振幅最大。

(8)气动时间常数 T_{qD}最大点

对寻的制导系统而言，由于天线罩误差的存在，要求 T_{qD}小。T_{qD}最大的点对寻的制导系统影响最大，自动驾驶仪必须保证该点有较好的性能。

(9)弹性振动频率最高点

弹性振动频率最高点也就是弹性振动的“空载点”。因为导弹在飞行过程中，随着燃料的消耗，弹体振动的频率有一个变化范围。选此点的目的是考察抑制弹性振动的网络能否覆盖整个弹性振动频率范围，以及在该范围内对弹性振动抑制的效果。

(10)稳定自振存在的点

选此点是为了考察按振荡线性化原理工作的非线性自动驾驶仪系统稳定自振的状态，即自振频率和自振幅度。

总之，特征点的确定是在可能飞行弹道特性分析的基础上，选择具有特征意义的动力系数为极值的点。对于不同类型的导弹，特征点是不完全相同的，应根据具体条件进行确定。

5.3　侧向稳定控制回路

一般情况下,稳定控制系统由三个独立的回路组成,即俯仰、偏航和滚动回路。通常把偏航回路与俯仰回路称为侧向稳定控制回路。侧向稳定控制回路设计包括两部分:其一,是为改善弹体阻尼特性的阻尼回路的设计;其二,是为实现从指令到过载的线性传输,以及在某些情况下对过载进行限制的控制回路设计。典型侧向稳定控制回路的原理结构如图 5－1 所示。

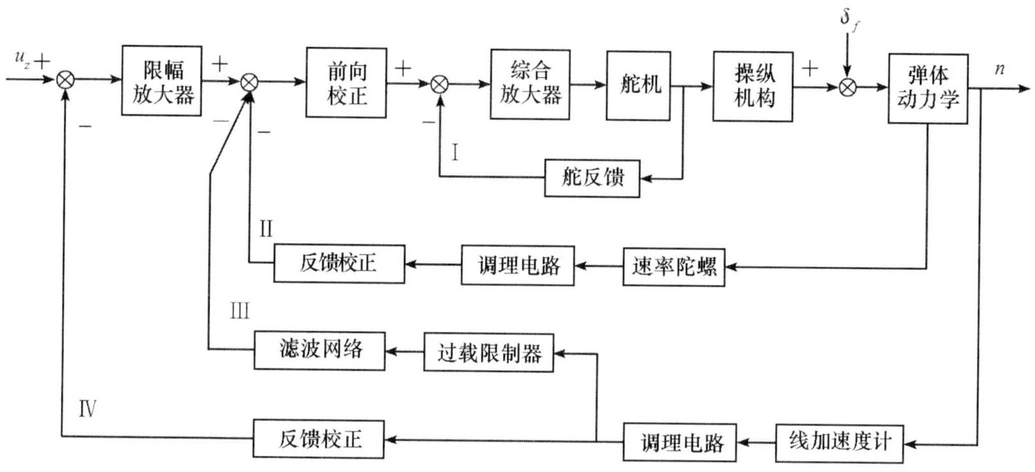

Ⅰ—舵系统;Ⅱ—阻尼回路;Ⅲ—过载限制回路;Ⅳ—控制回路;

u_z—指令电压;δ—舵偏角;$\dot{\vartheta}$—俯仰角速度;n—过载;δ_f—等效干扰舵偏角。

图 5－1　典型侧向稳定控制回路结构原理图

5.3.1　阻尼回路

阻尼回路主要是改善弹体的动力学性能。在导弹飞行的全空域内,力求保持最优等效阻尼系数。

5.3.1.1　阻尼回路的结构和功用

1. 改善阻尼特性

侧向稳定控制回路是一个多回路系统(如图 5－1),阻尼回路是内回路。控制回路是外回路。通常,控制回路的频带比阻尼回路的频带窄得多,阻尼回路主要稳定姿态,是快过程,控制回路主要控制质心运动,是慢过程。因此可以把两个回路分开设计,并且先把弹体看作理想的刚体进行设计,然后再考虑弹性振动的抑制。下面以弹体俯仰运动为例,将传递函数 $W_\delta^{\dot{\vartheta}}(s)$ 和 $W_\delta^n(s)$ 重写如下:

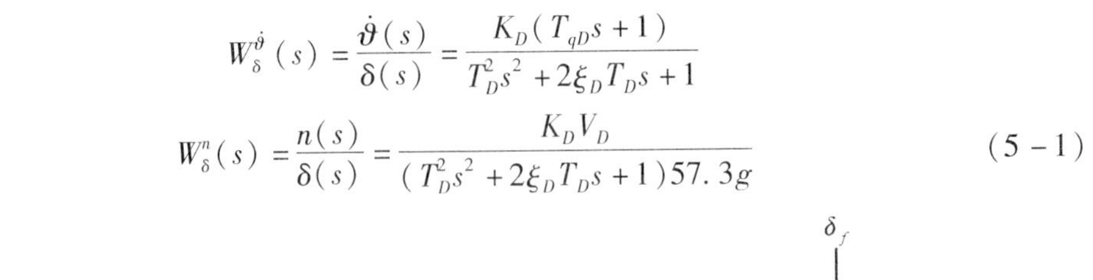

$$W_{\delta}^{\dot{\vartheta}}(s)=\frac{\dot{\vartheta}(s)}{\delta(s)}=\frac{K_D(T_{qD}s+1)}{T_D^2s^2+2\xi_DT_Ds+1}$$

$$W_{\delta}^{n}(s)=\frac{n(s)}{\delta(s)}=\frac{K_DV_D}{(T_D^2s^2+2\xi_DT_Ds+1)57.3g} \tag{5-1}$$

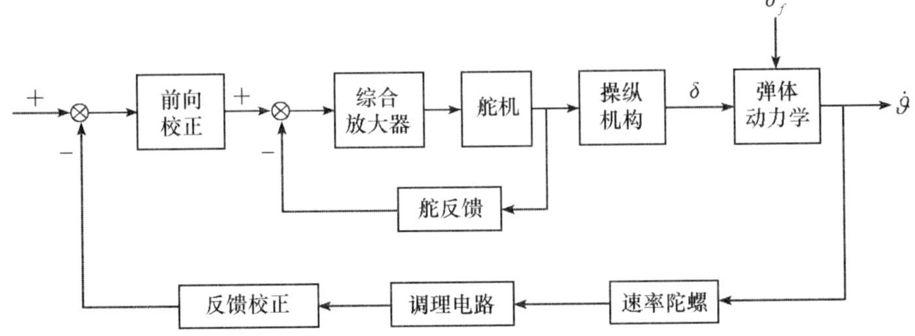

图 5-2　阻尼回路结构图

从图 5-1 中把阻尼回路分离出来并示于图 5-2。弹体动力学环节用传递函数 $W_{\delta}^{\dot{\vartheta}}(s)$ 表示，自动驾驶仪用其传递系数 $K_{\dot{\vartheta}}^{\delta}$ 表示，简化为图 5-3。

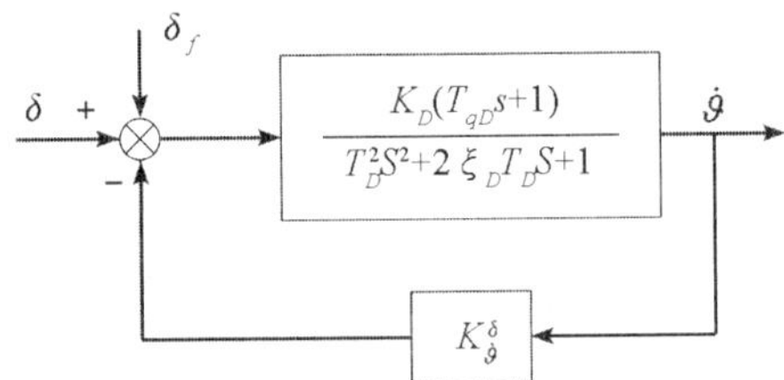

图 5-3　以传递函数表示的阻尼回路的结构图

根据图 5-3 推出阻尼回路的闭环传递函数为

$$\bar{W}_{\delta}^{\dot{\vartheta}}(s)=\frac{\dfrac{K_D}{1+K_{\dot{\vartheta}}^{\delta}K_D}(T_{qD}S+1)}{\dfrac{T_D^2}{1+K_{\dot{\vartheta}}^{\delta}K_D}S^2+\dfrac{2\xi_DT_D+K_{\dot{\vartheta}}^{\delta}K_DT_{qD}}{1+K_{\dot{\vartheta}}^{\delta}K_D}S+1} \tag{5-2}$$

上式可以写为

$$\bar{W}_{\delta}^{\dot{\vartheta}}(s)=\frac{\bar{K}_D(T_{qD}s+1)}{\bar{T}_D^2s^2+2\bar{\xi}_D\bar{T}_Ds+1} \tag{5-3}$$

式中，$\bar{K}_D=\bar{W}_{\delta}^{\dot{\vartheta}}(s)\big|_{s=0}=\dfrac{K_D}{1+K_{\dot{\vartheta}}^{\delta}K_D}$，$\bar{T}_D=\dfrac{T_D}{\sqrt{1+K_{\dot{\vartheta}}^{\delta}K_D}}$，$\bar{\xi}_D=\dfrac{\xi_D+K_{\dot{\vartheta}}^{\delta}K_DT_{qD}/(2T_D)}{\sqrt{1+K_{\dot{\vartheta}}^{\delta}K_D}}$。

式(5-2)和(5-3)所描述的就是接入阻尼回路后，弹体俯仰运动的传递函数。$\bar{K}_D$，$\bar{T}_D$，$\bar{\xi}_D$ 分别表示经阻尼回路补偿后的弹体俯仰运动传递系数、时间常数和相对阻尼比。

可以看出，当 $K_{\dot{\vartheta}}^{\delta}K_D \ll 1$ 时，则 $\bar{K}_D \approx K_D$，$\bar{T}_D \approx T_D$，也就是说阻尼回路的接入对 K_D 和 T_D 的影响不大。其作用主要体现在对 ξ_D 的影响上，考虑到 $K_{\dot{\vartheta}}^{\delta}K_D \ll 1$，$\bar{\xi}_D$ 的表达式可以写成

$$\bar{\xi}_D \approx \xi_D + \frac{K_{\dot{\vartheta}}^{\delta} K_D T_{qD}}{2T_D} \tag{5-4}$$

上式说明，由于接入阻尼回路，使补偿后弹体俯仰运动的阻尼系数增加。$K_{\dot{\vartheta}}^{\delta}$ 愈大，$\bar{\xi}_D$ 增加的幅度也愈大。因此，阻尼回路的主要功用是用来改善弹体侧向运动的阻尼特性。

2. 对不稳定的导弹进行稳定

导弹在运动时，受到外界扰动作用，使之离开原来的飞行状态。若干扰取消后，导弹经过扰动又重新恢复到原来的飞行状态，则称导弹的运动是稳定的；如果在干扰取消后，导弹不能恢复到原来的飞行状态，甚至偏差越来越大，则称导弹的运动是不稳定的。

研究导弹本身的稳定性，是指导弹在没有控制作用时的抗干扰的能力，实际上是将导弹的扰动运动作为开环环节来处理，分析开环状态的稳定性。但是，在无控状态下不稳定的导弹，结合控制系统的作用就可以变成稳定的。当然也可能出现这种情况，即导弹在无控时是稳定的，而由于控制系统设计的不合理，反而在闭环时变成不稳定了。对于战术导弹，一般总是希望在无控时具有良好的稳定性和动态品质，以降低对控制系统的要求，甚至也有导弹完全依靠自身的稳定性来保证导弹的飞行稳定性。

但是，随着导弹设计思想的开拓，为了提高导弹的运动性能，有时允许导弹设计成中立稳定，甚至是不稳定的。而导弹在飞行中的稳定性主要靠自动驾驶仪来保证。这也给自动驾驶仪的功能提出了新的要求，同时也给自动驾驶仪的设计提出了新的问题。

(1) 导弹的动态稳定性与静稳定性

导弹的稳定性与静稳定性的概念是不相同的。

静稳定性是指恢复力矩系数的导数 $m_z^{\alpha} < 0$，或者说导弹的压心在重心之后；反之，压心在重心之前，将使 $m_z^{\alpha} > 0$，这时导弹是静不稳定的。之所以希望恢复力矩系数的导数 $m_z^{\alpha} < 0$，这是因为 $m_z^{\alpha} < 0$ 时，就会使力矩 $m_z^{\alpha}\alpha$ 总是与迎角 α 增大的方向相反。譬如，偶然干扰作用使导弹迎角发生变化后，在干扰消失的那个瞬间，因为只有力矩 $m_z^{\alpha}\alpha$ 的作用，导弹的反应趋势就具有恢复到原来迎角的性质。在干扰消失后 $t = t_0$ 这个瞬时的趋势，在飞行力学中习惯上称之为静稳定性。其实它仅仅是指 $m_z^{\alpha}\alpha$ 这个力矩起到了恢复作用。

稳定性是指整个扰动运动具有收敛的特性，它由飞行器随时间恢复到基准运动的能力所决定，有时也称为动态稳定性，或简称动稳定性。在扰动消失的最初瞬间以后，整个扰动运动是否稳定，并不是力矩 $m_z^{\alpha}\alpha$ 这一个因素可以决定的，而是由扰动运动的全部作用力和力矩的变化来决定的。研究动态问题，固然希望最初瞬间的反应具有恢复的趋势，但不能简单认为有了这种最初瞬时的恢复趋势，全部扰动运动最终一定也是稳定的。因此，稳定性一词比静稳定性所指的内容要广泛得多，两者不可等量齐观。

总而言之，动态稳定性和静稳定性有着内在的联系，但是两者又有区别。前者是指整个扰动运动在诸力和力矩的共同作用下，使受到扰动的平衡状态又能够逐渐地建立新的平衡，或者说运动参数偏量的过渡过程是随时间衰减的。而静稳定性仅仅表示在扰动运动中恢复力矩 $m_z^{\alpha}\alpha$ 与增加（或减小）迎角的方向相反，否则就是静不稳定的。

有些专业书籍为从严格意义上理解稳定性一词的含义，鉴于静稳定性并不是动态稳定的必要条件，又为了不至于混淆起见，将静稳定性一词取名为正俯仰刚度，以与动态稳定性相区别。

(2)导弹俯仰运动稳定性分析

① 稳定性分析

弹体俯仰运动方程为

$$\begin{cases} \ddot{\vartheta} + a_1\dot{\vartheta} + a_2\alpha + a_3\delta = 0 \\ \dot{\theta} = a_4\alpha + a_5\delta \\ \vartheta = \theta + \alpha \end{cases} \tag{5-5}$$

对式(5-5)进行简单变换后,可写为

$$\begin{cases} \ddot{\vartheta} + a_1\dot{\vartheta} + a_2\alpha + a_3\delta = 0 \\ \dot{\alpha} = \dot{\vartheta} - a_4\alpha - a_5\delta \end{cases} \tag{5-6}$$

取状态变量为$\begin{bmatrix} x_1 \\ x_2 \end{bmatrix} = \begin{bmatrix} \dot{\vartheta} \\ \alpha \end{bmatrix}$,则式(5-6)成为

$$\begin{cases} \dot{x}_1 = -a_1x_1 - a_2x_2 - a_3\delta \\ \dot{x}_2 = x_1 - a_4x_2 - a_5\delta \end{cases} \tag{5-7}$$

将式(5-7)写成矩阵形式为

$$\begin{bmatrix} \dot{x}_1 \\ \dot{x}_2 \end{bmatrix} = \begin{bmatrix} -a_1 & -a_2 \\ 1 & -a_4 \end{bmatrix}\begin{bmatrix} x_1 \\ x_2 \end{bmatrix} + \begin{bmatrix} -a_3 \\ -a_5 \end{bmatrix}\delta \tag{5-8}$$

式(5-8)可改写为

$$\begin{cases} \dot{x} = Ax + Bu \\ y = Cx \end{cases} \tag{5-9}$$

式中:

x 为状态变量,$x = \begin{bmatrix} x_1 \\ x_2 \end{bmatrix}$;

A 为状态系数矩阵,$A = \begin{bmatrix} -a_1 & -a_2 \\ 1 & -a_4 \end{bmatrix}$;

B 为控制系数矩阵,$B = \begin{bmatrix} -a_3 \\ -a_5 \end{bmatrix}$;

u 为控制量,$u = [\delta]$;

C 为输出系数矩阵,$C = [1 \quad 0]$;

Y 为输出量。

其特征矩阵为

$$(sI - A) = \begin{bmatrix} s + a_1 & a_2 \\ -1 & s + a_4 \end{bmatrix} \tag{5-10}$$

特征多项式为

$$\det(sI - A) = (s + a_1)(s + a_4) + a_2 = s^2 + (a_1 + a_4)s + (a_2 + a_1a_4) \tag{5-11}$$

特征方程为

$$s^2+(a_1+a_4)s+(a_2+a_1a_4)=0 \tag{5-12}$$

由劳斯－赫尔维兹稳定性判据可知，式(5－12)所描述的系统，其稳定的充分必要条件是$(a_1+a_4)>0$，并且$(a_2+a_1a_4)>0$。由于a_1和a_4都是大于零的，因此导弹具有纵向稳定性的条件为

$$(a_2+a_1a_4)>0 \tag{5-13}$$

这个不等式称为动态稳定的极限条件。

② 静稳定性与动态稳定的关系

由动态稳定的极限条件(5－13)式，可以得到

$$-\frac{m_z^{\alpha}qSL}{J_z}-\frac{m_z^{\bar{\omega}_z}qSL}{J_z}\cdot\frac{L}{V}\cdot\frac{P+C_y^{\alpha}qS}{mv}>0 \tag{5-14}$$

由各参数的物理意义，$\frac{qSL}{J_z}$一定是大于零的，消去$\frac{qSL}{J_z}$，上式变为

$$-m_z^{\alpha}-m_z^{\bar{\omega}_z}\cdot\frac{L}{V}\cdot\frac{P+C_y^{\alpha}qS}{mV}>0 \tag{5-15}$$

考虑到$m_z^{\alpha}=C_y^{\alpha}\frac{x_g-x_p}{L}$，上式又可改写为

$$-(x_g-x_p)-m_z^{\bar{\omega}_z}\frac{L^2}{mV^2}\left(\frac{P}{C_y^{\alpha}}+qS\right)>0 \tag{5-16}$$

在气动力计算中，气动阻尼系数$m_z^{\bar{\omega}_z}$总为负值，因此上式又可变为

$$\frac{L^2}{mV^2}\left(\frac{P}{C_y^{\alpha}}+qS\right)|m_z^{\bar{\omega}_z}|>x_g-x_p \tag{5-17}$$

对于静稳定的导弹，压心在重心之后，有$x_p>x_g$，不等式(5－17)总是成立的。那么可以肯定，导弹具有静稳定性，动态稳定的极限条件也自然可以满足了。

对于静不稳定的导弹，重心在压心之后，即$x_p<x_g$，不等式(5－17)有可能不再成立，那么导弹就是动态不稳定的。倘若不等式(5－17)仍然成立，即两者之差小于不等式左边的全部值，那么导弹还是动态稳定的。但是，由于不等式左边全部值是有限的，而且随着飞行速度的增大而减小，所以静不稳定度也不可能太大，否则导弹还是纵向不稳定的。

上述分析结果说明，对静不稳定的导弹，其动态特性有可能是稳定的，也有可能是不稳定的。下面我们研究通过自动驾驶仪的设计引入适当的状态反馈来改善稳定性。

③ 通过自动驾驶仪引入适当的状态反馈来改善稳定性

由可控性判据可知，若$\det[B\quad AB\quad \cdots\quad A^{n-1}B]\neq 0$，则系统可控。

将A、B代入可得

$$\det\begin{bmatrix}-a_3 & a_1a_3+a_2a_5\\ -a_5 & -a_3+a_4a_5\end{bmatrix}=a_3^2-a_3a_4a_5+a_1a_3a_5+a_2a_5^2\neq 0 \tag{5-18}$$

故系统可控。

由现代控制理论可知，对于一个可控系统，反馈全部状态后，系统的极点可以重新任

意配置，这当然包括把位于 s 平面右半平面的极点配置到左半平面内，使原为不稳定的系统变为稳定系统。

引入状态反馈 $V=-K^{\mathrm{T}}x$，则式(5-9)成为

$$\begin{cases}\dot{x}=(A-BK^{\mathrm{T}})x+Bu\\ y=Cx\end{cases}\tag{5-19}$$

式中，$K^{\mathrm{T}}=[K_1\quad K_2]$。即引入状态反馈后，系统由$(A,B,C)$变为$(A-BK^{\mathrm{T}}\quad B\quad C)$，令

$$\hat{A}=A-BK^{\mathrm{T}}=\begin{bmatrix}-a_1+a_3K_1 & -a_2+a_3K_2\\ 1+a_5K_1 & -a_4+a_5K_2\end{bmatrix}\tag{5-20}$$

由于对于正常布局的导弹，舵效率系数 $a_3<0$。比较 A 和 $\hat{A}$ 可以看出，引入状态反馈后，增大了弹体的阻尼系数，即弹体的等效阻尼动力系数由 a_1 增大为 $a_1-a_3K_1$；同时又增加了等效静稳定性，即静稳定动力系数由 a_2 增大为 $a_2-a_3K_2$。也就是说，引入状态反馈后使原弹体的静稳定性得到改善，变成一个“新弹体”。新的特征多项式为

$$\begin{aligned}\det[sI-\hat{A}]=s^2&+[(a_1+a_4)-a_3K_1-a_5K_2]s\\&+[(a_1a_4+a_2)+(a_2a_5-a_3a_4)K_1-(a_3+a_1a_5)K_2]\end{aligned}\tag{5-21}$$

对二阶多项式，其稳定条件为

$$\begin{cases}(a_1+a_4)-a_3K_1-a_5K_2>0\\ (a_1a_4+a_2)+(a_2a_5-a_3a_4)K_1-(a_3+a_1a_5)K_2>0\end{cases}\tag{5-22}$$

若只需要系统稳定，只要求不等式成立，从式(5-22)可以看出，并不需要同时引入 K_1,K_2(即 $\dot{\vartheta},\alpha$)反馈，通常 α 不便于测量，故令 $K_2=0$，则式(5-22)成为

$$\begin{cases}(a_1+a_4)-a_3K_1>0\\ (a_1a_4+a_2)+(a_2a_5-a_3a_4)K_1>0\end{cases}\tag{5-23}$$

在不等式(5-23)中，由于 $a_3<0$，K_1 取大于零的任何值，第一式总能成立。则 K_1 的取值范围就由第二式来决定。

对 K_1 求解得

$$K_1>\frac{-(a_1a_4+a_2)}{a_2a_5-a_3a_4}\tag{5-24}$$

即通过状态反馈并选择适当的反馈增益，可以使不稳定的弹体变成等效稳定的弹体。气动系数 $a_1,a_2,\cdots,a_5$，在飞行中是随气动条件变化的，保证导弹为动态稳定的，K_1 必须随之变化。若气动参数变化范围不大时，可取一固定值 $\bar{K}_1$ 在整个飞行空域内满足(5-24)式。

因此，只要适当地选择由弹体姿态角速度 ω_z 到舵偏角 δ 的反馈增益 $K_{\omega_z}^{\delta}(\approx K_{\dot{\vartheta}}^{\delta})$，就不仅能使导弹的阻尼特性得到改善，而且还能使不稳定飞行的导弹得到稳定。

5.3.1.2 复合阻尼稳定回路

上节分析表明，只要选择适当的阻尼回路反馈增益 $K_{\dot{\vartheta}}^{\delta}$，就可以对不稳定导弹实现稳定。但是，这个措施也受到一定条件的限制，主要有以下几个方面需要考虑：

(1)$K_{\dot{\vartheta}}^{\delta}$ 太大,阻尼回路频带过宽,回路中舵系统的高频相位滞后和弹体的弹性振动容易激起回路的高频振荡,甚至使回路失稳。因此在对不稳定弹体的稳定和舵系统频带以及弹体弹性振动的抑制之间存在着矛盾。

(2)阻尼回路反馈增益的选择,还必须考虑阻尼回路的稳态传输系数对气动点的变化是否敏感,希望在整个弹道中阻尼回路的稳态传输系数尽量不变化。

为解决这一矛盾,实际中通常引入复合稳定回路,状态反馈分析已经指出,在角速率反馈的基础上再引入攻角反馈,可以实现极点的任意配置,但实际中攻角难以准确测量,而且增加测量元件使成本升高,复合稳定回路通过角速率积分代替攻角反馈,可以使得在阻尼回路反馈增益较小的情况下,也能对不稳定导弹实施稳定控制。

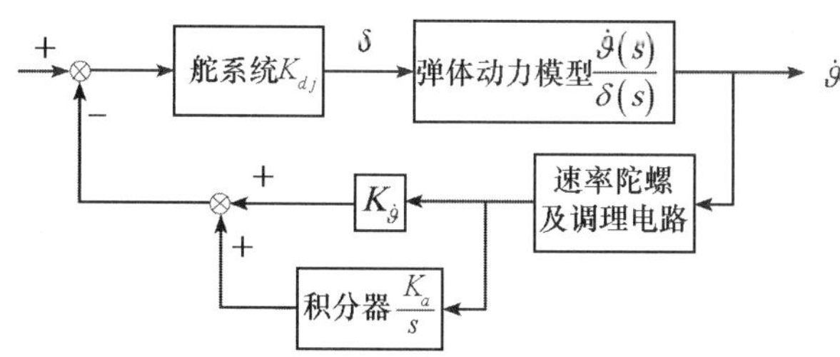

图 5－4　复合稳定回路原理结构图

复合稳定回路的组成如图 5－4 所示。从图中可以看出,复合稳定回路的接入,使阻尼回路具有新的功能:

(1)近似地实现了攻角 α 的反馈

复合稳定回路接入后,给系统中引入了一个俯仰角 ϑ 的反馈信息,也可以说相当于引入了一个攻角 α 的反馈信息。因为纵向平面内的几何参数满足 $\vartheta=\theta+\alpha$ 的关系。由于飞行速度矢量的方向变化缓慢(θ 是个慢过程),故有 $\dot{\vartheta}\approx\dot{\alpha}$,在短时间内 ϑ 的变化量可以近似地代替 α。于是就形成了一个与攻角 α 成比例的恢复力矩,相当于引入了 K_1,K_2 的状态反馈。

(2)使系统具有强壮性

我们知道,自动驾驶仪的主要功能是保持导弹的姿态稳定,使从指令到过载的增益不随气动参数的变化而改变。图 5－5 是具有复合稳定回路的自动驾驶仪结构图。下面就无复合稳定回路和有复合稳定回路时,对系统性能的影响加以分析。

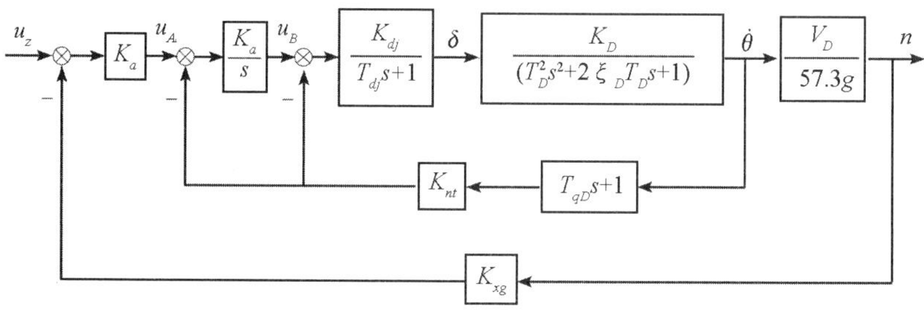

图 5－5　具有复合稳定回路的自动驾驶仪结构图

① 无复合稳定回路

从图 5 - 5 可以看出,无复合稳定回路时,u_B 和 $\dot{\theta}$ 之间的关系为

$$\frac{\dot{\theta}(s)}{u_B(s)}=\frac{K_{dj}\cdot K_D}{(T_{dj}s+1)(T_D^2s^2+2\xi_D T_D s+1)+K_{dj}K_DK_{nt}(T_{qD}s+1)} \tag{5-25}$$

稳态时为

$$\left.\frac{\dot{\theta}(s)}{u_B(s)}\right|_{s\to 0}\approx\frac{K_{dj}\cdot K_D}{1+K_{dj}K_DK_{nt}} \tag{5-26}$$

式中 :

K_{dj}为舵机传递函数;

T_{dj}为舵机时间常数;

K_{nt}为速率陀螺(阻尼陀螺)传递系数。

通常回路的开环增益 $K_{dj}K_DK_{nt}<1$,因此,回路的特性对导弹飞行状态的变化比较敏感,因为 K_D 随飞行高度、速度的变化而变化。

② 有复合稳定回路

从图 5 - 5 可以看出,有复合稳定回路时,u_A 和 $\dot{\theta}$ 之间的关系为

$$\frac{\dot{\theta}(s)}{u_A(s)}=\frac{K_aK_{dj}\cdot K_D}{s(T_{dj}s+1)(T_D^2s^2+2\xi_D T_D s+1)+K_{dj}K_DK_{nt}(s+K_a)(T_{qD}s+1)} \tag{5-27}$$

式中,K_a 为积分环节的传递函数。

稳态时成为

$$\left.\frac{\dot{\theta}(s)}{u_A(s)}\right|_{s\to 0}\approx\frac{1}{K_{nt}} \tag{5-28}$$

可以看到,稳态时的传递函数与 K_D 无关,而只跟 K_{nt}即阻尼陀螺的传递系数有关,而它是一个常值,因此,有复合阻尼回路时,回路的特性对导弹飞行状态的变化不敏感,从而增强了系统的强壮性。

从指令 u_z 到过载 n 的闭环传递函数为

$$\frac{n(s)}{u_z(s)}=\frac{K_AK_aK_{dj}K_DV_D}{V_DK_AK_aK_{dj}K_DK_{xg}+[s(T_{dj}s+1)(T_D^2s^2+2\xi_D T_D s+1)+K_{dj}K_DK_{nt}(s+K_a)(T_{qD}s+1)]57.3g} \tag{5-29}$$

式中:

K_A 为指令变换系数;

K_{xg}为线加速度计传递系数。

稳态时上式变为

$$\left.\frac{n(s)}{u_z(s)}\right|_{s\to 0}\approx\frac{K_AV_D}{57.3gK_{nt}+K_AK_{xg}V_D} \tag{5-30}$$

通常 $57.3gK_{nt}<K_AK_{xg}V_D$,则上式简化为

$$\left.\frac{n(s)}{u_z(s)}\right|_{s\to 0}\approx\frac{1}{K_{xg}} \tag{5-31}$$

式(5 - 28)和式(5 - 31)表明,稳态时系统的特性只取决于相应的 K_{nt}和 K_{xg},而与气

动参数无关,这就充分体现了系统的强壮性。

③ 复合稳定回路稳定性分析

以图 5-4 为例,通过具体气动参数来说明复合稳定回路的功用。在图 5-4 中,从干扰舵偏 δ_f 到俯仰角速度 $\dot{\vartheta}$ 的闭环传递函数为

$$\frac{\dot{\vartheta}(s)}{\delta_f(s)}=\frac{(-a_3a_4+a_2a_5)\cdot\left(\frac{-a_3}{a_2a_5-a_3a_4}s+1\right)s}{s^3+(a_1+a_4-a_3K_{dj}K_{nt})s^2+[a_1a_4+a_2-a_3K_{dj}K_{nt}K_a+(a_2a_5-a_3a_4)K_{dj}K_{nt}]s+(a_2a_5-a_3a_4)K_{dj}K_{nt}K_a} \tag{5-32}$$

令 $K_{\dot{\vartheta}}^{\delta}=K_{dj}K_{nt}, K_{\dot{\vartheta}}^{a}=K_{dj}K_{nt}K_a$

特征多项式为

$$D(s)=s^3+(a_1+a_4-a_3K_{\dot{\vartheta}}^{\delta})s^2+[a_1a_4+a_2-a_3K_{\dot{\vartheta}}^{a}+(a_2a_5-a_3a_4)K_{\dot{\vartheta}}^{\delta}]s+(a_2a_5-a_3a_4)K_{\dot{\vartheta}}^{a}$$

根据劳斯-赫尔维兹稳定性判据,图 5-4 所示复合阻尼系统稳定的充分必要条件须满足下列四个不等式:

$$\begin{cases}a_1+a_4-a_3K_{\dot{\vartheta}}^{\delta}>0\\ a_1a_4+a_2-a_3K_{\dot{\vartheta}}^{a}+(a_2a_5-a_3a_4)K_{\dot{\vartheta}}^{\delta}>0\\ (a_2a_5-a_3a_4)K_{\dot{\vartheta}}^{a}>0\\ (a_1+a_4-a_3K_{\dot{\vartheta}}^{\delta})[a_1a_4+a_2-a_3K_{\dot{\vartheta}}^{a}+(a_2a_5-a_3a_4)K_{\dot{\vartheta}}^{\delta}]-(a_2a_5-a_3a_4)K_{\dot{\vartheta}}^{a}>0\end{cases} \tag{5-33}$$

角速率反馈的反馈回路为常系数 $K_{\dot{\vartheta}}^{\delta}$,$K_{\dot{\vartheta}}^{\delta}$ 越大越稳定是未考虑舵机频带限制和弹性振动频率作出的结论,当 $K_{\dot{\vartheta}}^{\delta}$ 增大时开环频率特性曲线不断提高,频带也随之越来越宽,控制系统的频带应离舵机的截止频率和弹性振动频率有一定距离,才可以不考虑它们的影响。设计时离舵机的截止频率和弹性振动频率通常是已经确定的,所以对控制系统的频带宽度是有限制的。

复合阻尼反馈的反馈回路为$\left(K_{\dot{\vartheta}}^{\delta}+\frac{K_{\dot{\vartheta}}^{a}}{s}\right)$,可转化为$\left(\frac{K_{\dot{\vartheta}}^{\delta}s+K_{\dot{\vartheta}}^{a}}{s}\right)$,积分的引入可以有效限制频带的宽度,通过频率特性设计选择 $K_{\dot{\vartheta}}^{\delta}$,$K_{\dot{\vartheta}}^{a}$ 系数,可以满足良好的稳定性而又不会超过控制系统频带的限制。

5.3.1.3　阻尼回路的设计

阻尼回路设计的原则是:在导弹飞行的全空域内,力求保持最优等效阻尼系数。对于作战空域广,飞行速度高和空气动力参数变化剧烈的导弹来说,要在全部飞行空域内保持最优等效阻尼系数并不是一件容易的事。这里以图 5-1 所示某型导弹自动驾驶仪的侧向稳定控制回路为例,叙述阻尼回路的设计。

1. 阻尼回路的组成

一般来说,阻尼回路由图 5-2 所示的下列部分组成:

(1)前向通道校正

传统导弹在阻尼回路的正向通道中,通常引入变斜率放大器,是为了实现对阻尼回路开环增益的调整,以适应气动参数的变化。调整的方式基本上有两种:一种是将导弹飞行空域划分成区段,然后根据导弹飞行弹道,在发射前装定分段调整;另一种是按照导弹飞行中反映气动参数变化的某一信息(如副翼效率系数 c_3 或速压 q)变化自动调整增益,即自适应参数调整。现代设计方法已不局限于一个放大系数的调整,而采用多个参数适应。

(2)调理电路

调理电路将各路信号进行综合、放大和变换。它的输入信号通常是各路信号电压,输出则作为舵系统的控制信号。输出形式可以是电压,也可以是电流,根据舵系统的类型或要求而定。如果是电动舵机,则综合放大器的输出为电压,如果是气压(或液压)舵机,则综合放大器的输出为电流。

(3)舵系统

舵系统是自动驾驶仪的执行机构,也是主要部件之一,因为它的性能决定了系统的特性。如系统的快速性主要取决于舵系统的速度、时间常数。舵系统是由综合放大器、舵机(包括位置反馈电位计)和操纵机构组成。

(4)速率陀螺

速率陀螺是自动驾驶仪系统中的主要敏感元件,用来测量导弹的俯仰角速度,并构成阻尼回路。在设计阻尼陀螺时,要按导弹运动参数的变化,合理地选择测量范围、传递系数以及时间常数。

(5)反馈通道校正

阻尼回路中的反馈校正网络用来对刚性弹体阻尼回路进行校正,并对测量信号具有滤波作用,主要为提高系统的稳定裕度和改善弹体的动态品质而设置,若弹体的弹性振动不可忽略,还得对弹性弹体阻尼回路进行校正,其目的主要是抑制弹性振动。

2. 阻尼回路的静态设计

根据阻尼系数的指标要求,对阻尼回路从俯仰角速度 $\dot{\vartheta}$ 到舵偏角 δ 之间的开环传递系数 $K_{\dot{\vartheta}}^{\delta}$ 做静态设计,对于完成校正设计任务,具有重要的指导作用,先初步确定 $K_{\dot{\vartheta}}^{\delta}$ 变化范围,再对各环节传递系数进行分配。

(1)$K_{\dot{\vartheta}}^{\delta}$ 变化范围的确定

由于飞行器本身阻尼系数很小,又要兼顾系统的快速性,一般不能要求阻尼系数改善到 0.707,而是通常要求改善到 0.5。因此,选择 $K_{\dot{\vartheta}}^{\delta}$ 的原则是:寻求一个适当的 $K_{\dot{\vartheta}}^{\delta}$,使阻尼回路闭环传递函数近似于一个振荡环节,且期望阻尼系数在 0.5 左右。为此,对式(5－4)进行变换,求得 $K_{\dot{\vartheta}}^{\delta}$ 的表达式

$$K_{\dot{\vartheta}}^{\delta} \approx \frac{2T_D(\bar{\zeta}_D - \zeta_D)}{K_D T_{qD}} \tag{5-34}$$

对于特定的气动点,若 $K_D, T_D, T_{qD}, \bar{\xi}_D$ 已知,则可计算 $K_{\dot{\vartheta}}^{\delta}$ 的值。但是,由于导弹飞行过程中气动参数不断变化,所以要想通过一个固定的 $K_{\dot{\vartheta}}^{\delta}$ 得到阻尼回路闭环传递函数的阻尼系数 $\bar{\xi}_D$ 为 0.5 是不可能的。这也说明了变参数的自适应自动驾驶仪的必要性。在初步设计时,可以从给定的特征弹道中选取弹体阻尼 ξ_D 为最小和最大的两个气动点进行设

计,使其等效阻尼系数满足期望值。例如,如果在 ξ_D 为最小的气动点,有 $K_{\vartheta}^{\delta}=0.48$,在 ξ_D 为最大的气动点,有 $K_{\vartheta}^{\delta}=0.062$,则 K_{ϑ}^{δ} 的取值变化范围为 $0.062\leqslant K_{\vartheta}^{\delta}\leqslant 0.48$。然后在阻尼回路的正向通道中,设置一个随飞行状态的变化而变的变系数校正。变系数的变化规律的设计详见第 5.3.2.4 节。

3. 阻尼回路的动态设计

阻尼回路的动态设计主要设计指标:相位稳定裕度大于 30°;幅值稳定裕度大于或等于 6dB;动态过程的半振荡次数不大于 4 次。

首先应保证阻尼回路稳定并具有足够的稳定裕度,一般要求相位稳定裕度大于或等于 30°是理论上的要求,实际中舵系统的相位延迟和计算机离散化带来的相位延迟必须考虑,Bode 图设计时若未考虑这些因素,应该把相位稳定裕度调整到 45°以上,最好是在做 Bode 图设计时把舵系统的传递函数一并考虑。

为了保证控制系统的快速性,回路开环频率特性的频带应尽量宽,但其宽度也受到舵机快速性和弹性振动频率的限制,这是总体设计时已经确定的,当角速率反馈难以完成阻尼改善和稳定性任务时,应考虑复合阻尼反馈结构。

对阻尼回路进行静态设计时,可把弹体看作刚体,在动态设计时,就要考虑到弹性体的属性。即要考虑弹体的刚体动力学特性,也要考虑弹体的弹性动力学特性(一般情况下只考虑弹体弹性振动的一阶振型)。动态设计分两步完成:先对弹体刚体动力学进行设计;在此基础上再考虑对弹体弹性振动的抑制。

(1)刚性弹体阻尼回路动态设计

刚性弹体阻尼回路的动态设计主要是利用开环对数频率特性图来综合系统,确定出校正网络特性。首先针对典型的特征气动点(如高近点、低远点)画出阻尼回路开环对数幅频特性图,看其相位幅值裕度是否满足要求,如果不满足,根据其特性设计校正环节进行校正,如采用超前校正、滞后校正、滞后 - 超前校正等。

例如,某型导弹的高近点和低远点的刚性弹体阻尼回路开环对数频率特性示于图 5 - 6 和图 5 - 7。

从图 5 - 6 和图 5 - 7 看,系统有足够的稳定裕度,故无需接入校正网络。

(2)弹性振动的抑制

在导弹数学模型描述和稳定性设计中未考虑弹性振动,当其固有频率远离系统的通频带时,可以不予考虑。弹体的刚度越好,结构弹性振动频率越高。在飞行过程中,在空气动力的作用下,可能出现弹性振动,当弹体细长刚度不是很强时,弹性振动的频率区可能覆盖了系统中操纵机构的固有频率,就有可能出现共振。一旦共振出现,弹体就会遭到破坏。因此,在这种情况下,弹性振动必须抑制。

弹性振动抑制的方法可以采用电路或滤波算法在弹性振动频率点实现吸收回路,如利用无源双 T 网络实现此目的,可对弹性振动频率附近的幅频特性有效衰减,对系统的稳定性影响很小。也可以利用计算机软件直接实现吸收回路。

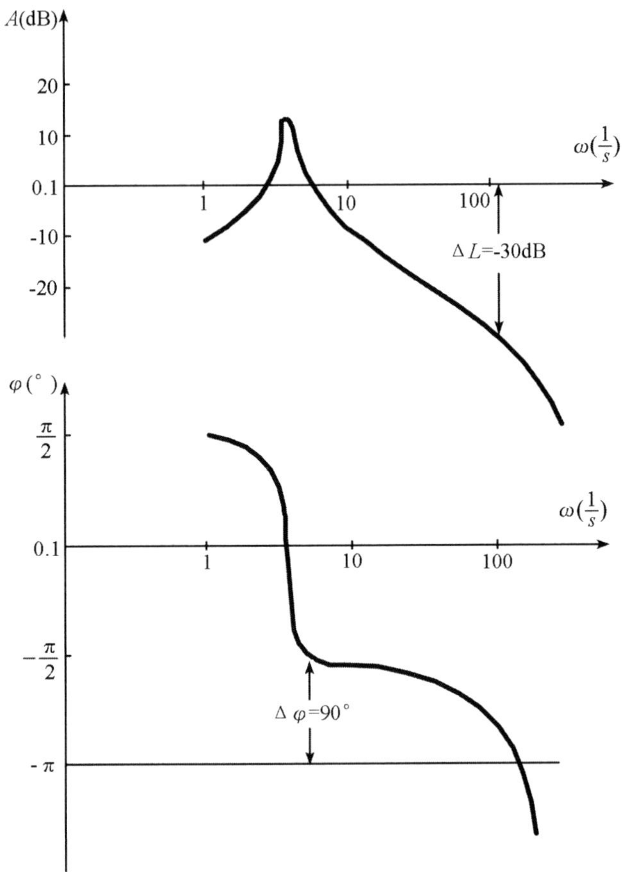

图 5-6　高近点($H=30$km,$R=34.64$km,$t=31.5$s)刚性弹体阻尼回路开环频率特性

5.3.1.4　可变参数设计

为适应导弹飞行中气动参数的变化,需要在自动驾驶仪系统中调节控制参数,在阻尼回路正向通道中引入变斜率放大器(以下简称变放)就是变参数自适应控制的一个实现。其斜率 K_{bf}的变化规律(以下简称变放规律)就是根据弹体气动参数的变化规律而设计的。本节将详述设计的依据、方法和步骤。

变放规律需依据导弹气动参数的变化设计。因此,任何能反映弹体气动参数变化的特征量,都可作为变放规律设计的自变量。常用的特征量,有导弹飞行的动压 q 和导弹的副翼效率 c_3,或惯导系统提供的飞行参数,惯导系统可提供丰富的相对地面运动的飞行的重要参数,如高度,速度等,这些参数为现代导弹的自适应设计提供了重要信息,不过惯导提供的是相对地面的运动信息,不能反映风的影响。下面以 c_3 作为自变量设计为例进行变放规律设计。

(1)副翼效率系数 c_3 的检测

气动参数的变化主要受动压(或高度空速)变化的影响,只要测量到动压(或高度空

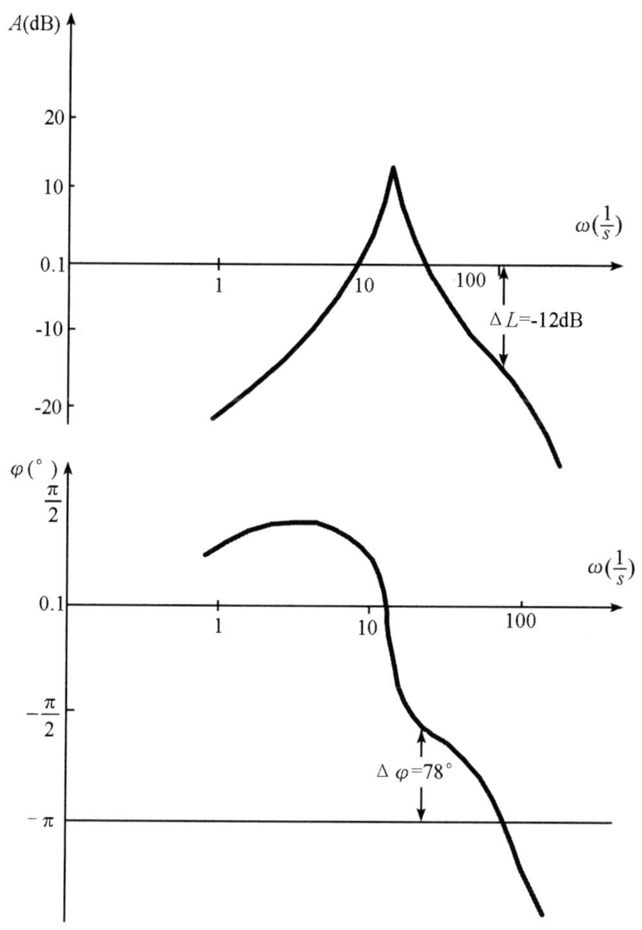

图 5－7　低远点（$H=10\text{km}, R=70\text{km}, t=16\text{s}$）刚性弹体阻尼回路开环频率特性

速）就可以感知气动条件的变化，反过来如果可以测量到一个主要气动参数的变化也可以感知气动条件的变化，测量气动参数 c_3 就是测量气动参数 c_3 来感知气动参数变化的方案，把变放斜率 K_{bf}看着是导弹副翼效率系数 c_3 的隐函数，即 $K_{bf}=f(c_3)$。也就是说以 c_3 为信息来调整变放斜率的变化。

c_3 气动参数的检测采用了系统参数辨识的原理，在飞行过程中在线测量 c_3 的检测原理如下。

由 3.4.4 节的倾斜运动方程

$$\frac{\mathrm{d}^2\gamma}{\mathrm{d}t^2}+c_1\frac{\mathrm{d}\gamma}{\mathrm{d}t}=-c_3\delta_x$$

得到导弹滚动运动的传递函数为

$$\dot{\gamma}(s)=\frac{K_{Dx}}{T_{Dx}s+1}\delta_{fy}(s) \tag{5-35}$$

式中：

$\dot{\gamma}(s)$ 为导弹滚动角速度；

$\delta_{fy}(s)$ 为导弹副翼偏角；

K_{Dx} 为导弹滚动运动传递系数，$K_{Dx}=c_3/c_1$；

T_{Dx} 为导弹滚动运动时间常数，$T_{Dx}=1/c_1$；

c_1 为导弹滚动运动气动力阻尼系数；

c_3 为副翼效率系数，$c_3=\dfrac{K_{Dx}}{T_{Dx}}$。

使副翼作恒定频率的等幅正弦振动，即

$$\delta_{fy}(t)=\delta_{fy}\cdot\sin\omega t$$

从式(5－35)可得

$$|\dot{\gamma}|=\frac{K_{Dx}}{\sqrt{1+T_{Dx}^2\omega^2}}|\delta_{fy}|$$

式中　$|\dot{\gamma}|$，$|\delta_{fy}|$ 分别表示 $\dot{\gamma}$ 和 δ_{fy} 的幅值。

当满足条件 $T_{Dx}^2\omega^2\gg 1$ 时，$|\dot{\gamma}|=\dfrac{c_3}{\omega}|\delta_{fy}|$，因此

$$c_3=\frac{\omega}{|\delta_{fy}|}|\dot{\gamma}|$$

令 $K=\dfrac{\omega}{|\delta_{fy}|}$，当 ω 为常值，$|\delta_{fy}|$ 为常值时，有

$$c_3=K|\dot{\gamma}| \tag{5－36}$$

式(5－36)表明，若能使副翼作恒定频率的正弦振动，且在满足上述条件下，只要在滚动回路中设置一个速率陀螺来测量 $\dot{\gamma}$，就能实现对 c_3 的检测。使用该方案时注意使副翼恒定频率略高于控制系统频带，可以小幅敏感到 $\dot{\gamma}$ 的运动，又不影响系统的正常工作。

(2)舵偏角限幅值 δ_x 的确定

舵偏大小是产生过载的源头，通常过载控制的稳定值与舵偏角成正比，所以与过载限幅值相对应，必须对舵偏角最大值进行限幅。即

$$\delta_x=\frac{\delta_m}{n_k}n_x \tag{5－37}$$

式中：

δ_x 为舵偏角限幅值(许用舵偏)；

n_x 为过载限幅值(许用过载)；

n_k 为可用过载；

δ_m 为最大指令舵偏角。

每一条弹道对应一条 $n_k(t)$ 和 $c_3(t)$ 的曲线，根据式(5－37)，经过折算可以求出 $\delta_x=f(c_3)$ 曲线，一条弹道对应一条 $\delta_x=f(c_3)$ 曲线。多个弹道可以得到 $\delta_x=f(c_3)$ 的曲线组，然后取其下包络作为总的曲线，记作 $\bar{\delta}_x=f(c_3)$。其 $\delta_x=f(c_3)$ 曲线组和 $n_k=f(c_3)$ 曲线组分别示于图5－8和图5－9。

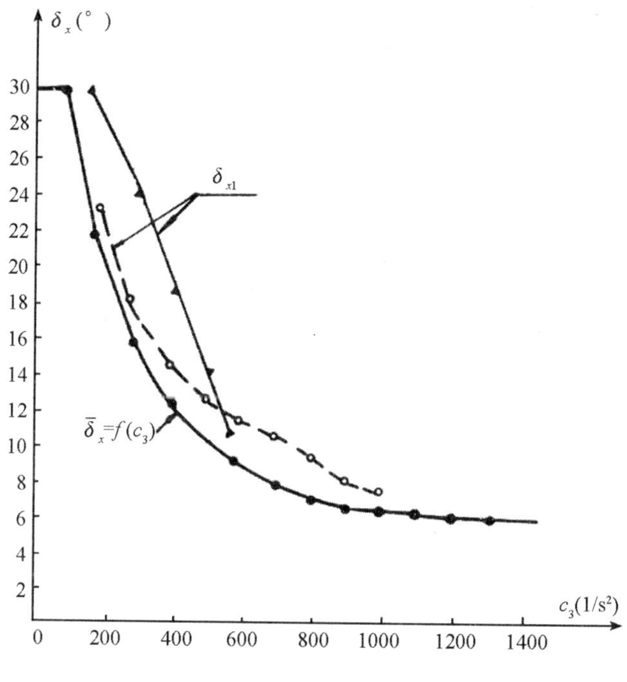

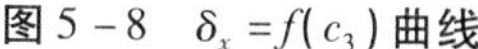
图 5-8　$\delta_x = f(c_3)$ 曲线

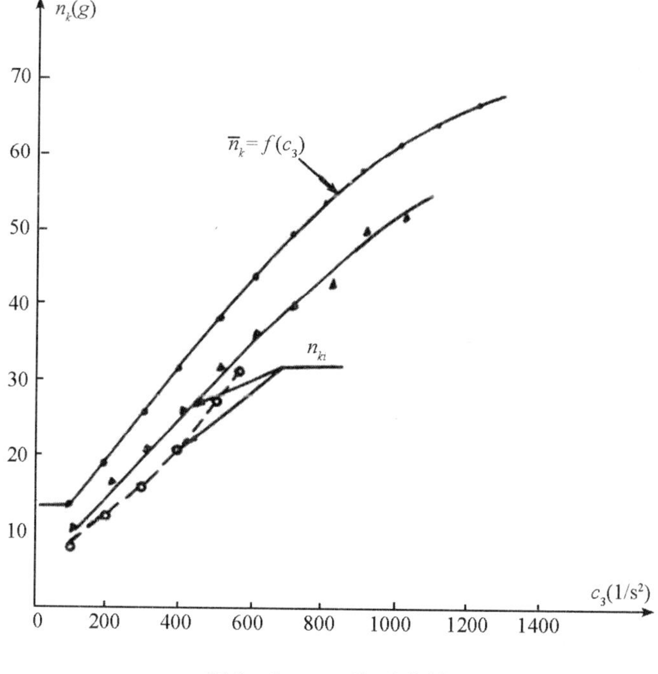

图 5-9　$n_k = f(c_3)$ 曲线

(3)指令限幅 u_{xfm} 的确定

图5-1中的限幅放大器通过对指令的限制,起到对过载限制的作用。为了便于分析,对图5-1进行适当的变换:在指令达到限幅值时对应舵面偏至舵面限幅值。可以得出如图5-10所示的结构图。图5-10可以变换为图5-11的形式。其中

$$K_{\dot{\vartheta}}^{u_{jl}} = K_{nt} \cdot K_{jf} \cdot K_{jl}$$

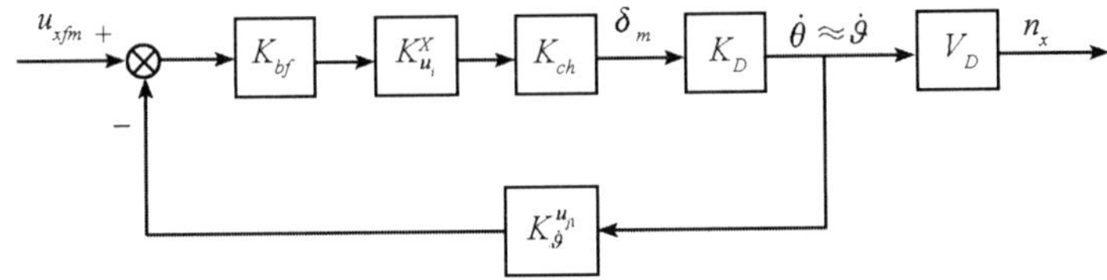

图5-10 舵偏偏至最大时自动驾驶仪静态结构图

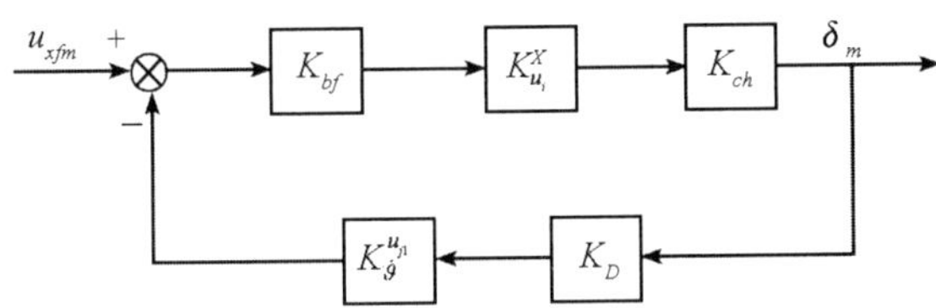

图5-11 从 u_{xfm} 到 δ_m 之间的静态结构图

根据图5-11可以推出 u_{xfm} 到 δ_m 的传递系数

$$K_{u_{xfm}}^{\delta_m} = \frac{K_{bf} \cdot K_{dxt}}{1 + K_{bf} \cdot K_{dxt} \cdot K_{Dnx} \cdot K_{\dot{\vartheta}}^{u_{jl}}} \tag{5-38}$$

式中的 K_{Dnx} 为过载 n_x 所对应的 K_D 值,确定 $K_{u_{xfm}}^{\delta_m}$ 的值,也就找到了 u_{xfm} 与 δ_m 之间的关系,$K_{u_{xfm}}^{\delta_m}$ 可按下列步骤确定:先从 $\bar{n}_k = f(c_3)$ 曲线查出 n_x 对应的 c_3 值,再由此 c_3 在曲线 $\bar{K}_D = f(c_3)$ 中找出 K_{Dnx},其 $K_D = f(c_3)$ 曲线示于图5-12。

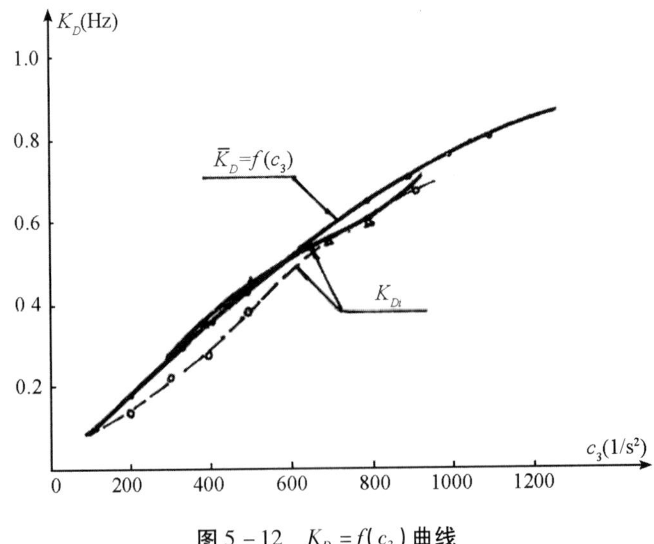

图5-12 $K_D = f(c_3)$ 曲线

在确定 $K_{u_{xfm}}^{\delta_m}$ 时，式(5－38)中的 K_{bf} 取其上限，即令 $K_{bf}=1$。

由式(5－38)得指令限幅值：

$$u_{xfm}=\frac{\delta_m}{K_{u_{xfm}}^{\delta_m}}=\mathrm{const} \tag{5-39}$$

(4) $\bar{K}_{bf}=f(c_3)$ 规律的确定

由式(5－38)得

$$K_{bfij}=\frac{K_{u_{xfm}}^{\delta_{xij}}}{K_{dxt}(1-K_{Dij}\cdot K_{\dot{\vartheta}}^{u_{j1}}\cdot K_{u_{xfm}}^{\delta_{xij}})}=\frac{\dfrac{\delta_{xij}}{u_{xfm}}}{K_{dxt}(1-K_{Dij}\cdot K_{\dot{\vartheta}}^{u_{j1}}\cdot K_{u_{xfm}}^{\delta_{xij}})} \tag{5-40}$$

式中：

i 为弹道数，$i=1,2,\cdots,n$；

j 为每条弹道的气动点数，$j=1,2,\cdots,l$；

K_{bfij} 为第 i 条弹道的第 j 个气动点对应的 K_{bf}；

δ_{xij} 为第 i 条弹道的第 j 个气动点对应的 δ_x；

K_{Dij} 为第 i 条弹道的第 j 个气动点对应的 K_D。

其中，i 和 j 按下列方式取值：

$$i=1, j=1,2,\cdots,l_1;$$
$$i=2, j=1,2,\cdots,l_2;$$
$$\vdots$$
$$i=n, j=1,2,\cdots,l_n。$$

根据式(5－37)～(5－40)算出每条弹道所对应的变放斜率 K_{bfi}，最后取这些曲线的下包络来作为 $\bar{K}_{bf}=f(c_3)$ 的规律，$K_{bf}=f(c_3)$ 规律示于图 5－13。

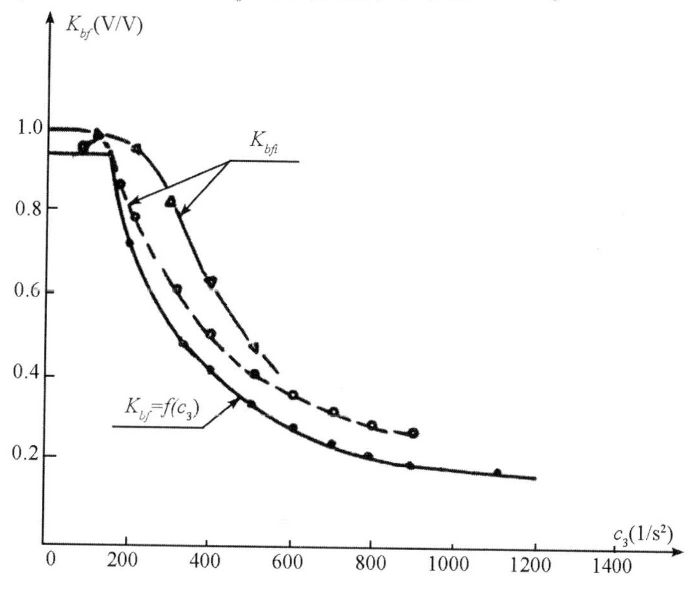

图 5－13　$K_{bf}=f(c_3)$ 曲线

可以看出，所设计的变放规律（变参数规律）一定能保证弹体过载不会超过允许值，其缺点是在中、高空牺牲了一部分可用过载。因此，在设计变放规律时，应尽量发挥其可用过载。

5.3.1.5 几种阻尼回路的实现

1. 采用速率陀螺实现阻尼回路

速率陀螺飞行控制系统用一个速度陀螺接在角速度指令系统中，如图 5－14 所示。

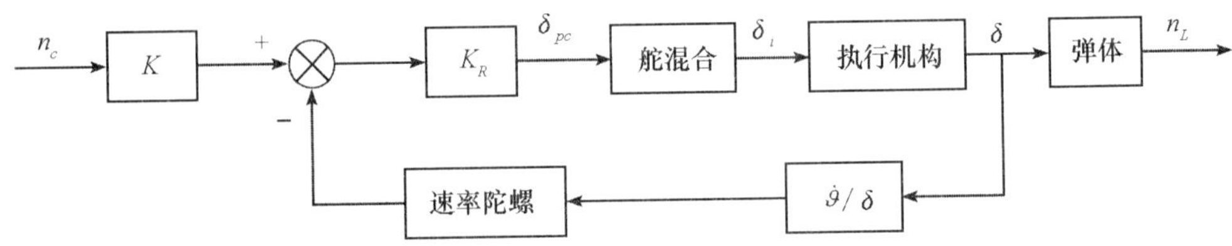

图 5－14 速率陀螺飞行控制系统

$K=K_s/K_R$，K_s 表示飞行控制系统过载控制的传输增益。在通常情况下，回路增益都小于 1。将反馈增益移到前向通道分析，K_s 放大 $1/K_R$ 倍为 K（K_R 为反馈增益）。由于 K_R 通常是小于 1 的，因此这种系统对高度和马赫数的变化比较敏感。另外，为改善阻尼特性而选择角速率反馈系数较大时，频率特性抬高，频带较宽，指令的高频噪声都会被放大，这就对导引头测量元件的噪声要求更严格，且要求执行机构设备有大的动态范围。

图 5－15 给出了自动驾驶仪增益随马赫数和高度的典型变化。应注意到，纵坐标是校准乘积（$K_s=KK_R$）。

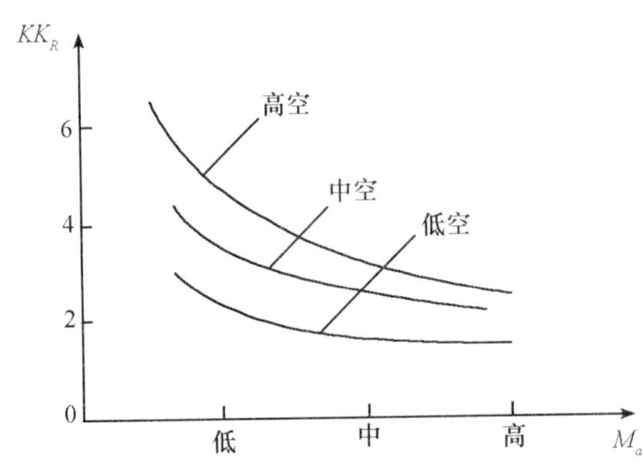

图 5－15 速率陀螺飞行控制自动驾驶仪增益与高度及马赫数的关系

增大速率回路增益 K_R 可以增加弹体的低阻尼。频带宽度允许时，可以设计具有较理想的阻尼特性，系统的动态响应较快，它有比弹体自然频率稍高的二阶传递函数的响应。典型情况下，在低高度和高马赫数时响应更快，随着高度增加和马赫数的降低而降低，但随飞行条件变化较大。

总之，速率陀螺飞行控制系统具有良好的阻尼，但是它的加速度增益随速度和高度的变化较敏感。它的时间常数相对比较小，但是它也随高度和马赫数而变化。

2. 复合阻尼回路的实现

复合阻尼回路用速率速陀螺测量角速率信号，除了把角速率信号本身反馈回去以外，还把速率陀螺信号的积分反馈回去，如图 5 - 16 所示。

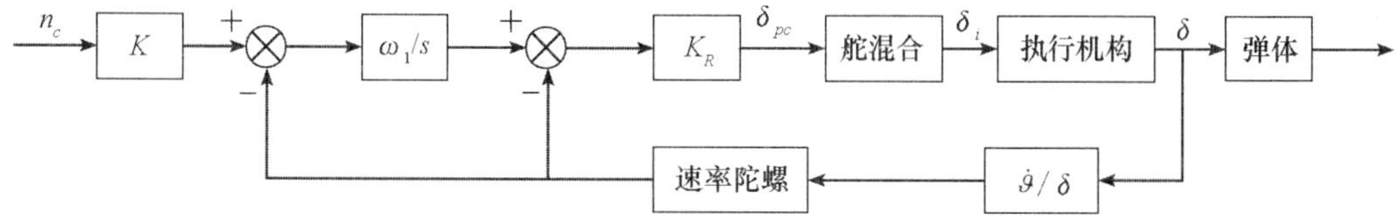

图 5 - 16　积分速率陀螺飞行控制系统

在短的时间间隔内，速率陀螺信号的积分近似于迎角的变化。比例于迎角的控制力矩有助于稳定迎角的扰动。能完成和气动稳定一样的功能，因此被称为“综合稳定”。这种系统不用超前网络就能够稳定不稳定的弹体。不过这种系统在低马赫数和高高度工作条件下动态响应比较迟缓，因此常在回路中串入一个校正网络，加快系统的动态响应。

采用复合阻尼的自动驾驶仪，其传输增益对气动条件不敏感。因此，即使在对气动数据不清楚的情况下，也可以在一个较大的高度范围内保持传输系数变化很小，有利于稳定制导回路的有效导航比。

若要加速系统的动态响应，可在速率陀螺输出处安装校正网络，扩展系统频带，提高响应速度。

图 5 - 17 给出了采用复合阻尼回路自动驾驶仪的增益与高度及马赫数的关系。

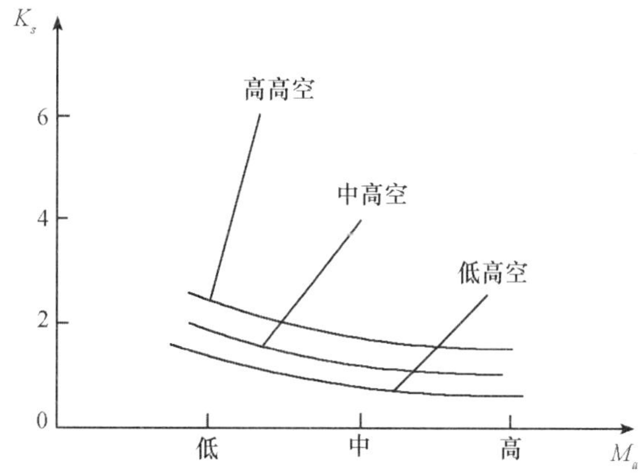

图 5 - 17　积分速率陀螺飞行控制系统自动驾驶仪增益与高度及马赫数的关系

5.3.2　控制回路

控制回路是由导弹侧向线加速度负反馈组成的指令控制回路。其功用是通过对导弹侧向过载的控制，实现指令到过载的线性传输。自动驾驶仪虽然有多种技术指标，但主要以控制回路的指标来说明自动驾驶仪的性能。

5.3.2.1 控制回路的组成

控制回路是在阻尼回路的基础上，再增加一个过载反馈回路，由线加速度测量侧向过载构成负反馈通道，其组成部分除了阻尼回路外还有线加速度计、校正网络和限幅放大器。原理结构图示于图5-18。

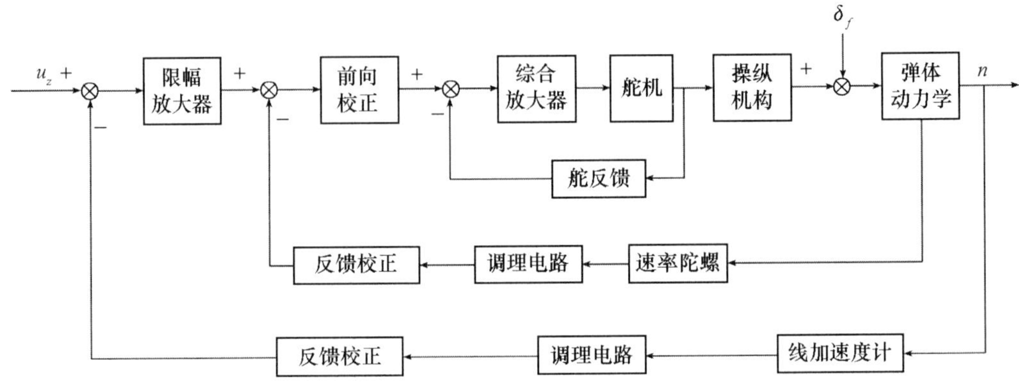

图5-18 控制回路原理结构图

(1)线加速度计

线加速度计是控制回路中的重要部件。它的精度直接决定过载的测量精度，必须有良好的线性度和快速性，以及足够的测量范围。

(2)校正网络

控制回路中的校正网络除了对回路的稳定性、快速性起补偿的作用外，还有对指令补偿的作用。

(3)指令限幅

指令限幅的目的是限制最大过载。由模拟电路实现时还可以起到起指令形成装置(或遥控应答机)和自动驾驶仪之间的阻抗匹配作用。

5.3.2.2 控制回路的静态设计

通过控制回路静态设计，初步确定回路的传递系数，满足指令到过载的传输比 $K_{u_z}^n$ 满足基本要求。并保证高空飞行和低空飞行时，$K_{u_z}^n$ 的变化不大于设计指标。

典型控制回路的静态结构图如图5-19所示。

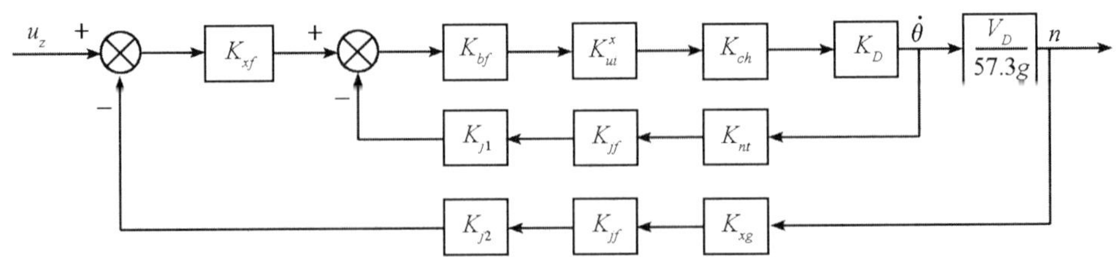

图5-19 控制回路静态结构图

依据导弹的总体指标要求,若指定高空飞行和低空飞行时控制回路闭环传递系数之变化不大于 100% ,即

$$\frac{K_{u_z(D)}^{n}}{K_{u_z(G)}^{n}} = k \leqslant 2 \tag{5-41}$$

式中:

$K_{u_z(D)}^{n}$ 为低空闭环传递系数;

$K_{u_z(G)}^{n}$ 为高空闭环传递系数;

k 为比值。

从图 5 - 19 可看出,控制回路的静态设计,可归结为确定 K_{jf}, K_{j2}, K_{xf} 三个量。先确定三者之积,然后进行合理地分配。

根据图 5 - 19 可推出

$$K_{u_z}^{n} = \frac{K_{xf} \cdot K_{zn} \cdot \bar{V}_D}{1 + K_{zn}\bar{V}_D \cdot K_{xg} \cdot K_0} \tag{5-42}$$

式中,$K_{zn} = \dfrac{K_{bf} \cdot K_{dxt} \cdot K_D}{1 + K_{bf}K_{dxt} \cdot K_{\dot{\vartheta}}^{u_{il}} \cdot K_D}$, $K_0 = K_{jf} \cdot K_{j2} \cdot K_{xf}$,　$\bar{V}_D = V_D/(57.3g)$

则低、高空控制回路闭环传递系数为

$$\begin{cases} K_{u_z(D)}^{n} = \dfrac{K_{xf} \cdot K_{zn(D)} \cdot \bar{V}_{D(D)}}{1 + K_{zn(D)} \cdot \bar{V}_{D(D)} \cdot K_{xg} \cdot K_0} \\ K_{u_z(G)}^{n} = \dfrac{K_{xf} \cdot K_{zn(G)} \cdot \bar{V}_{D(G)}}{1 + K_{zn(G)} \cdot \bar{V}_{D(G)} \cdot K_{xg} \cdot K_0} \end{cases} \tag{5-43}$$

$$k = \frac{K_{u_z(D)}^{n}}{K_{u_z(G)}^{n}} = \frac{K_{zn(D)} \cdot \bar{V}_{D(D)}(1 + K_{zn(G)} \cdot \bar{V}_{D(G)} \cdot K_{xg} \cdot K_0)}{K_{zn(G)} \cdot \bar{V}_{D(G)}(1 + K_{zn(D)} \cdot \bar{V}_{D(D)} \cdot K_{xg} \cdot K_0)}$$

则上式中对 K_0 求解得

$$K_0 = \frac{K_{zn(D)} \cdot \bar{V}_{D(D)} - kK_{zn(G)} \cdot \bar{V}_{D(G)}}{K_{zn(D)} \cdot K_{zn(G)} \cdot V_{D(D)} \cdot \bar{V}_{D(G)}(k-1)} \tag{5-44}$$

由此可见,K_0 既取决于导弹低、高空的气动参数,又取决于相应的自动驾驶仪的参数。

5.3.2.3　控制回路的动态设计

静态设计对各部件的传输系数有一个较合理的初步规划,在此基础上控制回路的动态设计工程上还是主要使用频率法进行,通过动态设计以便对静态设计中所确定的参数加以适当调整,使之满足静态、动态的要求。经过动态设计综合出校正网络的形式及其参数。控制回路校正网络的形式常使用惯性环节,即

$$W_{j2}(s) = \frac{K_{j2}}{T_{j2}s + 1} \tag{5-45}$$

T_{j2} 的选择必须考虑制导系统快速性的要求。经过静态、动态设计后,所确定的刚性弹体控制回路结构图示于图 5 - 20。刚性弹体控制回路开环频率特性示于图 5 - 21 和图 5 - 22。从图 5 - 20、图 5 - 21 和图 5 - 22 可以看出,刚性弹体的控制回路有足够的稳定裕度。

在导弹设计中，还有一些问题必须考虑，低空限制过载问题，高空充分利用过载问题，以及有些弹过载过渡过程中不允许超调出现等问题。可通过增加过载限制回路，改变舵面限幅值，变参数设计等各种手段来达到性能要求。

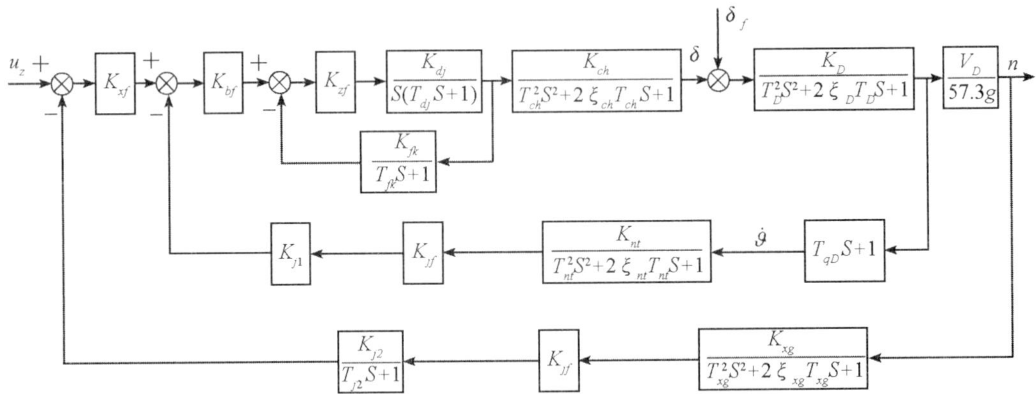

图 5-20　刚性弹体控制回路结构图

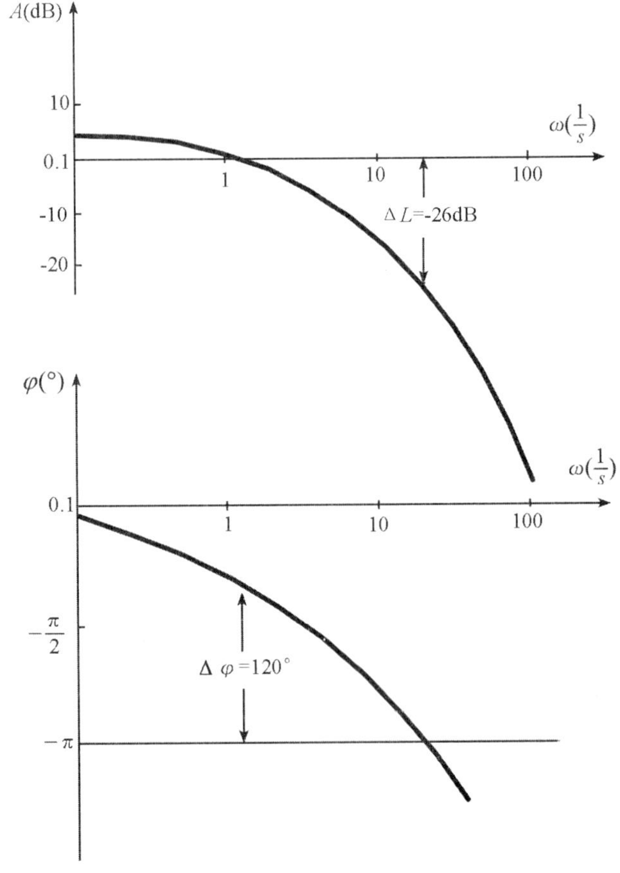

图 5-21　低空点刚性弹体控制回路开环频率特性

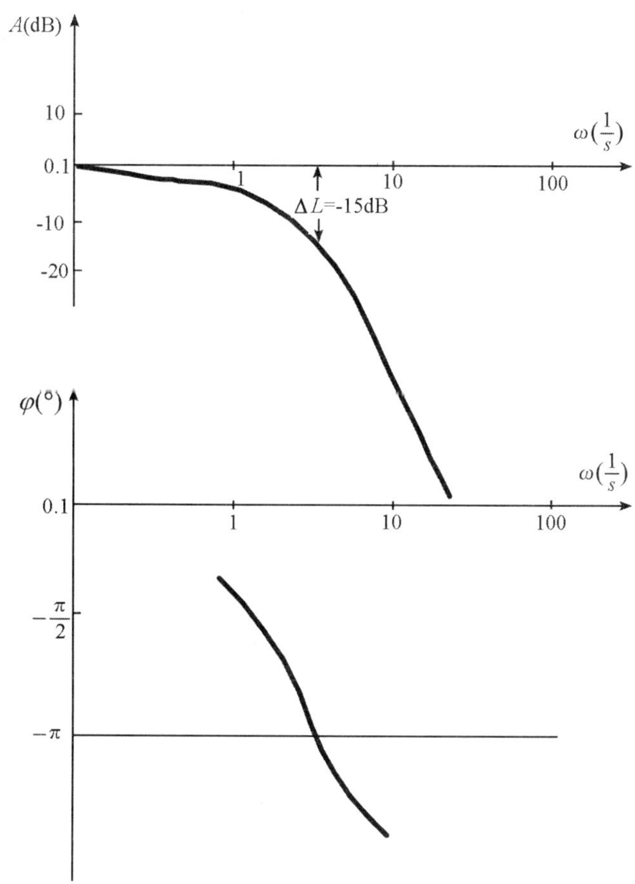

图 5－22　高空点刚性弹体控制回路开环频率特性

5.3.2.4　限制过载的设计

在控制回路设计中对制导指令进行了限制，只限制指令是不够的，除了指令会产生过载，干扰也会产生过载，如风干扰，结构不对称干扰，推力偏斜干扰及电噪声干扰，当干扰较大时，指令和干扰的同时作用，使导弹的机动过载可能超过结构强度允许的范围。因此，必须引入过载限制回路，将实际过载限制在一定的范围，特别是在低空高速时要对过载限制能力进行考核。但对过载进行限制的同时还必须考虑到高空对过载的充分利用，如果只考虑到低空时对过载进行限制，而忽视了高空时对过载的充分利用，可能造成导弹高空飞行过载不足的现象。过载设计既要不超出结构强度限制，又能最大限度地发挥可用过载。

1. 限制过载原理

实现对过载限制的原理，是从线加速度反馈通道调理电路的输出端，引出一条非线性负反馈支路，一旦实际过载幅值超过过载限制器失灵区对应的过载值时，限制过载支路接通，加深了回路的负反馈，使指令得到的削弱，确保实际过载不会超过限度。

将图 5－23 简单地变换后，便成为图 5－24 的形式。根据图 5－24 可推出过载稳定

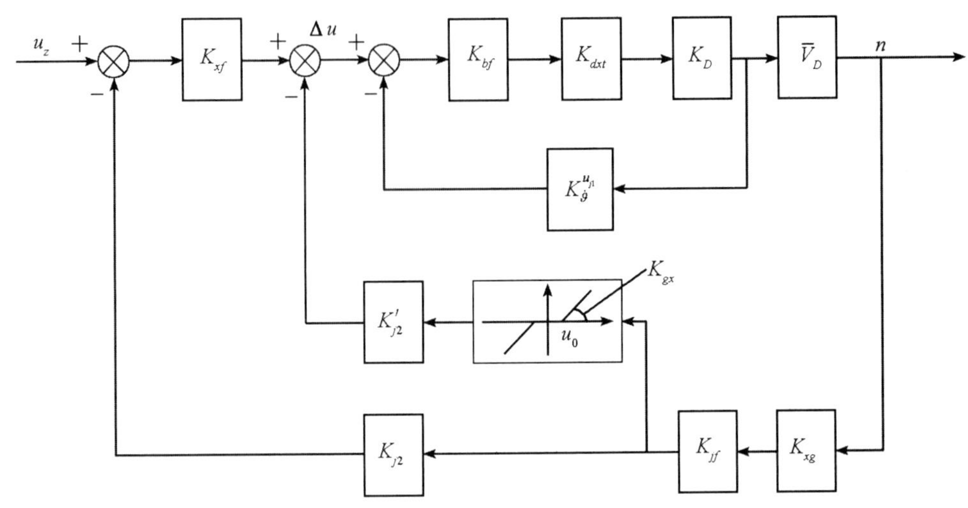

图 5－23　具有限制过载功能的控制回路静态结构图

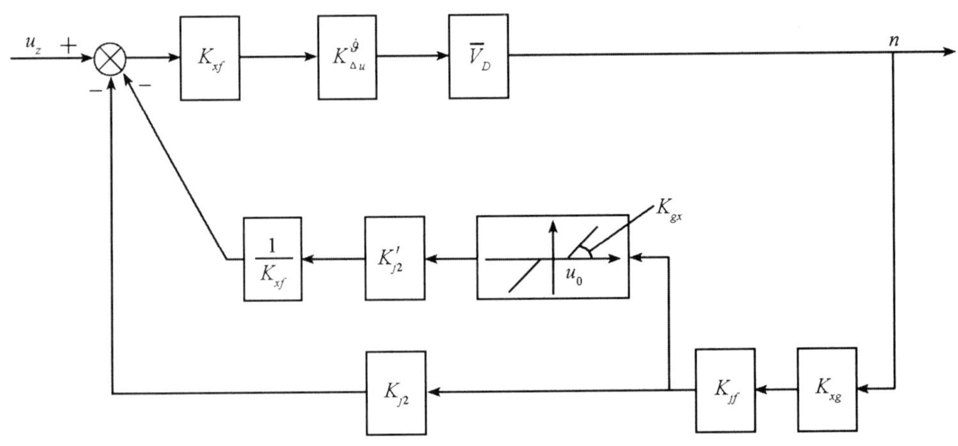

图 5－24　具有限制过载功能的控制回路静态结构图变化后的形式

值和指令之间的关系，即

$$n = \frac{K_{xf} \cdot K_{\Delta u}^{\dot{\vartheta}} \cdot \bar{V}_D}{1 + K_{\Delta u}^{\dot{\vartheta}} \cdot K_{jf} \cdot K_{xg} \cdot K_{xf} \cdot \bar{V}_D (K_{gx} \cdot K'_{j2}/K_{xf} + K_{j2})} u_z \tag{5-46}$$

式中：

K_{gx} 为过载限制器斜率；

K'_{j2} 为限制过载支路滤波网络的传递函数；

又

$$K_{\Delta u}^{\dot{\vartheta}} = \frac{K_{bf} \cdot K_{dxt} \cdot K_D}{1 + K_{bf} \cdot K_{dxt} \cdot K_D \cdot K_{\dot{\vartheta}}^{u_{j1}}}$$

其中，$K_{\Delta u}^{\dot{\vartheta}}$ 为从 Δu 到 $\dot{\vartheta}$ 的闭环传递系数。

从式(5－46)可以看出，当限制过载支路接通时，在 n 的表达式分母中增加了一个分量 $K_{\Delta u}^{\dot{\vartheta}}\cdot K_{jf}\cdot K_{xg}\cdot K_{xf}\cdot \bar{V}_D$，使得 $K_{u_z}^{n}$ 有所下降，因此，当过载限制回路接通，过载传输系数下降。可抑制实际过载。

2. **过载限制器参数的确定**

过载限制器是一个死区非线性环节(图 5－25 所示)。当过载小于失灵区 u_0 所对应的过载时，过载限制器无输出，支路相当于断开。当导弹过载大于失灵区 u_0 对应的过载时，负反馈支路接通，u_0 也是过载限制器的工作点。K_{gx} 是过载限制器的斜率，它的大小可改变过载限制支路功能的强弱，下面分别叙述确定 u_0 和 K_{gx} 的方法。

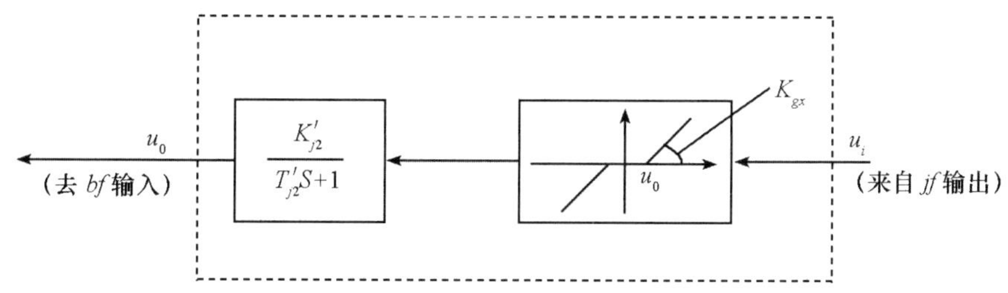

图 5－25　过载限制器结构图

(1)失灵区 u_0 的确定

确定失灵区 u_0 时，既要考虑低空飞行对过载的限制，又要考虑高空飞行时过载的发挥。如要求高空过载不小于 n_g，低空不大于 n_x，n_0(失灵区电压 u_0 对应的过载)取略大于 n_g 又小于过载的最大限幅值 n_x，故 n_0 应在下列范围内选择：

$$n_g < n_{\min} < n_0 < n_x \tag{5-47}$$

(2)斜率 K_{gx} 的确定

由式(5－46)看出，过载 n_x 对应于最大指令 u_{zm}，即

$$n_x = \left\{u_{zm} - \left[n_x\cdot K_{xg}\cdot K_{if}\cdot K_{j2} + (n_x\cdot K_{xg}\cdot K_{if} - u_0)K'_{jz}\frac{K_{gx}}{K_{xf}}\right]\right\}\cdot K_{xf}\cdot K_{\Delta u}^{\dot{\vartheta}}\cdot \bar{V}_D \tag{5-48}$$

根据式(5－48)可求出 K_{gx}，即

$$\begin{aligned} K_{gx} &= \frac{u_{zm}K_{xf}K_{\Delta u}^{\dot{\vartheta}}\bar{V}_D - n_xK_{xg}K_{jf}K_{j2}K_{xf}K_{\Delta u}^{\dot{\vartheta}}\bar{V}_D - n_x}{(n_xK_{xg}K_{jf} - u_0)K'_{j2}K_{\Delta u}^{\dot{\vartheta}}\bar{V}_D} \\ &= \frac{u_{zm}K_{xf}K_{\Delta u}^{\dot{\vartheta}}\bar{V}_D - n_x(K_{xg}K_{jf}K_{j2}K_{xf}K_{\Delta u}^{\dot{\vartheta}}\bar{V}_D + 1)}{(n_xK_{xg}K_{jf} - u_0)K'_{j2}K_{\Delta u}^{\dot{\vartheta}}\bar{V}_D} \end{aligned} \tag{5-49}$$

(5－49)表明，K_{gx} 除了与控制参数、过载限制器的工作点 u_0 有关外，还与对象模型参数 K_D 及 $\bar{V}_D$ 有关，由于导弹在低空高速飞行时可能产生很大过载，因此，计算 K_{gx} 时，K_D、$\bar{V}_D$ 应取低空时过载最大的气动点上之值。设计完成后还必须通过系统仿真进行验证。

(3)滤波网络参数的确定

由于过载限制器为具有失灵区的非线性元件，导弹过载在瞬变过程中有时超过失灵区，有时又低于失灵区，故会引起过载的波动。为此，需要在过载限制器的输出端接一滤

波网络加以平滑，该网络的传递函数为

$$W'_{j2}(s) = K'_{j2}/(T'_{j2}s+1) \tag{5-50}$$

参数可以选择与主反馈通道中校正网络的参数一致，也可以根据仿真结果来调整。

5.3.2.5 几种控制回路的实现

1. 加速度表飞行控制系统

运用一个加速度测量侧向通道的过载，用指令和实际加速度表间的误差实现过载控制，就得出了图5-26所示的侧向通道控制系统。这种系统，高度和马赫数的变化影响小，传输增益稳定，系统稳定性好。这个系统的增益是非常鲁棒的，图5-27，是某型导弹鲁棒增益控制效果。

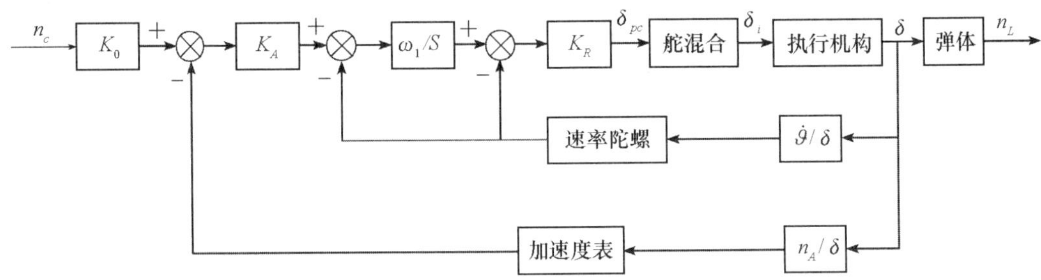

图5-26 加速度表飞行控制系统

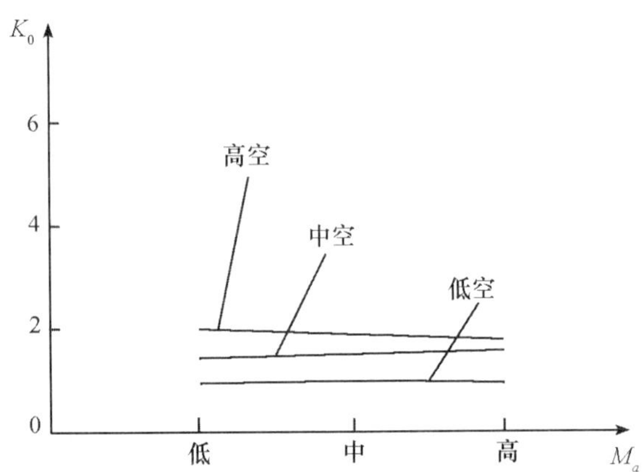

图5-27 加速度表飞行控制自动驾驶仪增益对与高度及马赫数的鲁棒性

这种采用复合阻尼回路的加速度表飞行控制系统具有三个控制增益。无论是稳定还是不稳定的弹体，都可以得到较好的控制性能，综合调整这三个增益的组合，可以得到时间参数、阻尼和截止频率的特定值。调整增益 K_R 主要影响阻尼回路截止频率，调整 ω_I 主要影响法向过载回路阻尼，调整 K_A 主要影响法向过载回路的时间常数。舵机截止频率和弹体弹性振动频率较高时，导弹的时间响应减小到适合于拦截高性能飞机的要求值。可以跟上高性能飞机在企图逃避拦截时所做的剧烈机动。

2. 双加速度表飞行控制系统

由于加速度计价格便宜，而且过载测量精度较高，例如精度为 $10^{-4}g$ 的石英加速度计价格仅为 6000 元左右；而速率陀螺价格相对较高，精度优于 0.5°/小时的速率陀螺价格约 3 万元左右。因此，在有些控制系统设计中用两个加速度计来代替系统中的速率陀螺。在测量时，两个加速度计前后安装，可产生角加速度信息，通过积分可以得到角速度信息。

在系统中，如果加速度计安装在重心之前则有负反馈因素。假设把线加速度计安放在重心前面距离 c 处，其输出轴平行于导弹 OY_b 轴，则加速度计产生的信号为

$$a_y + c\ddot{\vartheta} \tag{5-51}$$

式中：

a_y 为重心在 Oy 方向的线加速度；

$c\ddot{\vartheta}$ 为俯仰角加速度引起的线加速度分量。

假设另一个类似的加速度计安装在重心后面距离 d 处，产生信号为

$$a_y - d\ddot{\vartheta} \tag{5-52}$$

采用数字驾驶仪时，利用前后两个点的测量值，联立方程就可以计算质心位置的加速度 a_y 和弹体角加速度 $\ddot{\vartheta}$：

$$\begin{cases} a_y + c\ddot{\vartheta} = a_1 \\ a_y - d\ddot{\vartheta} = a_2 \end{cases} \tag{5-53}$$

用 a_y 和 $\ddot{\vartheta}$ 可分别进行反馈，起到加速度表和速率陀螺反馈的作用。当采用计算机控制时，可以通过求解后分别反馈。

由于加速度计放在重心前面有负反馈因素，其引起的附加分量对姿态稳定回路有加强系统稳定性的影响，而加速度计安装在重心之后对姿态稳定回路则有正反馈作用。降低阻尼回路的稳定性。把加速度计放在重心后部，通常是不可取的。几种众所周知的英国的导弹系统（如“海标枪”型）采用了间隔开的加速度计来提供仪表反馈，并且采用如下把两个信号混合起来的创造性方案：把前面的加速度计增益增为 $3K_{zg}$，而把后面的加速度计增益增为 $2K_{zg}$，前后相减，保留了过载的信息，后面的加速度计取负号，避免了正反馈，总的负反馈为

$$3K_{zg}(a_y + c\ddot{\vartheta}) - 2K_{zg}(a_y - d\ddot{\vartheta}) = K_{zg}[a_y + (3c+2d)\ddot{\vartheta}] \tag{5-54}$$

该信息一方面直接作为过载反馈，另一方面通过反馈系数 K_{fj} 作为角加速度反馈，这种方案适于模拟电路实现。$K_a[(3c+2d)\ddot{\vartheta}]$ 项对姿态稳定回路的闭环传递函数分母中的 s^2 及 s 项的系数有较大影响。阻尼性能和稳定性皆可通过选择 K_{zg}，c，d 等参数加以调整。图 5-28 为由两个线加速度计组成的侧向稳定回路框图。

图中对应于式（5-54），$k=2$，$l'_1=c$，$l'_2=d$。

两个线加速度计组成的侧向稳定回路具有如下特点：

（1）这种稳定回路可简化为一个二阶系统，参数调整中姿态稳定和过载控制回路都有影响，选择合适的参数，可以达到较好的动态品质，以满足制导控制系统的要求；

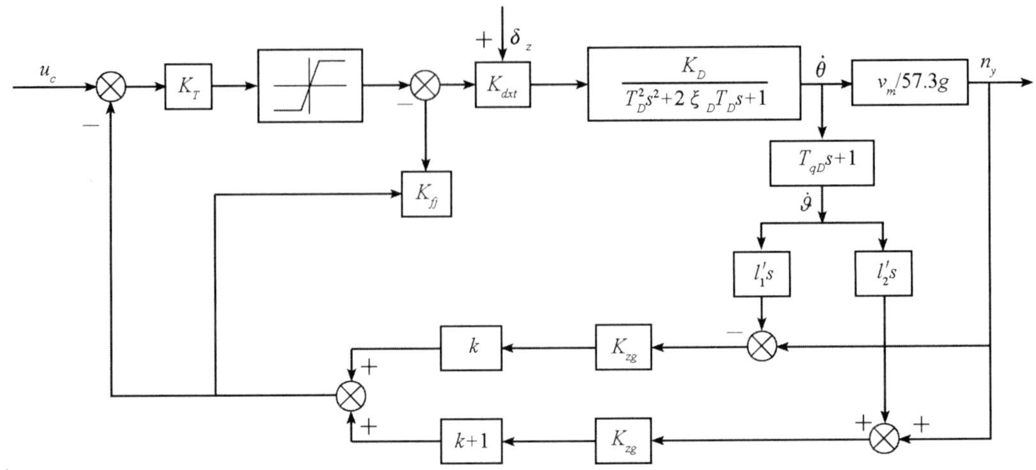

图 5 – 28 由两个线加速度计组成的侧向稳定控制回路框图

(2)这种方案应用时,要特别注意导弹质心的变化应落在 l_1 与 l_2 之间。若质心位置变到 l_1 之前,系统就会变成正反馈,导致失稳;若质心位置变化到 l_2 之后,就会使系统性能变坏。因此,采用这种方案要仔细考虑运用的条件。

(3)这种自动驾驶仪有角加速度信息较易调整到无超调状态,特别适合于使用冲压发动机的导弹,可以有效防止冲压发动机因迎角和侧滑角响应过调而熄火。

(4)这种方案只用一种线加速度计作为敏感元件,用于姿态稳定的信息测量精度不如角速率陀螺,但在工程实现上体积小成本低。

3. 姿态陀螺飞行控制系统

所谓姿态型自动驾驶仪,控制指令为姿态,用三自由度陀螺测量姿态角,大多用于中制导的控制,对于某些攻击固定目标或缓慢运动的目标的导弹,采用姿态型自动驾驶仪作末制导也是可行的。姿态陀螺飞行控制系统具有以下特点:

(1)对于人工操纵的导弹来说,引入姿态陀螺飞行控制系统可以大大降低手动操纵难度,有效降低射手训练成本。

(2)对于稳定姿态而言,姿态陀螺飞行控制系统对阵风、推力偏心或扰动有抗干扰作用。

(3)在导弹的纵向通道,通过预置俯仰角,可以方便地实现导弹的重力补偿功能。对于近地飞行的对地攻击导弹,可以实现防撞地的设计。

姿态陀螺飞行控制系统结构框图如图 5 – 29 所示。通过引入滞后—超前校正实现姿态角反馈回路的综合。

当制导指令为过载时,需要进行控制指令的变换,再用姿态角飞行控制系统实现法向过载控制,否则控制指令与自动驾驶仪不适配,导弹法向过载 n_y 与俯仰角 ϑ 的关系可以用以下公式描述:

$$\frac{n_y(s)}{\vartheta(s)}=\frac{v}{57.3g}\cdot\frac{s}{T_{1d}s+1} \tag{5-55}$$

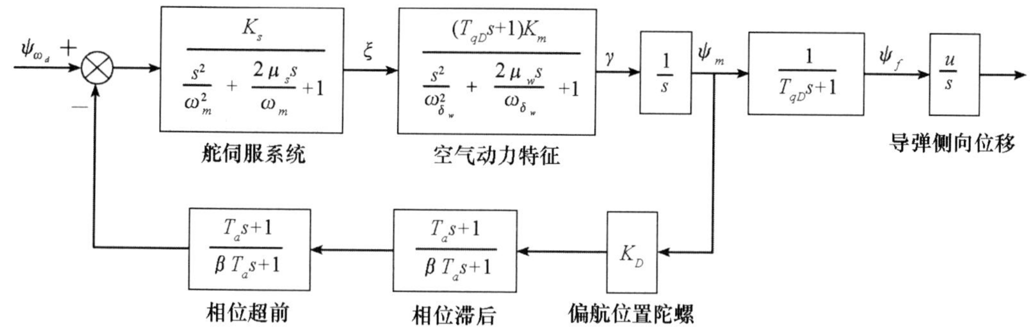

图 5－29　姿态陀螺飞行控制系统结构框图

在工程上，通过引入累积滤波器来实现法向过载控制指令与姿态角飞行控制系统的适配：

$$\frac{\vartheta_c(s)}{n_{yc}(s)}=\frac{K(T_2 s+1)}{s(T_1 s+1)} \tag{5-56}$$

这种思路已经在美国的海尔法反坦克导弹上得到了成功应用。

5.4　倾斜稳定与控制回路

5.4.1　倾斜稳定控制系统的基本任务与设计要求

5.4.1.1　倾斜稳定控制系统的基本任务

倾斜稳定控制系统的基本任务和控制方式由产生气动力的方法、制导系统的形式，以及将制导信号变换为操纵机构偏转信号的方法来确定。主要控制方式有三种类型：

（1）倾斜角控制

倾斜角控制通常运用于 BTT 自动驾驶仪，由俯仰通道产生法向力，通过改变攻角的大小来控制法向力的大小，而借助改变倾斜角的办法，来控制法向力的方向。即极坐标控制方法，这时倾斜回路是一个倾斜角控制系统。滚动通道的指令形式为倾斜角。这种方式适用于面对称弹道。

（2）倾斜角稳定

为实现三通道解耦，通常把倾斜角稳定为零，纵向过载由攻角产生，侧向过载由侧滑角产生，即所谓直角坐标控制方式。这种控制方式适用于轴对称导弹。其指令是倾斜角为零。在指令制导体制中。制导信号在制导站的坐标系中形成，保持倾斜角不变和等于零，可使飞行器固联的坐标系（信号执行坐标系）跟制导信号形成的坐标系相一致。因此也常用倾斜角稳定的方式。

（3）倾斜角速度稳定

在飞行器上形成制导信号的情况下,即在以飞行器坐标系为基准的自动寻的制导和指令制导中,倾斜角稳定是不需要的,只需控制倾斜角速度。因为制导信息和制导指令都是体坐标系描述的,当飞行器围绕纵轴转动时,虽然体坐标系转动了,这时并不破坏制导和自动驾驶仪通道之间的正常协调,但是当导弹以一定的速率滚动时,它将在导引头的两个伺服回路中产生耦合,导引头测量视线的精度就要受到影响。有些导弹为了探测导弹与目标之间的相对参数,允许导弹绕纵轴转动。但由于舵回路通频带有限,若转动过快,控制面可能来不及跟随指令信号而滞后,导致控制面执行命令的相位误差。滚动角速度越大,带来的误差也越大。因此,为了减小滚动角速度带来的误差,必须控制导弹倾斜角速度为零或为常值(自旋弹可对常值角速度进行补偿),这时,倾斜回路是一个倾斜角速度稳定系统。指令为角速度为零或为常值。

倾斜稳定控制是不能缺少的,因为导弹弹体的滚动运动是没有静稳定性的,即使在常态飞行条件下,也必须有滚动稳定装置,在受到干扰时使系统能够快速衰减,并具有较高的稳定精度。

5.4.1.2 对倾斜稳定回路设计的基本要求

为了提高导弹的命中概率,适应作战空域大、目标机动性强的作战要求,对倾斜稳定回路的设计有三个最基本的要求,即稳定性、快速性和稳态误差的要求。

(1)稳定性要求

倾斜稳定回路中弹体气动力参数同样随作战空域和飞行弹道而变,气动力参数的变化有时很剧烈,变化范围可达 20 ~ 30 倍。这就要求倾斜稳定回路在上述参数变化时,仍然保持稳定,具有一定的稳定裕度。一般要求幅值稳定裕度不小于 6dB,相稳定裕度不小于 30°。

(2)快速性要求

为了减少自动驾驶仪三个通道之间的气动交叉耦合,通常要求滚动回路通频带大于俯仰或偏航回路通频带 3 ~ 5 倍。为提高制导精度,往往必须提高自动驾驶仪的快速性,对滚动通道的快速性要求就更高,由此对倾斜回路提出了快速性要求。飞行中,弹体会受到外界干扰力矩的作用将发生滚转,导弹应能很快消除这种滚转,克服干扰力矩,快速回到基准位置。

度量系统快速性的指标可用通频带或系统开环截止频率表示。在工程上,也经常采用“调整时间”衡量滚动回路的快速性。调整时间的含义是回路消除初始干扰角 γ_0 的 70% 时所需的时间。

(3)稳态误差的要求

倾斜稳定回路的稳态误差是指倾斜稳定回路不能完全消除外界干扰力矩的影响而形成的稳态滚动角速度或滚动角。为了提高导弹的导引精度,提高导弹的动态品质,以及改善导引头的工作条件,应尽量减小倾斜稳定回路的稳态误差。

5.4.2　导弹倾斜运动传递函数

由滚动运动方程

$$\frac{\mathrm{d}^2\gamma}{\mathrm{d}t^2}+c_1\frac{\mathrm{d}\gamma}{\mathrm{d}t}=-c_3\delta_x$$

得到导弹的倾斜运动传递函数为

$$\frac{\gamma(s)}{\delta_x(s)}=\frac{K_{Dx}}{s(T_{Dx}s+1)}$$

式中：

K_{Dx}为滚动传递系数，$K_{Dx}=-\frac{c_3}{c_1}=-\frac{M_x^{\delta_x}}{M_x^{\omega_x}}$；

T_{Dx}为滚动时间常数，$T_{Dx}=\frac{1}{c_1}=-\frac{J_x}{M_x^{\omega_x}}$。

5.4.3　倾斜角的稳定

5.4.3.1　倾斜角的反馈

在大部分导弹自动驾驶仪中要求稳定倾斜角。通常使用自由陀螺测量实际倾斜角与给定倾斜角之偏差来稳定倾斜角。

最简单的倾斜角稳定系统由控制对象、自由陀螺和舵机所组成，如图 5－30 所示。假定舵机是理想的，用传递增益 K_a 来描述，自由陀螺也是理想的，用传递增益 K 描述。

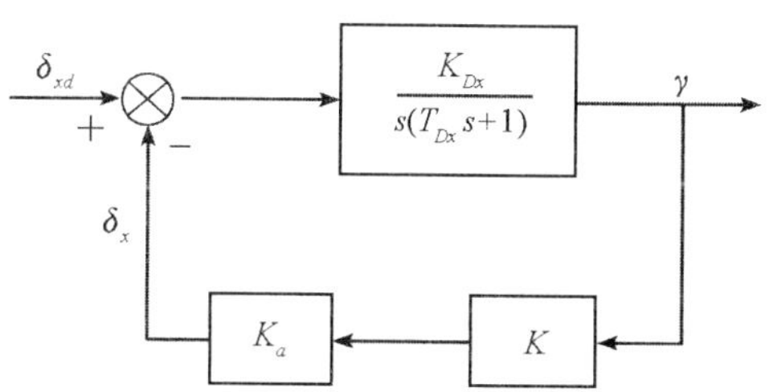

图 5－30　最简单的倾斜角稳定系统

闭环系统传递函数具有系列形式：

$$\frac{\gamma(s)}{\delta_{xd}(s)}=\frac{1}{K_aK}\frac{1}{\frac{T_{Dx}}{KK_aK_{Dx}}s^2+\frac{1}{KK_aK_{Dx}}s+1} \tag{5-57}$$

从上式中可以看出，在干扰 δ_{xd}作用下，γ 的稳态误差为$\frac{\delta_{xd}}{K_aK}$，为提高系统对干扰的抑制作用，必须提高控制器的增益。但是随着这个增益的增大，容易引起闭环系统的振荡性。这种简单的倾斜角稳定系统难以保证具有好的性能。

5.4.3.2 有静差稳定系统

为了使系统在确保要求的稳态误差值的条件下仍具有理想的过渡过程品质，一般在控制规律中增加倾斜角速率反馈。在工程中，可采用各种方案来实现倾斜角稳定系统的角速率反馈，利用速率陀螺直接测量或对自由陀螺输出进行微分都是可行的方案。

下面研究由倾斜角和倾斜角速度反馈所形成的有静差倾斜角稳定系统的基本特性。假定倾斜角和倾斜角速度反馈被理想地实现，舵传动机构同样是理想的，如图 5－31 所示。

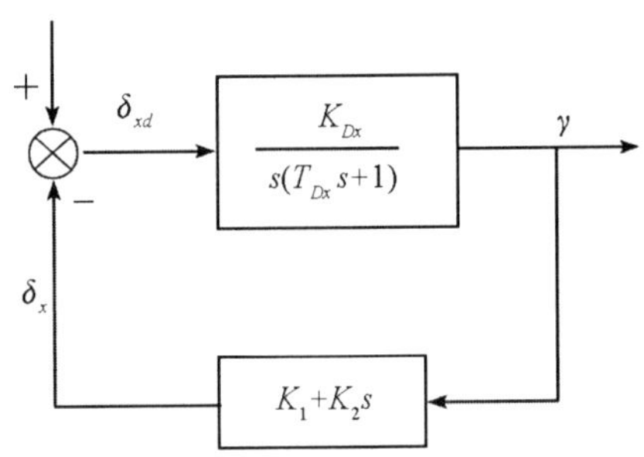

图 5－31　倾斜稳定系统方框图

稳定系统反馈传递函数可写成：

$$H(s)=K_1\gamma+K_2\dot{\gamma}$$

在干扰力矩等效舵面 δ_{xd} 的作用下，系统闭环传递函数为

$$\frac{\gamma(s)}{\delta_{xd}(s)}=\frac{K}{T^2s^2+2\xi Ts+1} \tag{5-58}$$

式中，$K=1/K_1$，$T=\sqrt{\dfrac{T_{Dx}}{K_{Dx}K_1}}$，$\xi=\dfrac{1+K_{Dx}K_2}{2\sqrt{T_{Dx}K_{Dx}K_1}}$。

由此可看出，倾斜稳定系统是振荡环节。显然，为了提高快速性，减小 T 必须增大稳定系统中的增益 K_1，适当挑选 K_2 可以得到所需要的振荡阻尼。

总之，一般这样选择稳定系统的参数：根据稳定系统稳定裕度和截止频率的要求，设计开环频率特性；根据系统抗干扰及稳定误差的要求，确定闭环系统的特性。

5.4.3.3 无静差稳定系统

由控制原理可知，对误差进行积分的反馈可以使控制的稳态误差为零，即无静差控制。在许多对倾斜稳定的精度提出更高要求的情况下，为了消除稳态误差，采用了无静差系统。在工程中，可用如下两种方法来实现误差积分的反馈：

(1) 由于倾斜角的指令为零，测量的倾斜角即为误差，可在自由陀螺反馈回路中引入“比例＋积分”校正，在当前数字机广泛应用的情况下，这种方案最简单、方便。

(2) 引入积分陀螺，这个方案目前很少使用。

5.4.4　倾斜角速度的稳定

5.4.4.1　倾斜角速率反馈的作用

在一些基于弹体坐标系制导自动寻的导弹中，对倾斜角无需限制，只要求稳定倾斜角速度，如稳定倾斜角速度为零。如果没有倾斜角速度反馈的主动控制，在阶跃干扰倾斜力矩 $M_{xd}=M_x^{\delta_x}\delta_{xd}$ 的作用下，将使导弹绕纵轴转动，其角速度为

$$\dot{\gamma}(t)=K_{Dx}\delta_{dx}(1-\mathrm{e}^{-\frac{t}{T_{dx}}})=-\frac{M_{xd}}{M_x^{\omega_x}}(1-\mathrm{e}^{-\frac{t}{T_{dx}}})\tag{5-59}$$

在过渡过程消失后稳态角速度为

$$\dot{\gamma}(\infty)=-\frac{M_{xd}}{M_x^{\omega_x}}\tag{5-60}$$

通过改进弹体气动外形增加气动阻尼有降低稳定的倾斜角速度的作用，但不可能达到抑制干扰的目的，因为这个要求大大超过了弹翼和尾翼面积的限制，在高空飞行时气动阻尼很小，气动改善难度更大。因此只能借助于包括倾斜角速度反馈在内的飞行器自动控制系统来解决。

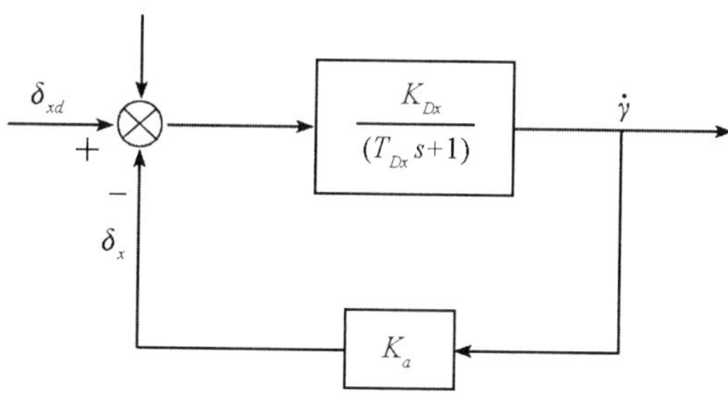

图 5-32　角速度稳定系统结构图

图 5-32 为倾斜角速度稳定系统结构图。采用了角速率反馈，其开环系统传递函数为

$$G(s)=\frac{K_{Dx}K_a}{T_{Dx}s+1}\tag{5-61}$$

在干扰力矩 δ_{xd} 的作用下，闭环系统对应传递函数为

$$\frac{\dot{\gamma}(s)}{\delta_{xd}(s)}=\frac{K_{Dx}}{1+K_{Dx}K_a}\,\frac{1}{\frac{T_{Dx}}{1+K_{Dx}K_a}s+1}\tag{5-62}$$

将此式与导弹倾斜运动传递函数比较：

$$\frac{\dot{\gamma}(s)}{\delta_{xd}(s)}=\frac{K_{Dx}}{T_{Dx}s+1}\tag{5-63}$$

可以看出，由于倾斜角速度反馈稳定系统的闭环传递系数是导弹传递系数的

$\frac{1}{1+K_{Dx}K_a}$，在阶跃干扰力矩的作用下，倾斜角速度的稳态值为

$$\dot{\gamma}(\infty)=\frac{1}{1+K_{Dx}K_a}\left(-\frac{M_{xd}}{M_x^{\omega_x}}\right) \tag{5-64}$$

倾斜角速率反馈的作用使同样干扰力矩作用时转动的稳态角速度减小到原来的 $\frac{1}{1+K_{Dx}K_a}$。等效于导弹气动阻尼的有效增加和时间常数的大幅减小，开环系统传递系数 $K_0=K_{Dx}K_a$ 越大。稳态角速度越小，过渡过程也越快。

5.4.4.2 倾斜角速率反馈系统

倾斜角速率反馈系统由角速率陀螺、倾斜操纵机构和弹体组成，其结构图如图 5-33 所示。

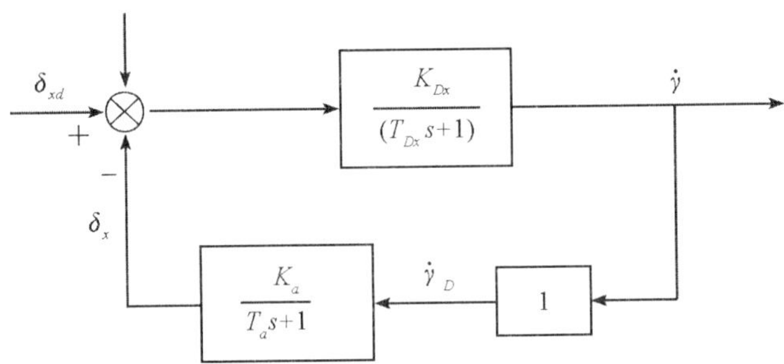

图 5-33 采用速率陀螺的倾斜角速率反馈系统（δ_{xd} 为等效干扰舵偏角）

图中执行机构以一阶惯性环节来近似，理想速率陀螺用增益为 1 的环节来近似，计算系统的闭环传递函数：

$$\frac{\gamma(s)}{\delta_{xd}(s)}=\frac{K(T_as+1)}{T^2s^2+2\xi Ts+1} \tag{5-65}$$

式中，$K=\frac{K_{Dx}}{1+K_{Dx}K_a}$，$T=\sqrt{T_{Dx}T_a/(1+K_{Dx}K_a)}$，$\xi=\frac{T_a+T_{Dx}}{2\sqrt{T_{Dx}T_a(1+K_{Dx}K_a)}}$。

由此可见，干扰抑制作用可以通过增大 K_a 来实现。不过，当 K_a 太大时，系统将变成一个振荡环节，因此，系数 K_a 的增加受到系统要求振荡要小这一要求的限制。

当系统频带要求较宽时，还必须考虑执行机构和陀螺的动力学特性，可近似地用纯时延来表示它们的特性，考虑其延时后的开环系统的传递函数可表示为如下形式：

$$G(s)=\frac{K_0e^{-\tau s}}{(T_as+1)(T_{Dx}s+1)} \tag{5-66}$$

式中，K_0 是开环系统增益。

由此可以看出，由于执行机构和陀螺延时 τ 的缘故，截止频率越高，相位的滞后越大，K_0 增大到一定值时，相位滞后可能超过 180°，系统将失稳。

传递系数 K_0 的选择，要考虑执行机构和陀螺的动力学特性影响，并依据系统的频率特性来进行，综合考虑各方面指标：

(1)所要求的稳定性储备；

(2)允许的稳定误差 r_d；

(3)必需的截止频率。

当选择截止频率时，除了要满足本回路一般的动态品质要求外，还要考虑它与俯仰和偏航通道的关系。滚动引起滚动通道与俯仰/偏航通道之间的惯性交叉耦合，倾斜角速率的动态过程影响俯仰/偏航通道的动态过程，为保证整个系统的稳定性，通常使倾斜通道的截止频率大大高出俯仰和偏航通道的截止频率，当倾斜角速度截止频率达到俯仰/偏航通道截止频率的 4 倍以上时，惯性交叉耦合影响甚微。

如果通过选择开环系统传递系数 K_0 不能综合满足要求的稳定裕度、稳态误差和截止频率，可采用校正网络。提高系统截止频率并改善稳定性的常用手段是在回路中引入一个超前校正网络：

$$W(S)=\frac{T_1 s+1}{T_2 s+1} \tag{5-67}$$

式中，$T_1>T_2$。

5.4.4.3　无静差的稳定系统

上一节介绍的倾斜角速率反馈系统是有静差的系统，如果干扰力矩是常值的话，具有稳定误差 γ_d。增大开环系统传递系数 K_0，可以减小这个误差，理论上总是存在稳态误差。而且 K_0 的增大是有限制的，过大的开环系统传递系数 K_0 可能造成系统的振荡性，甚至使系统失稳。

某些导弹，合理地选择 K_0 值即可使系统同时满足动态品质和稳态误差的要求。但在很多导弹驾驶仪设计中，通过调节 K_0，无法同时满足动态品质和稳态误差要求。必须做反馈结构上的改变，常用以下两种反馈校正方法：

(1)在系统中引入滞后校正网络，它可有效裁去高频段频带，在提高传递系数 K_0 时，而不使频带过宽，保证系统的稳定性。即在减小稳态误差的同时又不增强系统的振荡性。这种校正装置效果是具有较大的传递系数 K_0，但还是有静差的。

(2)在回路中引入积分环节可使系统无静差。通常有如下两种实现积分的方案：

① 无反馈或具有软反馈的舵传动机构。

无反馈类型的舵系统，在其低频段存在一个理想的积分环节，无反馈舵系统传递函数为(低频段)

$$G(s)=\frac{K}{s} \tag{5-68}$$

具有软反馈舵系统的传递函数为(低频段)

$$G(s)=\frac{K(\tau s+1)}{s} \tag{5-69}$$

② 在回路中引入积分滤波器或积分陀螺实现积分，而舵系统采用具有硬反馈的舵传动机构。

目前由于弹上计算机的广泛使用，系统设计倾向使用积分滤波器方案，可有效降低舵系统和陀螺的制作成本和难度。

引入积分反馈可以大大增强抗力矩干扰的能力，对阶跃干扰力矩引起的倾斜角速度进行快速抑制，并达到高精度的稳态效果。

5.5 高度控制与航向控制

将导弹运动近似为一个变质量的刚体运动进行研究时，它在空间的运动有六个自由度，即三个姿态角运动和三个方向的线运动。角运动在5.3和5.4节中已经讨论过，三个姿态角都有相应的稳定控制系统。三个方向的线运动就是导弹的质心运动。由于发动机推力偏心、阵风干扰等因素的影响，会使飞行中的导弹偏离预定弹道。一般通过测量元件测出导弹偏离预定（理想）弹道的偏差，形成控制信号，将导弹稳定或控制到预定的弹道上，消除导弹的质心偏差。对于战术导弹射程的控制有总体设计指标保证，因此本节主要讨论高度和航向偏离的控制。

导弹的飞行高度是控制系统进行控制的一个重要参数，尤其是巡航导弹和反舰导弹的超低空掠地或掠海飞行时，高度控制更重要。为了不使导弹撞地或击水，必须有高度控制系统。高度控制实际上只在铅垂平面内进行，所以高度控制系统一般都与俯仰通道结合在一起，其典型的方框图如图5－34所示。

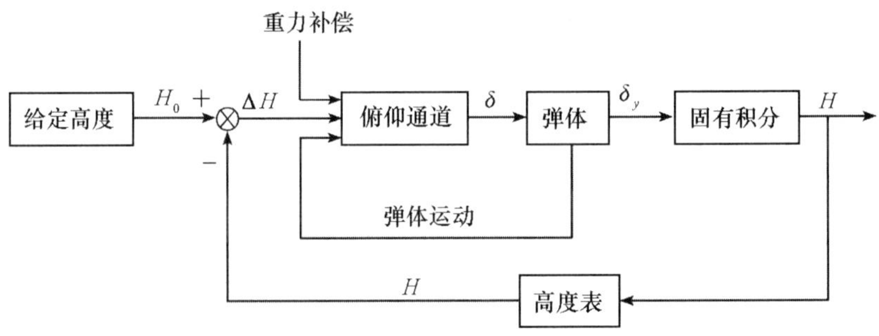

图5－34　导弹高度控制系统简化方框图

图中高度表是导弹高度 H 的敏感元件，高度 H 近似为导弹在铅垂平面内的法向加速度 a_y 的二次积分，所以图中有固有积分环节。高度给定装置给出固定的飞行高度，也可按程序给定程序导弹高度 H_0。测得的高度 H 与给定高度 H_0 比较后得到高度变化量 ΔH。重力补偿是另外引入的，它补偿导弹重力引起的高度稳态误差。当高度表测得导弹的高度与给定高度不符时，便产生校正信号（正比于 ΔH）送给俯仰控制通道，控制导弹在要求的高度上稳定飞行。

侧向偏移控制以偏航角及倾斜角的自动稳定系统为内回路。控制方案有两大类：一类是靠协调转弯修正航向偏离，即通过副翼控制导弹协调转弯，或通过副翼与方向舵控制导弹协调转弯，大部分飞航导弹的侧向质心控制采用这种方法，这样可以获得较快的过渡过程。另一种是单纯靠侧滑或仅由方向舵控制导弹平面转弯来修正侧向偏离。面对称导弹侧滑转弯过渡过程比较缓慢，快速性要求不高的飞航导弹的横偏校正系统采用这种方法。

高度控制和航向控制目前主要在型号导弹中用作中制导，如美国的“战斧”巡航导弹、西方企鹅反舰导弹家族、俄罗斯 SS－N－21“石榴石”潜射巡航导弹、中国的 KD－88 远程空地导弹等，一般在中制导巡航阶段采用高度控制，控制导弹贴地面飞行，或采用航向控制，控制导弹按预定航迹飞行，或者是控制反舰导弹的贴海面定高飞行。这时控制回路以姿态角的稳定回路作为内回路，高度控制或航迹控制作为外回路，其作用是将导弹质心保持在预定高度或预定航迹上。当导弹转入末制导时，再采用过载控制构成的控制回路作为外回路，控制导弹精确命中目标。

5.5.1　导弹的纵向控制系统组成

为了简化分析，导弹在空间的运动一般分解为铅垂平面内的纵向运动和水平面内的侧向运动。导弹纵向控制系统的主要使命是对导弹的俯仰姿态角和飞行高度施加控制，使其在铅垂平面内按照预定的弹道飞行。导弹的纵向控制系统框图如图 5－35 所示。

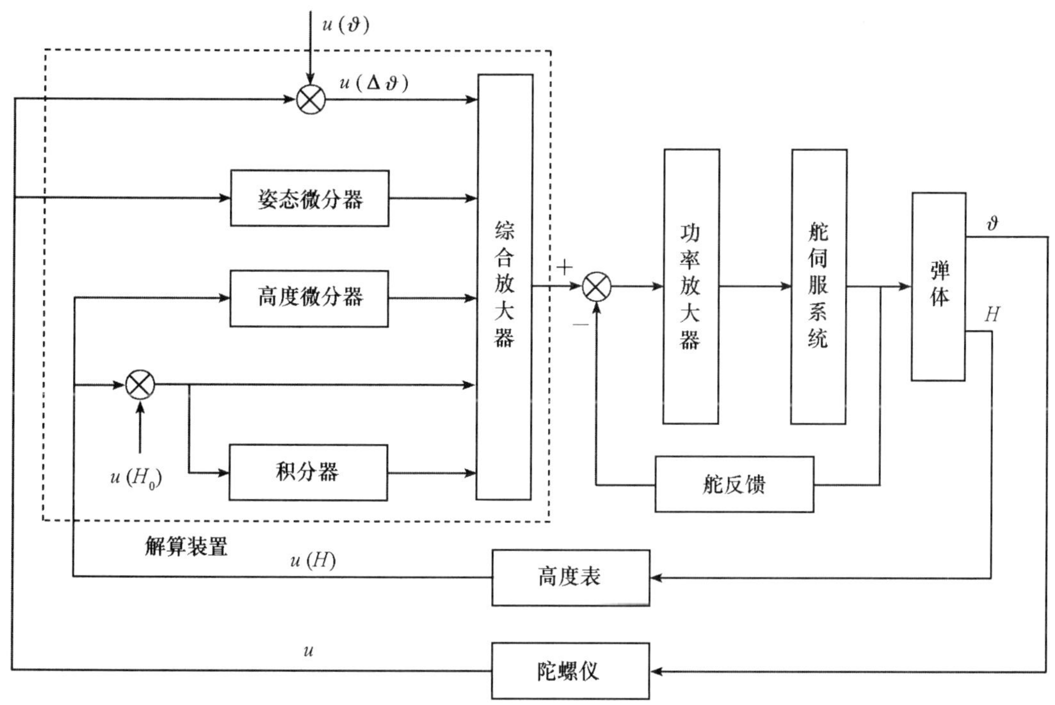

图 5－35　导弹纵向控制系统框图

飞航式导弹通常采用自由陀螺仪来测量导弹的俯仰姿态角；用无线电高度表、气压高度表等来测量导弹的飞行高度。

为了改善系统的动态性能，在解算装置的输出端，除了有俯仰角的误差信号、高度的误差信号之外，还引入了俯仰角速率信号和垂直速度信号。角速率信号可以由速率陀螺仪给出，也可由俯仰角加电子微分器产生；同样，垂直速度信号可由垂直速度传感器提供，也可由高度加电子微分器产生。

为了减小高度控制的稳态误差，通常设计为一阶无静差系统，在系统中引入积分环节。积分器在工程上可以用机电装置实现，也可用电子线路实现，显然，电子微分器和电子积分器都是解算装置的一部分。

当需要改变导弹的飞行高度时，控制系统通过舵机转动导弹的升降舵面，产生俯仰力矩，改变俯仰姿态，攻角的变化使导弹上的升力发生变化，以达到高度控制的目的。

5.5.2 弹体纵向传递函数

飞航导弹纵向扰动运动弹体传递函数为

$$\frac{\vartheta(s)}{\delta(s)}=\frac{K_D(T_{qD}s+1)}{s(T_D^2s^2+2\xi_DT_Ds+1)}$$

$$\frac{\theta(s)}{\delta(s)}=\frac{K_D}{s(T_D^2s^2+2\xi_DT_Ds+1)}$$

$$\frac{\alpha(s)}{\delta(s)}=\frac{K_DT_{qD}}{T_D^2s^2+2\xi_DT_Ds+1}$$

$$\frac{\dot{H}(s)}{\delta(s)}=\frac{K_DV/57.3}{s(T_D^2s^2+2\xi_DT_Ds+1)}$$

纵向控制系统简化结构图如图 5－36 所示。

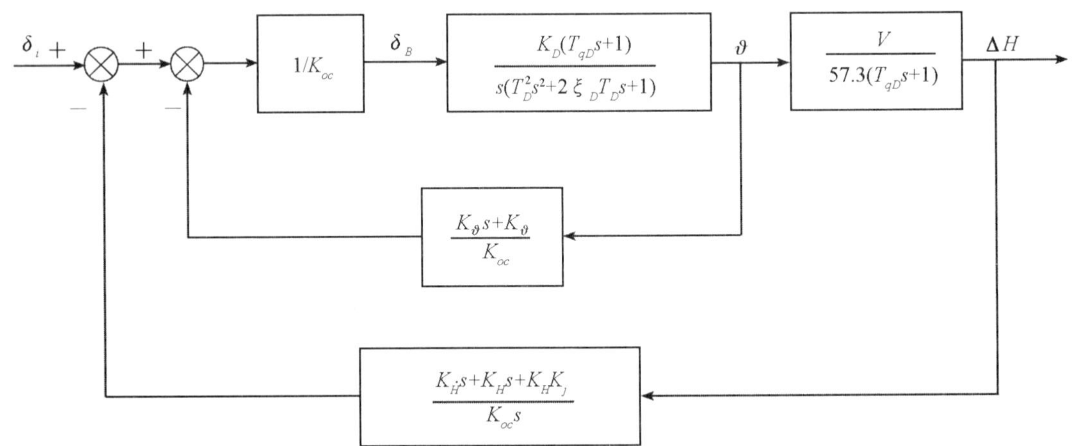

图 5－36 纵向控制系统简化结构图

5.5.3 纵向控制系统设计

在进行控制系统设计时，依据各项性能指标（包括可靠性指标和经济性指标），选用一些性能好、质量稳定的元部件来组成控制系统。设计者的任务是在给定对象和部件参数的前提下对系统进行分析设计，确定校正环节的结构形式及参数，最后使系统达到所要求的性能指标。

5.5.3.1　俯仰角稳定回路的设计

因为舵偏直接产生控制力矩，改变姿态，而升力是改变姿态后间接产生的。俯仰角的过渡过程是快过程，而升力变化滞后于导弹姿态角的变化，其过渡过程为慢过程。也就是导弹质心运动的惯性比姿态运动的惯性大。所以，俯仰角稳定回路和高度稳定回路可以分开设计，分析俯仰角稳定回路时可暂不考虑高度稳定回路的影响。俯仰角稳定回路结构如图 5-37 所示。

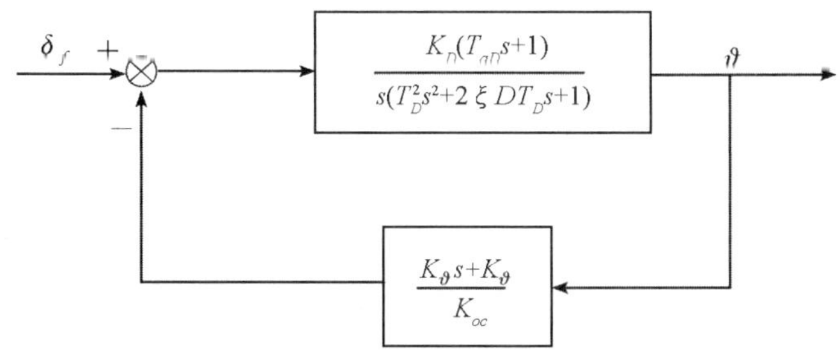

图 5-37　俯仰角稳定回路结构图

由图 5-37 可知，俯仰角稳定回路开环传递函数为

$$W_{\dot\vartheta}(s)=\frac{K_DK_\vartheta(T_{qD}s+1)[(K_{\dot\vartheta}/K_\vartheta)s+1]}{K_{oc}s(T_D^2s^2+2\xi_DT_Ds+1)}=\frac{K_w(T_{qD}s+1)(T_ws+1)}{s(T_D^2s^2+2\xi_DT_Ds+1)}$$

式中，$K_w=\frac{K_DK_\vartheta}{K_{oc}}$，$T_w=\frac{K_{\dot\vartheta}}{K_\vartheta}$。

系统开环频率特性由放大环节、积分环节、二阶振荡环节（转折频率 $\omega_D=\frac{1}{T_D}$）和两个一阶微分环节（转折频率 $\omega_w=\frac{1}{T_w}$，$\omega_{qD}=\frac{1}{T_{qD}}$）所组成。以某型号导弹的一个特征气动点为例，来分析控制参数选择的影响，如图 5-38 所示，是俯仰角稳定回路设计结果的开环对数频率特性如下：

由图可知：该设计有足够的幅值裕度，且相角裕度 $\gamma>70°$。远优于相角裕度大于 30°，幅值裕度大于 6dB 的指标要求，考虑到系统参数的不准确性，测量延时和舵机的影响，留有一定稳定性储备是必要的。该图说明，适当选择控制参数决定的转折频率 $\omega_w=\frac{1}{T_w}=\frac{K_\vartheta}{K_{\dot\vartheta}}$，在 $\omega_{qD}<\omega_w<\omega_D$ 的情况下，系统有足够的稳定性储备。

ω_w 过大和过小都对稳定性不利。

当 ω_w 过小，使得 $\omega_w<\omega_{qD}<\omega_D$ 时，开环系统的幅频特性的高频部分将被抬高，使开环系统频带加宽很多，会使系统的抗干扰能力下降，同时，截止频率提高，相角稳定裕度减小，稳定性也会下降。同样道理，系统的开环放大倍数 K_w 也不能取得太大，否则幅频特性抬高将使系统稳定性储备减小，抗干扰能力下降。

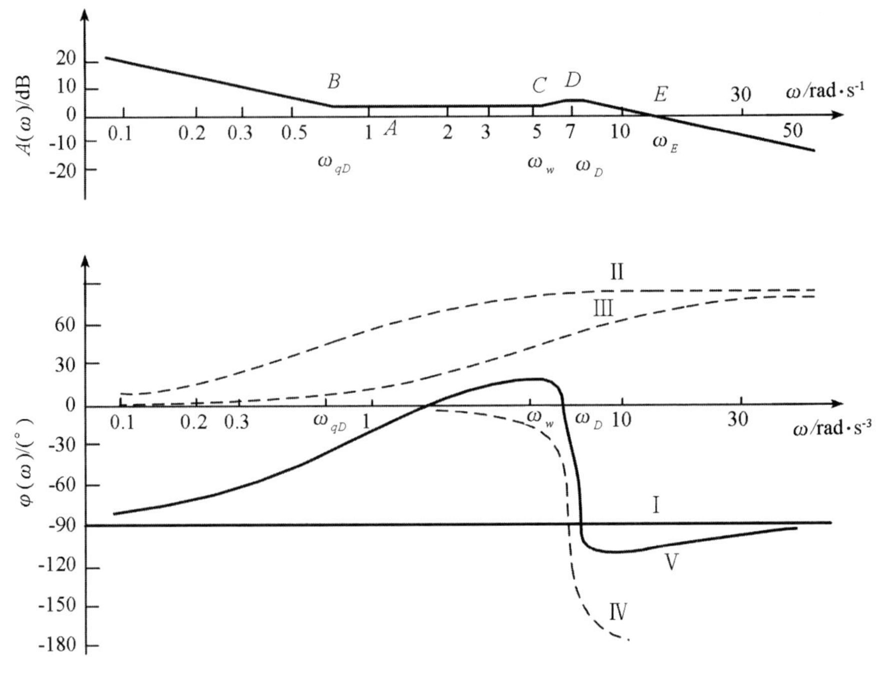

$\omega_{qD}=0.67\mathrm{rad}\cdot\mathrm{s}^{-1}$；$\omega_D=6.25\mathrm{rad}\cdot\mathrm{s}^{-1}$；$\omega_E$—剪切频率；

Ⅰ—积分环节相频特性；Ⅱ、Ⅲ——一阶微分环节的相频特性；

Ⅳ—二阶微分环节的相频特性；Ⅴ—系统的相频特性

图 5－38　俯仰角稳定回路开环对数频率特性

ω_w 越高，对相角稳定裕度的贡献就越小，当 $\omega_{qD}<\omega_D<\omega_w$ 时，如果参数选配不当，幅频特性有可能以 -40dB/10 倍频程的斜率穿越零分贝线，即使系统稳定，其相对稳定性与动态品质也是很差的。

总之，利用开环对数频率特性，考核稳定裕量及频带宽度要求，来选择 ω_w，K_w，也就是校正环节的参数 K_ϑ、$K_{\dot{\vartheta}}$。

5.5.3.2　高度稳定回路设计

由于姿态运动是快过程，质心运动是慢过程，因此设计时可以先设计内环俯仰角稳定回路，暂不考虑外环高度稳定回路的影响。内环设计完成后，在设计外环的高度稳定回路时，可保留内环姿态稳定回路的设计结果。设利用 Matlab 软件对俯仰角稳定回路进行设计和校正得到的俯仰角稳定回路传递函数为 $G(s)$。由此得到高度稳定回路的结构图如图 5－39 所示。

同样，由于外环质心运动是慢过程，在设计中略去内环中的快过程部分，即内环传递函数中的高频部分，设简化后内环俯仰角稳定回路的闭环传递函数具有如下形式：

$$G(s)=\frac{K_\varphi V}{57.3s(T_\varphi s+1)}$$

由图 5－39 可知，高度稳定回路开环传递函数为

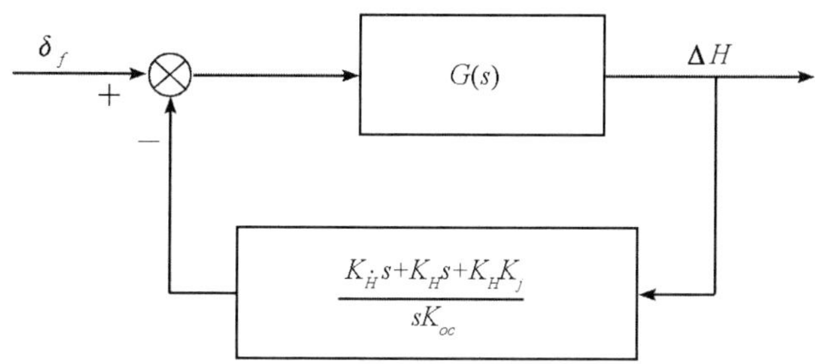

图 5－39　高度稳定回路结构图

$$W_g(s)=\frac{K_\varphi V}{57.3K_{oc}}\frac{K_{\dot H}s^2+K_H s+K_H K_j}{s^2(T_\varphi s+1)}=\frac{K_g(T_g^2 s^2+2\xi_g T_g s+1)}{s^2(T_\varphi s+1)}$$

对应俯仰角稳定回路设计的同一特征点，$K_\varphi=0.67$，$T_\varphi=2.5\text{s}$；$V=306\text{m/s}$。

设计过程，往往是通过参数选择，效果比较，不断优化的过程。下面通过两组高度稳定回路的控制参数的效果比较，来说明设计控制参数的优化过程。

高度稳定回路的第一组控制参数为 $K_H=0.2\text{V/m}$，$K_{\dot H}=0.25\text{V}\cdot\text{s/m}$，$K_j=0.5\text{s}^{-1}$。对应的开环传递函数为

$$W_g(s)=\frac{0.71(1.58^2 s^2+2\times0.63\times1.58s+1)}{s^2(2.5s+1)}$$

第一组参数对应的开环对数频率特性如图 5－40 所示。可知，系统有足够的幅值裕度，相角裕度也大于 30°，从稳定性指标看是符合要求的，但是，不能只看稳定性指标，还

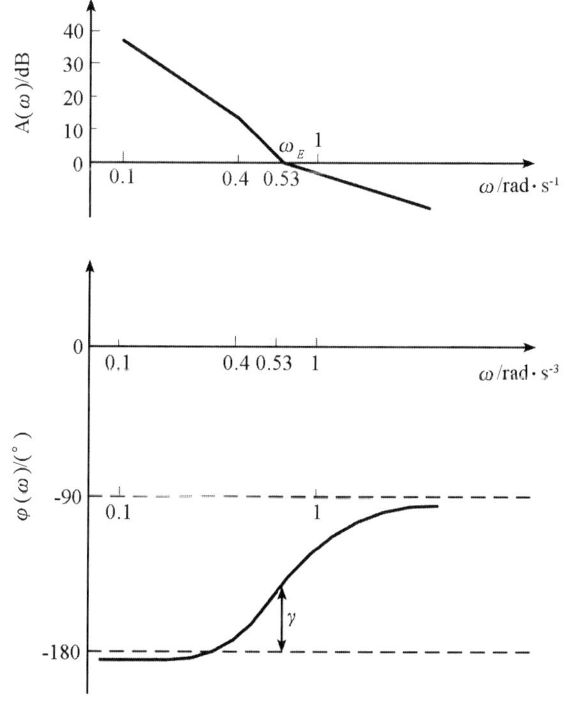

图 5－40　第一组参数对应的开环对数频率特性

要看动态性能如何，由自动调节原理的知识可知，系统的动态品质主要是由剪切频率两边的一段频率特性所决定的。要有好的动态特性，剪切频率附近最好是 -20dB/10 倍频程，而且剪切频率应尽可能地远离其两侧的交接频率，工程上称之为“错开原理”。从图 5-40 开环对数频率特性看，在第二个交接频率之前对数幅频特性渐近线的斜率为 -60dB/10倍频程。而剪切频率与第二个交接频率靠得非常近，系统的振荡趋势严重，即系统的阻尼特性很差。

高度稳定回路的第二组控制参数为 $K_H=0.5\text{V/m}$；$K_{\dot{H}}=0.5\text{V}\cdot\text{s/m}$；$K_j=0.25\text{s}^{-1}$。对应的开环传递函数为

$$W_g(s)=\frac{0.89(2^2s^2+2\times1\times2s+1)}{s^2(2.5s+1)}$$

第二组参数对应的开环对数频率特性如图 5-41 所示。系统的相角储备大于 60°，比第一组参数时有很大提高，幅值裕度两者相差不多，由于剪切频率与第二个交接频率相距较远。-60dB/10 倍频程远离剪切频率，所以它对系统动态品质的影响减小，动态特性较好，使系统的阻尼相对第一组控制参数情形有较大增加。

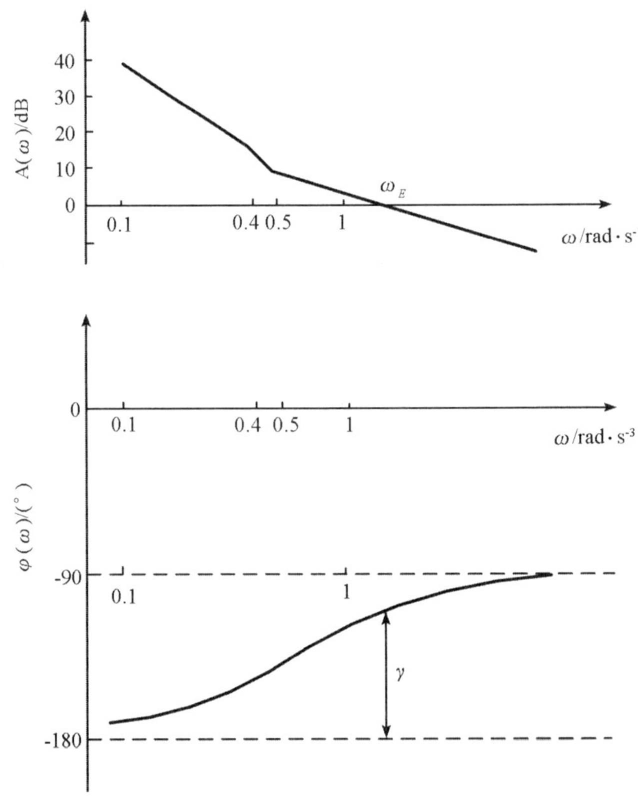

图 5-41　第二组参数对应的开环对数频率特性

以上是针对一个特征气动点进行的设计，对于其他特征气动点，可做出类似的设计，在导弹的飞行过程中，弹体参数是连续变化的，控制参数的适应性改变可根据众多气动点的设计来拟合气动点的变化与控制参数改变之间的关系，实现有自适应能力的控制。

实际的纵向控制系统既是时变的，又是非线性的。设计工作只是初步的，还必须通过系统的数字仿真和半实物仿真进行验证，必要时调整参数，使系统的品质指标满足使用要求。

5.5.4　导弹航向角稳定回路设计

导弹的侧向运动包括航向、倾斜和侧向偏移运动，而航向和倾斜运动之间有相互交联作用。在工程上为简化设计工作，将航向、倾斜和侧向偏移作为彼此独立的运动进行分析设计，最后考虑相互间的影响。这种简化方法，已在导弹控制系统实际设计中得到了应用，实践证明是可靠的、成功的。本节主要讨论航向角稳定回路的设计。

航向稳定回路的功能是：保证导弹在干扰的作用下，回路稳定可靠工作，航向角的误差在规定的范围内，并按指令实施控制。

5.5.4.1　航向角稳定回路的结构和静态分析

（1）航向角稳定回路的构成

航向角 ψ 稳定回路的设计通常采用 PID 调节规律，因此角稳定回路一般由下列部件构成：

① 放大器：电子放大器。

② 角速度敏感元件：阻尼陀螺仪或电子微分器；电子微分器的传递函数为：

$$G_{\omega}(s)=\frac{s}{T_5^2 s^2+2T_5\xi_5 s+1}$$

在实际中为抑制高频噪声的微分，引入了一定的截止频率。

③ 积分机构：机电式积分机构或电子式电子积分器。

④ 角敏感元件：三自由度陀螺仪。

⑤ 执行机构：电动舵伺服系统或液压舵伺服系统。

⑥ 控制对象：弹体。

导弹航向角运动的传递函数为

$$W_{\delta_y}^{\psi}(s)=\frac{K_D(T_{qD}s+1)}{s(T_D^2 s^2+2T_D\xi_D s+1)}$$

航向角稳定回路框图如图 5－42 所示。

（2）航向角稳定回路的静态分析

通常，对航向角稳定回路的静态性能有较高要求：在一定常值干扰力矩的作用下，仍可保证系统稳定可靠地工作，且所产生的静差满足指标要求。

从倾斜角稳定回路分析可知，对于有静差系统，如果只采用比例式调节规律，导弹在常值干扰力矩的作用下，将造成偏航角的稳态偏差。开环放大系数愈大，静差愈小，但放大系数不宜过大，否则将导致系统的不稳定。

对于静态误差要求较高时，必须采用无静差系统，消除静差，在系统中引入积分环节，如图 5－42 中的 K_6 环节，此时常值干扰力矩引起的舵面偏角就无需航向陀螺仪的输出信号来补偿，而由积分环节的输出信号去平衡，因此不会产生偏航角的误差。

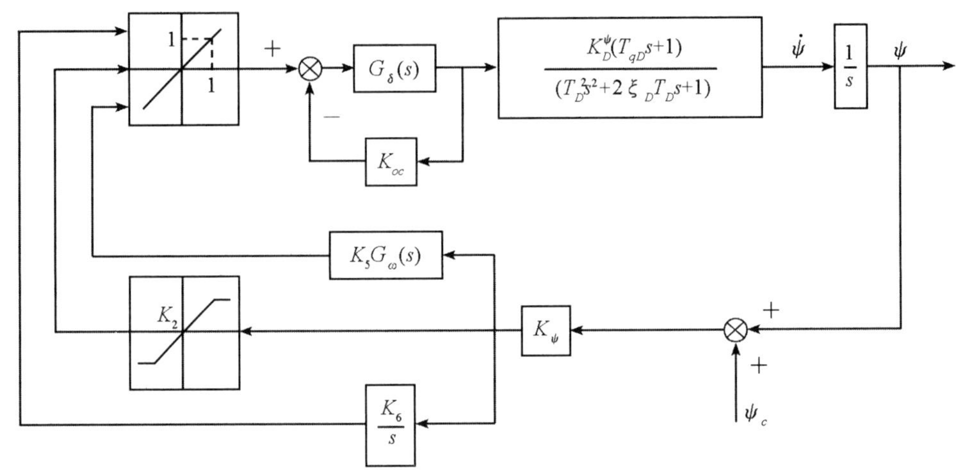

K_ψ—陀螺仪的传递系数；K_2—比例放大器的放大系数；K_6—积分器的放大系数；

K_{oc}—舵伺服系统位置反馈系统；$G_\delta(s)$—舵伺服系统正向传递函数；ψ_c—陀螺仪的漂移

图 5－42 航向角稳定回路框图

对于非测量系统的误差，如放大器的零位、舵伺服系统的零位偏差等，无静差系统对其产生的静差具有抑制能力，但还是应采取各种技术措施，把这些干扰限制在一定范围内。

对于测量系统产生的误差，无静差系统也无能为力，如陀螺漂移和陀螺安装误差，航向陀螺仪漂移是一个随机量，一般无法保证导弹在自控段始终在规定的范围内及时得到补偿，漂移将造成导弹偏离航向，这只能通过提高陀螺仪精度来解决。此外，惯导初始对准的精度（包括静态对准和传递对准），以及惯导系统的漂移（包含陀螺的漂移及其安装精度），都会造成航向的偏离。

5.5.4.2 航向角稳定回路的动态分析

如前所述，导弹航向角运动的传递函数为

$$W_{\delta_y}^{\psi}(s)=\frac{K_D(T_{qD}s+1)}{s(T_D^2s^2+2T_D\xi_D s+1)}$$

由上式可知，系统有三个极点、一个零点，在短周期运动结束后，是一个积分过程，并且二阶振荡环节的阻尼系数比较小，一般在 0.1 左右，这样的系统，通常不稳定，或稳定性很差。所以振荡比较明显，需要增加人工阻尼。

通常在自动驾驶仪中应用阻尼陀螺仪（或微分器），以补偿弹体阻尼的不足，这就形成一种可用的 PD 调节规律，此时系统校正部分的传递函数近似为

$$W(s)=K_4(K_2+K_5s)$$

航向角速率稳定回路简化框图如图 5－43 所示。在对系统进行初步分析时，可以把舵伺服系统看成一个惯性环节。舵伺服系统传递函数为

$$W_{u1}^{\delta}(s)=\frac{K_\delta}{T_\delta s+1}$$

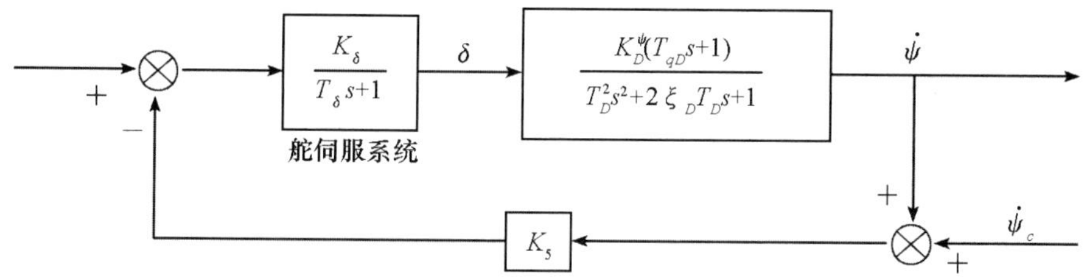

图 5-43　航向角速率稳定回路简化框图

带微分器的航向角稳定回路框图如图 5-44 所示。

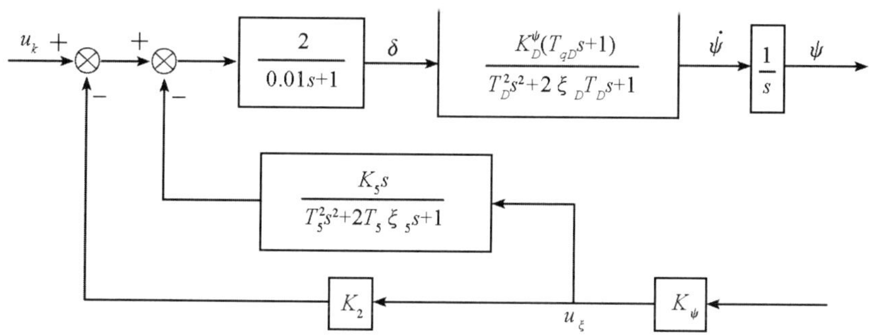

K_5—微分器放大系数；T_5—微分器滤波时间常数；ξ_5—二阶阻尼系数；u_k—输入量

图 5-44　带微分器的航向角稳定回路框图

在初步设计的基础上，对系统进行数学仿真试验，直至系统获得满意的动态特性。

由上述分析可知，系统是有静差的，当导弹受干扰力和干扰力矩作用时，必然有一个与偏航角对应的舵偏角来平衡，要想消除静差，就得在系统中引入一个积分环节，形成 PID 调节如图 5-42 所示。

线性积分器的引入能有效抑制干扰力矩，消除稳态误差，但通常使动态性能下降，稳定性降低。因此，需要考虑积分器的引入时间，机动飞行时不引入，稳定飞行时再引入，通常对于大扇面角机动发射时不引入，稳定飞行后再引入，且引入宜晚不宜早。

选择 K_6 的原则，是把系统的动态品质放在第一位，并与要求消除静差的时间相对应，当 K_6 较小时，对航向角稳定回路的动态品质影响小，但消除静差的时间就也会增长。

5.6　数字式自动驾驶仪

随着微型计算机的迅速发展和数字式控制系统性能价格比的不断改善，数字式自动驾驶仪的应用已成为明显趋势。

事实上，在实现变参数和自适应控制方面，采用数字式系统不但相当方便、灵活，而且还会使系统具有决策和逻辑判断功能。与传统的模拟式系统比较，它更有控制精度高和容易实现自动化测试与设计的突出优点。因此，数字式控制系统在导弹制导控制技术发展中将越来越得到广泛应用。

5.6.1 数字式自动驾驶仪的结构

数字式稳定控制系统除功放、执行元件、敏感元件及被控对象(弹体)可能为连续系统外,其余离散部分都可由数字计算机取代。图5-45为一种典型的数字式稳定控制系统结构图。

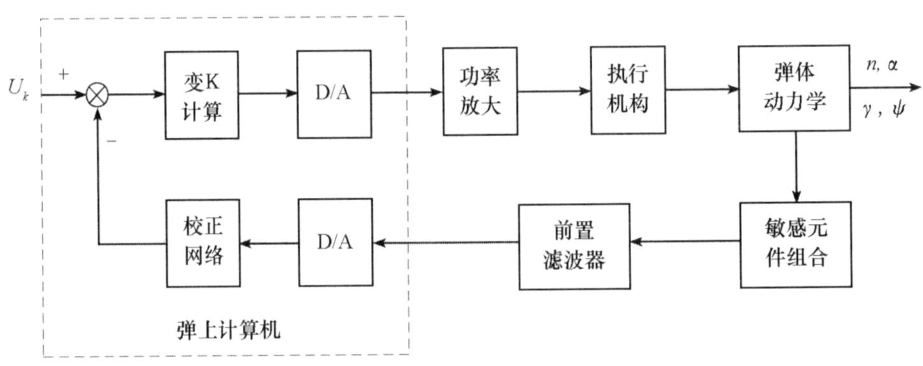

U_k—控制指令电压;n,α,γ,ψ—分别为导弹过载和姿态角

图5-45 一种典型的数字式稳定控制系统结构图

图中A/D和D/A分别为模/数与数/模转换器,虚框包含的部分是由弹上数字计算机实现的功能部分。

通常,数字式稳定控制系统包括离散和连续两大部分,所以设计方法较连续系统发生了重大变化,它采用以连续系统离散等效为基础的数字采样系统设计方法。其设计中的主要问题包括:①利用数字机进行数字量化;②采样速率(周期)的合理选择;③信号数/模与模/数转换;④系统抗干扰及软、硬件设计等。

数字式控制系统的设计主要采用两种方法:①采用连续系统设计方法(在s平面),然后离散化;②直接在离散域(Z平面或W平面)进行设计。图5-46给出了用上述方法设计的典型数字式侧向稳定控制系统。

由图可见,数字式稳定控制系统所用的姿态角、角速率和线加速度等信息是由捷联惯性测量组合提供的(角度信息从弹上计算机获得)。

5.6.2 数字式自适应自动驾驶仪

导弹(尤其是中远程导弹)在全程飞行中,其参数变化很大,且存在随机干扰和系统未建模动态特性,采用一般反馈控制和经典校正方法很难实现理想的受控性能,而利用基于现代控制理论的自适应控制技术是一条极具发展前景的有效途径。

自适应稳定控制系统的基本思想是实时测量导弹当前运动状态,在线辨识被控系统模型,根据所估计的导弹特性变化,通过自适应机构来调整控制器结构或参数,使其自动地适应导弹特性变化,以保证导弹在全空域飞行中都具有最优的受控性能。

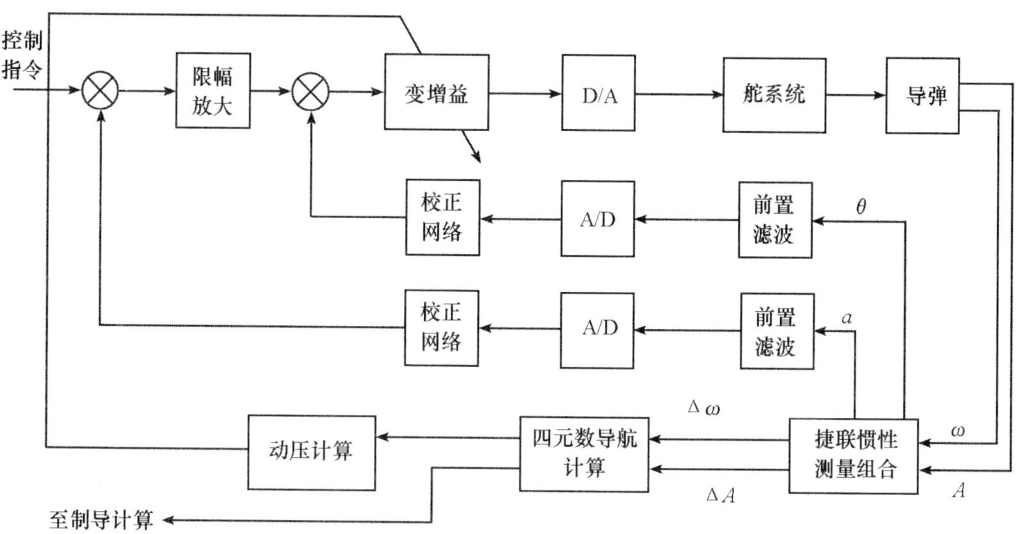

图 5－46　采用捷联惯导的数字式侧向稳定控制系统

捷联惯导数字式自适应自动驾驶仪由以下几个部分组成：

(1)捷联惯导系统：为导弹提供惯性基准，为导弹实时地提供飞行速度、飞行高度、迎角和飞行时间的信息，并测量弹体角速率和加速度。

(2)控制系统参数数据库：由控制理论综合而得，存储不同飞行条件下控制系统保持良好性能所必须的参数值。

(3)常规自动驾驶仪。

(4)导弹执行机构和弹体。

图 5－47 为数字式自动驾驶仪的结构框图。

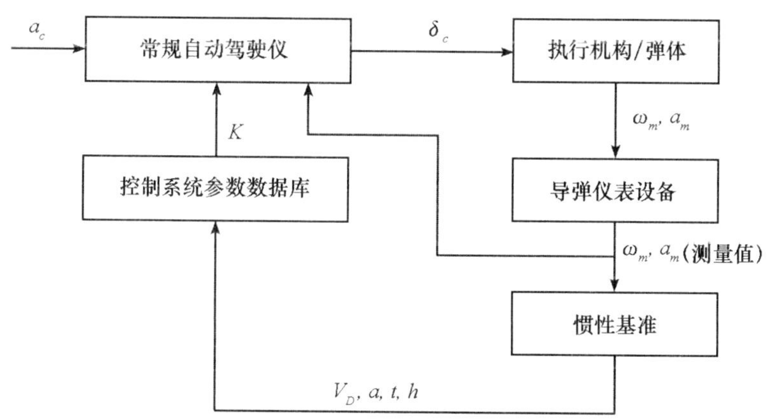

图 5－47　数字式自适应自动驾驶仪结构框图

数字式自适应自动驾驶仪的工作过程是：由导弹仪表设备(惯性 IMU)测得弹体的角速度信息和加速度信息，一路用于导弹自动驾驶仪的反馈信号，另一路通向捷联惯导计算机；由捷联惯导计算机计算出导弹的飞行速度、飞行高度、迎角和滚动角等飞行状态信息，这些信息与弹体动力学有着对应的关系。为保证导弹在任何飞行条件下都具有满意的飞行品质，通常应在不同的飞行条件下选取不同的控制增益，而惯导系统恰好提供表征飞行条件的信息，此时这些信息被用作控制系统调参的特征参数。利用这些特征参数查询控制增益表获得控制增益 K，然后将其代入控制算法，计算出控制指令 δ_c。

导弹飞行条件与其弹体动力学有着密切的联系，这是由其内在因素决定、外部特征表现出来的。影响导弹弹体动力学的内在因素主要有以下几个方面：

(1)推力特性：导弹弹体动力学系数 a_3，a_4 皆与推力有关，因而推力的变化将对弹体动力学特性产生很大影响。

(2)导弹重心、质量和转动惯量：导弹弹体动力学 $a_1 \sim a_5$ 皆与导弹的重心、质量和转动惯量有关。

(3)动压：除了推力矢量控制引入的动力学系数外，几乎所有的动力学系数都与动压有关。

(4)迎角：在导弹进行大迎角飞行时，导弹的气动力特性将随迎角发生很大变化，这些变化将反映在导弹的动态特性上。这里讲的迎角指的是导弹的总迎角。

(5)气流扭角：在大迎角的情况下，气流扭角对有翼导弹的气动力特性影响十分明显，但对无翼式导弹的气动力特性的影响是很小的。

(6)速度(马赫数)：在 a_1，a'_1，a_4，和 a_5 动力学系数中，都有导弹飞行速度项，所以它也将影响导弹的动力学特性。

在上面这些因素中，有一些因素之间有着密切的关系，如导弹的推力特性、重心、质量和转动惯量皆是导弹飞行时间的函数，导弹的马赫数、动压和飞行速度都由飞行高度和马赫数决定。所以从外部特征上看，影响导弹弹体动力学的特征参数有：导弹飞行时间、马赫数、飞行高度、总迎角和气流扭角等。

数字式自动驾驶仪的特点是，可方便地实现各种复杂算法，能较好地实现具有自适应能力的控制计算。达到以下良好效果：

(1)自动驾驶仪增益随导弹飞行高度和马赫数的变化很小。

(2)不管是稳定的还是不稳定的弹体都可以很好地控制。

(3)具有良好的阻尼特性。

(4)导弹的时间响应可以降低到适合于拦截高性能飞机的要求值。

(5)良好的抑制干扰力矩的能力。

对于捷联惯导数字式自适应自动驾驶仪，其整个设计过程为：

(1)导弹飞控系统性能指标的确定；

(2)确定导弹特征参数，为控制参数的调整提供依据；

(3)计算对应所有特征参数空间点处弹体动力学的模型参数；

(4)利用控制理论完成导弹所有飞行条件下的控制参数计算，给出控制参数数据库；

(5)根据特征参数的变化情况，确定控制器的调参频率，由此提出对捷联惯导系统信号传输速率的要求；

(6)控制器离散化频率的确定；

(7)设计结果的仿真验证。

思考题

1. 特征弹道与特征气动点怎样选取，各自的用途是什么？
2. 理解典型的侧向控制回路原理图。
3. 简述阻尼回路与控制回路分开设计的理由。
4. 说明为什么角速率反馈可以改善阻尼。
5. 简述复合反馈阻尼回路具有良好的稳定性的原因。
6. 说明怎样用两个加速度计测出 a_y 和 $\ddot{\vartheta}$。
7. 为什么加速度计若放置在质心后方，作过载反馈时，对姿态有正反馈的因素存在？
8. 过载指令已有限幅，为何还要引入过载限制回路？
9. 三种倾斜控制系统，各自的指令形式是什么，分别适用什么样的控制方案？
10. 无静差控制使用的意义及其实现途径是什么？
11. 角速度反馈的作用是什么？
12. 根据高度控制的纵向控制框图，说明系统的构成，有哪些反馈，各有什么作用？
13. 理解纵向控制系统框图。
14. 俯仰角稳定回路与高度稳定回路分开设计的理由是什么？
15. 根据航向角稳定器框图，说明系统的构成，有哪些反馈，各有什么作用？
16. PID 控制在自动驾驶中有哪些应用？
17. 为什么在导弹控制中需要自适应控制？

第 6 章　制导体制

上一章主要详述了制导控制系统中控制系统的组成及设计方法,从本章开始我们将介绍导弹制导功能的实现。导弹制导系统的任务是通过探测和测量导弹与目标运动特性,测量导弹的实际运动与由制导律确定的理想运动之间的偏差,据此偏差的大小和方向形成控制指令,在此指令作用下,通过稳定控制系统控制导弹改变运动状态以消除偏差。同时还将随时克服各种干扰因素的影响,使导弹始终保持需要的运动姿态和轨迹。由此可见,制导回路是决定导弹命中精度的最重要的环节之一。

本章首先介绍各种制导体制的分类及作用原理,导引律的分类和选择将在第 7 章进行介绍。

导弹的制导体制有多种类型,为导弹选择一种合适的制导体制是制导控制系统设计的前提。按照导引系统的作用原理和导引指令的生成方式,制导系统可以有多种分类方法。根据第 1 章的介绍,我们将制导体制分为以下四类:自主制导;遥控制导;寻的制导;复合制导。

6.1　自主制导

导弹的自主制导,是一种控制和导引信息由导弹自身生成的制导方式,指在导弹发射后,不需要制导站的干预,不需要辅助照射,根据发射点和目标的位置,事先拟定好一条弹道,制导中完全依靠导弹内部的制导设备测出导弹相对于预定弹道的飞行偏差,形成控制信号,使导弹飞向目标。弹上测量设备以惯性导航为主,以大自然的可见光图像或红外图像以及测高信息为辅(卫星定位信号可用时,可利用卫星定位信息),完成对弹的姿态、角速度、过载、速度、位置的精确测量。如利用宇宙空间某些星体与地球的相对位置辅助导航的称为天文导航系统;根据目标地区附近的地形特点导引导弹飞向目标的地图匹配制导系统等。

自主制导的特点是不易受到干扰。但导弹一旦发射出去,就不能再改变其预定的轨迹,因而单用自主制导系统的导弹只能对付固定目标或已知飞行轨迹的目标,不能攻击活动目标。

自主制导主要用于地地导弹(如弹道式导弹、飞航式导弹等)和空地导弹(如空地式飞航导弹),有些地空导弹的初制导段也有应用。

自主制导的技术可分为方案制导、天文导航、惯性制导和地图匹配制导等。

6.1.1　方案制导

方案是指拟制的一个飞行计划或航迹。方案制导是导引导弹按这种预先拟制好的计划飞行的制导方法。当导弹在飞行中产生的实际参量值与方案给定值之间存在偏差,该偏差就是制导的主要信息,制导指令产生的舵的位移量就决定于这一偏差量。方案制导实际上是一个程序控制过程。所以采用方案制导的系统也称为程序制导系统。

实现方案制导的系统一般由方案机构和弹上控制系统两个基本部分组成,如图6－1所示。方案制导的核心是方案机构,它由传感器和方案元件组成。传感器是一种测量元件,可以是测量导弹飞行时间的计时机构,或测量导弹飞行高度的高度表等,该测量信息是控制方案元件运动的基本变量。方案元件可以是机械的、电气的、电磁的和电子的,方案元件的输出信号即为预定弹道随飞行时间变化的预定规律,或代表导弹倾角随导弹飞行高度变化的预定规律等。在制导过程中,方案机构产生的控制指令信号,送入弹上控制系统。弹上控制系统的俯仰、偏航、滚动三个通道,执行制导指令并起抑制干扰稳定飞行的作用。

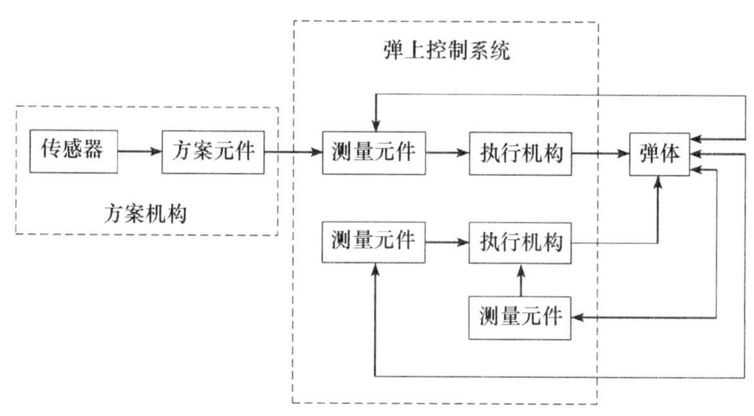

图 6－1　方案制导的系统组成

方案制导主要用于地地导弹。有些地空导弹从发射到进入主要控制段前,也采用方案制导系统,以使导弹发射后便有自主能力,这样可增加发射密度并具有多方向攻击目标的能力。

在飞航式导弹制导中,方案制导多用于初、中段制导。

6.1.2　天文导航

天文导航是通过观测天体来测定导弹所在位置的技术,由天文年历可知道太阳、月球各大行星和千百颗基本恒星在一年内不同时刻不同参考系的精确位置,是天文导航的主要信息资料。六分仪、星体跟踪器、天文罗盘是常见的天文观测设备。天文导航系统通常还包含惯性平台和时间基准器。

导弹天文导航的常用观测装置为六分仪,下面以光电六分仪为例介绍天文导航观测装置的工作原理。

光电六分仪一般由天文望远镜、稳定平台、传感器、放大器、方位电动机和俯仰电动机等部分组成,如图6-2所示。发射导弹前,预先选定一个星体,将光电六分仪的天文望远镜对准选定星体。制导中,光电六分仪不断观测和跟踪选定的星体。

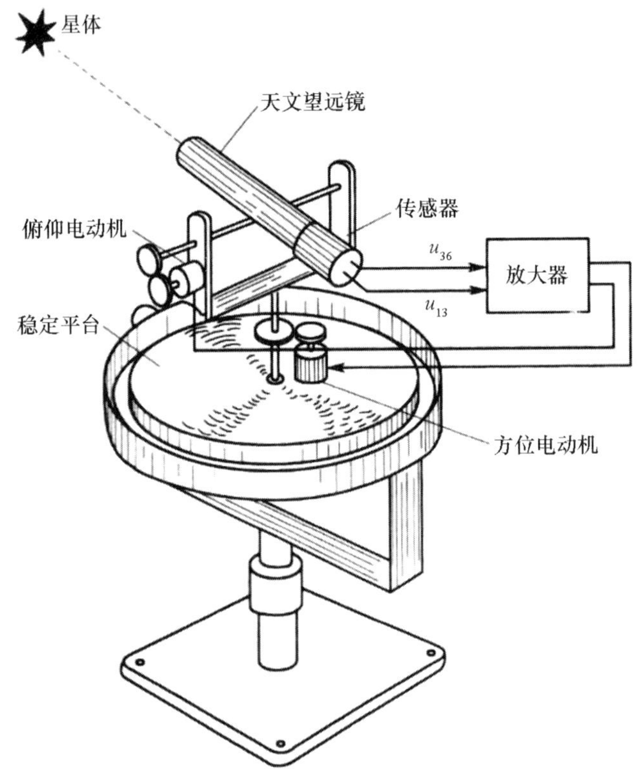

图6-2 光电六分仪原理图

导弹上常用的天文导航系统有两种:一种是由一套天文导航观测装置跟踪一个星体,导引导弹飞向目标;另一种是由两套天文导航观测装置分别观测两个星体,确定导弹的位置,并修正弹上惯导系统的漂移。下面着重讨论一套天文导航观测装置跟踪一个星体的天文导航系统。

图6-3为跟踪一个星体的导弹天文导航系统,由一部光电六分仪(或无线电六分仪)、高度表、计时机构、弹上控制系统等部分组成。由于每一个星体的运动规律都可在天文年历资料中查到,依据计时信息可计算星体在轨道中的即时地理位置及由东向西的等速运动,光电六分仪的望远镜自动跟踪并对准所选的星体,可以测量导弹观测星体的视线角度。制导中,当测量到视线发生偏移时,光电六分仪就向弹上控制系统输送控制信号。弹上控制系统在控制信号的作用下,修正导弹的飞行方向,使导弹沿着预定弹道飞行。导弹的飞行高度由高度表输出的信号控制。当导弹在预定时间飞到目标上空时,计时机构便输出俯冲信号,使导弹进行俯冲或终端制导。

天文导航完全由弹上系统独自完成,精确度较高,而且导航误差不随导弹射程的增大

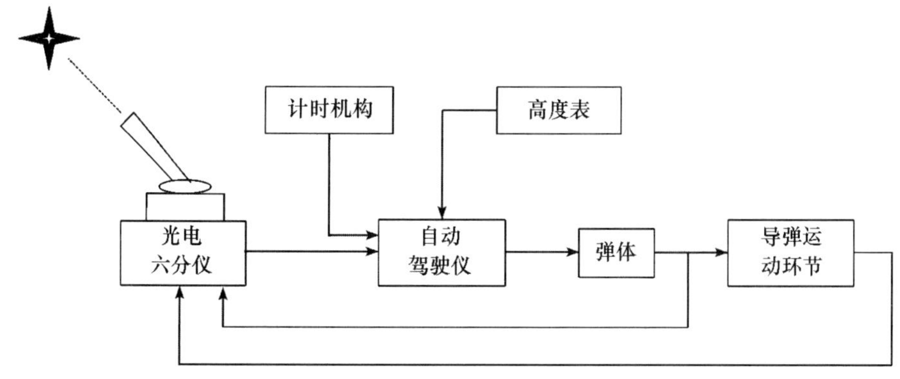

图 6－3　天文导航系统原理图

而增大，但天文导航受气象条件的影响较大，当有云、雾时，观测不到选定的星体，则不能实施导航。另外由于导弹的发射时间不同，星体与地球间的关系也不同，因此，天文导航对导弹的发射时间要求比较严格。为了有效地发挥天文导航的优点，该系统通常与惯性导航系统组合使用，组成天文惯性导航系统。天文惯性导航利用六分仪测定导弹的地理位置，校正惯性导航仪所测得的导弹地理位置的误差。如在制导中六分仪由于气象条件不良或其他原因不能工作时，惯性导航系统仍能单独进行工作。

6.1.3　惯性制导

所谓惯性制导是指利用弹上惯性测量设备测量导弹弹体相对惯性空间的运动参数，并在给定初始运动条件下，通过计算机计算出导弹的速度、位置及姿态等参数，形成制导控制指令，实施导弹制导控制的一种制导方式。执行该制导方式的系统称之为惯性制导系统，它实质是一个自主式的空间基准保持系统。全部安装在弹上的惯性制导系统主要由陀螺仪、加速度表、制导计算机和控制系统等组成。

在惯性系统中，由加速度表测量弹体质心运动的三个线加速度分量；利用陀螺仪测量弹体绕质心转动的三个角速度分量；弹上计算机根据测得的数据和给定的初始条件，计算出弹体线速度、距离和位置（经、纬度），并经转换和综合处理后得出既定导引规律所要求的制导控制指令；弹上控制系统按照制导控制指令引导导弹飞向目标，直至最终命中目标。按照惯性测量装置在弹上的安装方式不同，惯性制导可分为平台式惯性制导和捷联式惯性制导两种。

6.1.3.1　平台式惯性制导

平台式惯性制导是一种经典的惯性制导方式，其陀螺仪和加速度表安装在稳定平台（或称惯性平台）上。因为要实现平台轴不受干扰地跟踪与地球有关的坐标系，这就要求陀螺仪为平台提供三个轴的稳定基准，从而构成三轴稳定平台，如图 6－4 所示。

由图 6－4 可见，两个陀螺外环轴均平行于平台的方向轴安装，而内环轴则自然平行于平台的台面。由陀螺定轴性可知，两个陀螺的内环轴可作为平台绕两个水平轴（x，y）稳定的基准，而两个陀螺的外环轴之一将作为平台绕方位轴 z 稳定的基准。

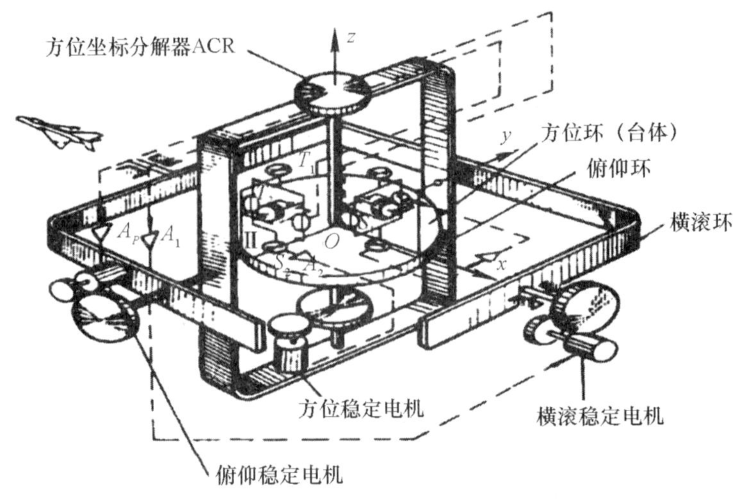

图6-4　三轴稳定平台的构成

对于平台方位稳定回路，当干扰力矩作用在平台方位轴上时，平台绕方位轴 z 转动偏离原有方位，但平台上的陀螺却具有稳定性（即定轴性）。这样，平台相对陀螺外环出现了偏转角度。陀螺外环轴上的信号器便输出信号，并经放大后送至平台方位轴上的稳定电机，随之产生稳定力矩以平衡平台方位轴上的干扰力矩，使平台方位轴保持稳定。平台水平稳定回路的工作原理与上述方位稳定回路基本相同，只是为了使平台的两个水平稳定回路能够正常工作，必须有方位坐标分解器。

在平台式惯性导航系统中，导航平台的主要功用是模拟导航坐标系，把导航加速度计的测量轴稳定在导航坐标系轴向，使其能直接测量飞行器在导航坐标系轴向的加速度，并且可以用几何方法从平台的框架轴上直接拾取飞行器的姿态和航向信息。图6-5给出了平台式惯性制导系统的工作原理。

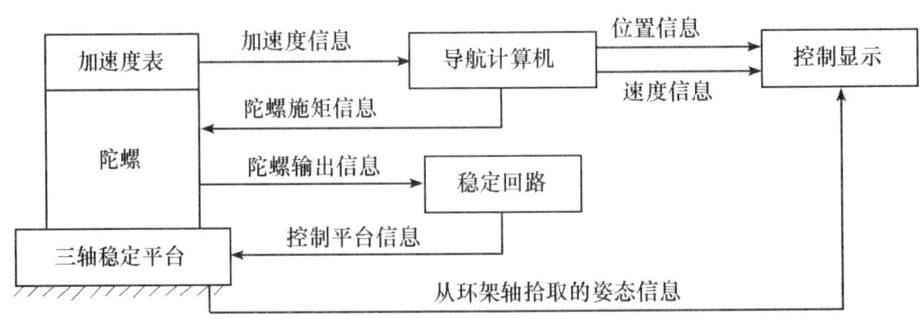

图6-5　平台式惯性制导系统的工作原理

惯性导航的基本工作原理是以牛顿力学定律为基础的，在飞行器内用导航加速度表测量飞行器运动的加速度，通过积分运算得到飞行器的速度信息。如果在飞行器内用一个导航平台把两个导航加速度计的测量轴分别稳定在 x 轴和 y 轴上，则加速度计分别测量导弹沿 x 轴和 y 轴的运动加速度 a_x 和 a_y，导弹的飞行速度 v_x 和 v_y 可按下式计算求得：

$$v_x = v_{x0} + \int_0^t a_x \mathrm{d}t$$

$$v_y = v_{y0} + \int_0^t a_y \mathrm{d}t$$

6.1.3.2　捷联式惯性制导

捷联式惯导系统没有由环架组成的实体惯性平台，因而不具有像平台式惯导系统那样通过环架隔离运动的功能，其平台的功能完全由计算机来完成，称之为“数学平台”。陀螺和加速度表所构成的惯性测量组件（IMU）直接与载体固联。从构造形式上讲，其惯性测量单元和平台式惯导系统并没有什么区别，不同之处主要在于陀螺仪一般只能感测转动的角速率，而没有对平台实现控制的功能。也就是说，惯性测量单元和载体的动态情况是完全一致的。为了实现导航及获得姿态信息，就必须在计算机中用数学模型表示出和平台起相同作用的“数学平台”。正因为这样，捷联惯导系统也叫做无平台惯导系统。如图 6－6 所示。

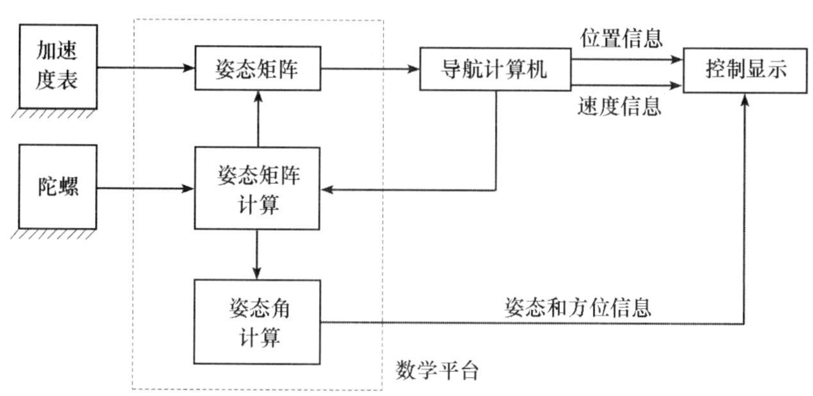

图 6－6　捷联式惯导系统原理框图

捷联式惯导系统测量原理如下：首先定义一个导航坐标系 $Ox_ny_nz_n$，其 x_n 和 y_n 在水平面内，并且 x_n 指向东，y_n 指向北，z_n 轴与 x_n 和 y_n 正交且向指向上方，构成和平台式指北系统中相类似的东北天坐标系或称地理坐标系。弹上 IMU 敏感出载体相对于惯性系的角速率 ω_{ib}^b 和比力 f_{ib}^b。ω_{ib}^b 减去导航坐标系相对惯性空间的角速度 ω_{in}^b，得到弹体坐标系相对导航坐标系的角速度，并利用该信号在计算机中实时解算姿态矩阵 C_n^b。得到 C_n^b 之后，便可以将加速度表测量的沿弹体坐标系轴向的加速度信号 f_{ib}^b 变换成沿导航坐标系轴向的加速度信号，再由弹上计算机进行制导计算，得到位置和速度信息。同时，利用姿态矩阵 C_n^b 中的元素，可以提取姿态和航向信息。其工作原理如图 6－7 所示。

这里不加推导地给出飞行器姿态角和航向角的计算公式。设 $\boldsymbol{C}_n^b$ 为弹体坐标系 $Ox_by_bz_b$ 与导航坐标系 $Ox_ny_nz_n$ 之间的转换矩阵

$$\boldsymbol{C}_n^b = \begin{bmatrix} T_{11} & T_{12} & T_{13} \\ T_{21} & T_{22} & T_{23} \\ T_{31} & T_{32} & T_{33} \end{bmatrix}$$

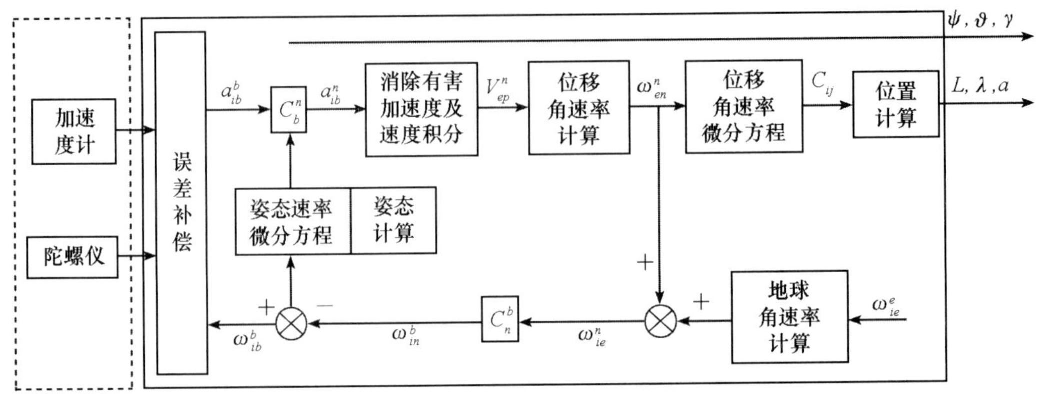

C_n^b—姿态矩阵；a_{ib}^b—载体坐标系中的加速度；a_{ib}^n—导航坐标系中的加速度；

ω_{ib}^b—载体坐标系相对惯性坐标系的角速率；ω_{in}^b导航坐标系相对惯性系的角速率；

ω_{ie}^n—地球角速率；ω_{ie}^e—位移角速率；ψ,ϑ,γ—俯仰角，偏航角，滚动角；

ω_{en}^n—地理坐标系相对地心坐标系的转动角速率；C_{ij}—位置矩阵 C_e^n 的元素；C_n^b—C_b^n 的逆矩阵；V_{ep}^n—地速

图 6-7　捷联式惯性制导系统测量基本原理

航向角计算公式为

$$\psi=\arctan(T_{12}/T_{11}),$$

俯仰角

$$\vartheta=\arcsin(T_{13}),$$

滚动角

$$\gamma=\arctan(T_{23}/T_{33})。$$

可见，在捷联惯性制导中，不使用实体导航平台，而通过导航计算机实时解算姿态矩阵，然后利用姿态矩阵把加速度表测量的弹体坐标系轴向的加速度信息变换到导航坐标系，进行导航计算，得到位置和速度信息，同时从姿态矩阵的元素中提取姿态和航向信息。因此，在捷联惯导中，以姿态矩阵计算、加速度信号坐标变换和姿态航向角计算为主要内容的“数学平台”完全代替了传统机械平台的作用。

与平台式惯导系统相比，捷联式惯性制导方式具有如下突出优点：

(1)由于取消了机械平台，使系统体积变小、重量变轻(仅为平台式惯导的1/7)、成本大大下降；

(2)捷联式惯导系统的初始对准时间较短，一般不超过10min，而平台式惯导系统则需要20min左右；

(3)由于去掉了实体平台，减少了机械零部件，惯性元件直接安装在弹体上，便于更换和维修，故障率较低，且便于利用更多的惯性元件来实现冗余设计，从而提高了系统的可靠性，使用和维护费用也降低了；

(4)捷联式惯导系统提供的信息非常丰富，为自动驾驶仪设计和多种信息融合制导提供了丰富的信息；

(5)此外，由于捷联式系统提供的信息全部是数字信息，特别适用于采用数字式飞行控制系统的导弹,因而在新一代导弹上得到了极其广泛的应用。

然而捷联惯导亦有其不足之处,主要表现在:

(1)惯性元件工作环境差,其误差影响大。因此,系统中必须采取误差补偿措施。由于惯性测量单元 IMU 直接固联在弹体上,为了避免载体急速运动对陀螺仪和加速度表的影响,计算机首先要根据所接收的陀螺仪和加速度表信息,按照各自的误差模型对它们进行误差补偿,才能得到比较精确的载体相对于惯性系的比力和角速度。

(2)由于“数学平台”取代了机械平台,故增加了导航计算机的计算量;同时因为弹体姿态角变化很快,故要求计算机运行速度快;再者,陀螺测量角速度范围宽阔,动态量程高,这就需要有力矩器和高性能再平衡回路,使陀螺仪工作在闭环状态。

(3)动态环境恶劣,因此对惯性器件的要求较高。

不过,随着光纤陀螺、激光陀螺,以及高速、大容量微型计算机的出现,捷联惯导的上述障碍已得到了较好的解决。不过从目前的技术水平来看,捷联式惯导系统的误差比平台式惯导系统要大一些,因此在要求精度较高的场合很多还是采用平台式惯导系统。

综上所述,惯性制导是一种自主式制导方式,它既不需要弹外设备配合,也不需要外界提供目标的直接信息。因此,它具有抗干扰性强、隐蔽性好、不受气候气象条件影响等突出优点。但是,惯性制导的导引精度随飞行时间(距离)的增大而降低。因此,长时间工作的惯性制导系统必须同其他制导系统(如卫星导航系统、地图匹配制导系统)相配合,以修正其累积误差,提高导引精度。

6.1.4　地图匹配制导

地图匹配制导是利用地图信息进行制导的一种自主式制导方式。它是在航天技术、微型计算机、空载雷达、制导、数字图像处理和模式识别的基础上发展起来的一门综合性的新技术。从 20 世纪 70 年代开始,人们就进行了大量的研究,理论日趋成熟,国外把这项技术已成功运用到巡航式导弹和弹道式导弹等制导系统中,从而大大改善了这些武器的命中精度。

目前使用的地图匹配制导一般有两种:一种是地形匹配制导,它是利用地形信息来进行制导的一种系统,有时也称为地形等高线匹配(TERCOM)制导;另一种是景象匹配区域相关器(SMAC)制导,它是利用景象信息来进行制导的一种系统,简称为景象匹配制导。它们的基本原理相同,都是利用弹上计算机预先贮存的飞行路线的地形图或景象图(基准图),与导弹实际飞行过程中携带的传感器测量到的地形图或景象图(实时图)进行不断比较,确定出导弹当前位置偏离预定位置的偏差,形成制导指令,将导弹引向预定区域或目标。

6.1.4.1　地形匹配制导

地形匹配制导利用的是地形信息。地形匹配也称地形高度相关,故地形匹配制导又称做地形等高线匹配制导。我们知道,地球表面一般是起伏不平的,某个地方的地理位置,可用其周围的地形等高线确定。地形等高线匹配,就是将测得的地形剖面与存储的地形剖面比较,用最佳匹配方法确定测得地形剖面的地理位置。利用地形等高线匹配来确定导弹的地理位置,并将导弹引向预定区域或目标的制导系统,称为地形匹配制导系统。

地形匹配制导系统由以下几部分组成:雷达高度表、气压高度表、数字计算机及地形数据存储器等,其简化框图如图 6-8 所示。其中气压高度表测量导弹相对海平面的高度,雷达高度表测量导弹相对地面的高度,数字计算机进行地形匹配计算和制导信息计算,地形数据存储器提供某一已知地区的地形特征数据。

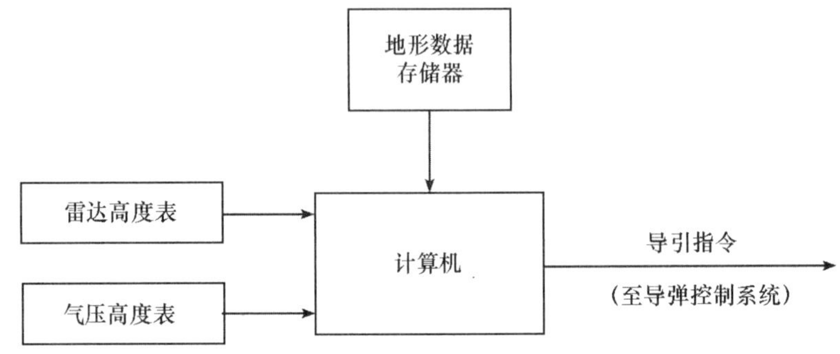

图 6-8　地形匹配制导系统简化框图

地形匹配制导系统的工作原理如图 6-9 所示。其工作大致可分为以下几个流程:

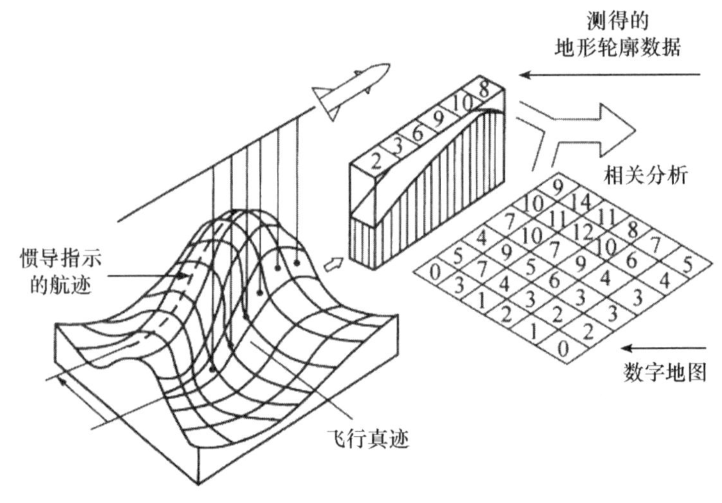

图 6-9　地形匹配制导工作原理

(1)制作数字地图

大家知道,地球陆地表面上任何地点的地理坐标,都可以根据其周围地域的等高线地图或地貌单值确定。据此,用飞机或侦查卫星对目标区域和导弹航线下的区域进行立体摄影,就得到一张立体地图,将其根据地形高度情况,制成数字地图。如在某区域内,可以划成许多(甚至成千上万个)小方格,在每个小方格内都标上通过遥测遥感手段得到的该处地面的平均标高,如此便获得一张该区域的数字地图(亦称为高程数字模型地图),然后将其存入弹载计算机的存储器中。

(2)编制航线程序

把攻击目标所需的航线编成程序，也存在导弹计算机的存储器中。

(3)实测地形数据

在制导过程中，当导弹飞临这些地区时，弹载雷达高度表和气压高度表测出地面相对高度和海拔高度数据，两者相减，即得到导弹实际航迹下某区域的地形高度数据，如此可得到实际航迹下某区域的一串测高数据。

(4)地形匹配相关

由于导弹存储器中存有预定航迹下所有区域的地形高度数据（该数据为一数据阵列）。将实测地形高度数据串与导弹计算机存储的矩阵数据逐次进行相关比较，通过计算机计算，便可得到测量数据与预存数据的最佳匹配。如果与预定的航迹不一致，弹载计算机便自动地计算出实际航迹与预定航迹的偏差，并形成修正弹道偏差的制导指令，弹上控制系统执行此指令，调整导弹姿态使导弹回到预定航迹，并引导向某地区或目标。这样，导弹就好似长上了眼睛能迂回起伏，翻山越岭，准确地飞行至预定目标。

可见，实现地形匹配制导时，导弹上的数字计算机必须有足够的容量，以存放庞大的地形高度数字阵列。而且要以极高的速度对这些数据进行扫描，快速取出数据列，以便和实测的地形高度数据进行实时相关处理，才能找出匹配位置。

如果航迹下的地形比较平坦，地形高度全部或大部分相等，这种地形匹配方法就不能应用了。此时可采用景象匹配方法。

6.1.4.2　景象匹配制导

景象匹配制导，是在导弹发射前预存目标周围景物图像或导弹飞向目标沿途景物图像（基准图），导弹飞行中传感器获得图像（实时图），与预存基准图像进行配准，得到导弹相对目标或预定弹道的纵向横向偏差，将导弹引向目标的一种地图匹配制导技术。

景象匹配制导系统主要由以下几部分组成：计算机、相关处理器、敏感器（传感器）等。图 6－10 给出了景象匹配制导系统的简要组成。

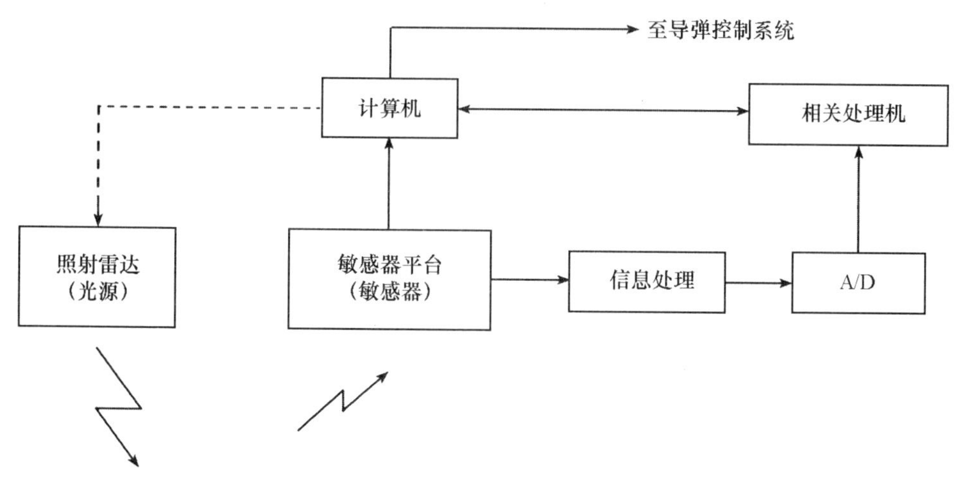

图 6－10　景象匹配制导系统的简要组成

景象匹配制导的基本原理如图 6－11 所示，它是通过实时图和基准图的比较来实现的。规划任务时首先对预定航向下的地域景物准备一个基准地图（灰度数字地图），其横向尺寸要能接纳制导误差加上导弹运动的容限；沿航线方向的数据量应足以保证能拍摄到与基准图区域重叠的实时图。当进行数字式景象匹配制导时，弹上敏感器获取地面景物的实时图像，利用弹载“景象匹配区域相关器”将获得的实时图与预存的基准图进行相关处理和比较，从而确定出导弹相对于预定航迹或相对于目标的位置，生成制导指令，实现景象匹配制导。

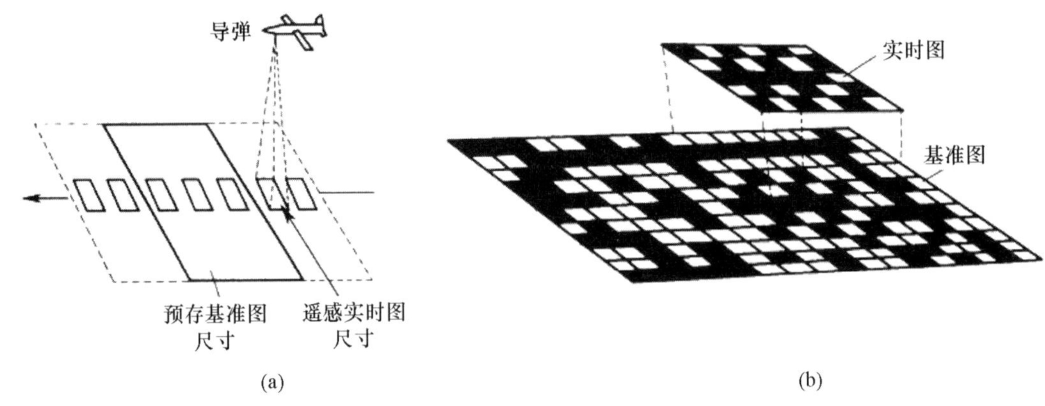

图 6－11　数字式景象匹配制导基准原理图

这种制导方式尤其适合于导弹飞行路线上高度不变或变化甚微的平原、海平面、城市等。它与地形匹配制导的主要区别在于利用的是二维灰度景象信息。因此，预先输入到弹载计算机的信息不只是标高（高程）参数，而且是通过雷达、摄像等手段，将地面的景象数字化后贮存起来，这些信息具有很好的可观测性。如美国的“战斧”式巡航导弹初、中段是惯性制导，而末段前期用地形匹配制导，末段攻击时用景象匹配制导。“战斧”巡航导弹的景象匹配末制导系统为“数字式景象匹配区域相关器”（Digital Scene Macthing Area Correlator，DSMAC）。“战斧”BGM－190C/D 型号具有以下技术性能及参数：

（1）末制导距离为 11 ~ 12.8km。

（2）在末制导距离内，使用 2 ~ 3 张基准图，进行 2 ~ 3 次位置修正。

（3）修正使用的基准图对应地面大小为 $1km^2$，在航迹方向大到可以包含 3 张实时图。

（4）实时图摄像机在俯仰、滚动方向与弹体固联，在偏航方向由制导系统控制，以消除图像转动的影响；其变焦系统由高度表控制，夜间使用闪光灯照明；视场大小为 120°左右。

（5）算法采用绝对差算法，相关处理器为阵列式处理器，作为微计算机的一个外设。

（6）对三帧相邻的实时图的配准结果进行一致性比较，用一致的两帧的结果给出位置偏差值。

（7）DSMAC 系统达到 6 ~ 10m 的精度，改进型的 DSMAC 的精度达到 6m。如果配合 GPS 定位系统，其精度可以更高。

研究和试验表明，数字式景象匹配制导系统比地形匹配制导系统的精度约高一个数量级，结合其他的制导方式，如惯性制导、GPS 制导等，命中目标的精度在圆误差概率下能达到 3m 量级。

6.1.5　卫星导航系统制导

卫星导航系统被称为全球定位系统。目前，全球定位系统在世界上已有多种（如美、俄、英、法、德等），但应用最普遍的是美制 GPS（Global Positioning System）和俄制 GLONASS。采用这些系统的制导称为全球定位系统制导，并分别叫做 GPS 制导和 GLONASS 制导。在工程中还出现了一种兼容 GPS 和 GLONASS 的 GNSS 制导方式。

6.1.5.1　GPS 制导

1. GPS 系统组成原理

GPS 是美国国防部（DOD）为军事目的建立的旨在彻底解决海上、空中和陆地运载工具导航和定位问题的新一代导航卫星全球定位系统，它的主要原理是利用导航卫星进行测时和测距。目前整个系统全部 24 颗卫星已发射完毕，在地球上的任何地方和任何时刻均可同时观测到 4 颗以上的卫星，已形成全球、全天候、连续三维定位和导航的能力。

根据 GPS 的设计要求，它能提供两种服务：一种为精密定位服务（PPS），使用 P 码，定位精度约为 10m 左右，只供美国及盟国的军事部门和特许的民用部门使用。另一种为标准定位服务（SPS），使用 C/A 码，向全世界开放，在引入人为的选择可用性（Selective Availability）误差后，水平定位精度为 100m 左右，垂直定位精度为 157m 左右。2000 年以后取消了选择可用性（SA），民用 GPS 信号的精度大大提高，水平定位精度可达到 25m。

GPS 系统由空间部分（导航卫星）、地面控制部分、用户设备三部分组成，如图 6－12 所示。

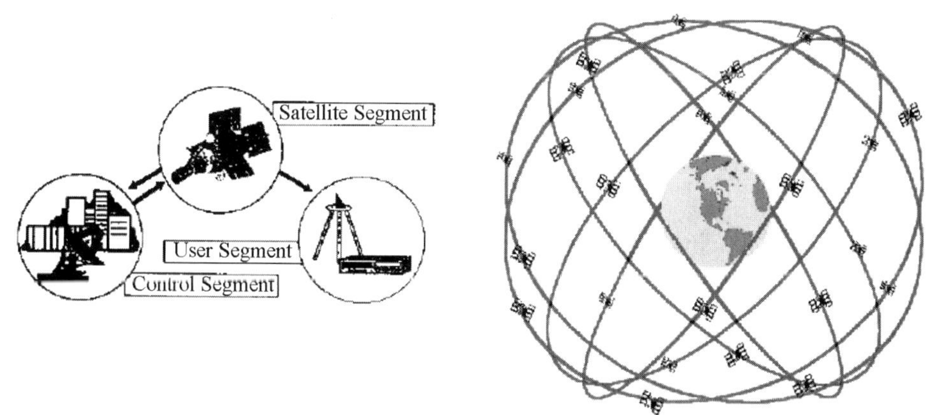

图 6－12　GPS 系统组成与卫星分布图

空间部分具有 21 颗工作卫星和 3 颗备用卫星，分布在六个轨道面上，轨道倾角 55°，两个轨道面之间在经度上相隔 60°，每个轨道面上布放 4 颗卫星。在地球的任意地方，至少同时见到 4 颗以上卫星。

地面控制部分包括监测站、主控站和注入站。监测站在卫星过顶时收集卫星播发的导航信息，对卫星进行连续监控，收集当地的气象数据等；主控站主要职能是根据各监测站送来的信息计算各卫星的星历，以及卫星钟修正量，以规定的格式编制成导航电文，以便通过注入站注入卫星；注入站的任务是在卫星通过其上空时，把上述导航信息注入给卫星，并负责监测注入的导航信息是否正确。

用户设备部分包括天线、接收机、微处理机、控制显示设备等，有时也通称为 GPS 接收机。用于导航的接收机亦称为 GPS 卫导仪。民用 GPS 卫导仪仅用 L1 频率的 C/A 码信号工作。GPS 接收机中微处理器的功能包括：对接收机的控制，选择卫星，校正大气层传播误差，估计多普勒频率，接收测量值，定时收集卫星数据，计算位置、速度以及控制与其他设备的联系等。

2. GPS 接收机的工作过程

(1)卫星选择

① 先输入用户的概略位置和时间日期，以帮助卫导仪捕获卫星信号。

② 根据存储器存储的星历表、用户的概略位置和日期时间，计算出卫星位置。星历表预报的有效期可达 1 周以上，且每颗卫星都发送包括有星历的导航电文，卫导仪有可能实时地修正存储的星历。

③ 选定星座：选定仰角 $>5°$，几何配置最好的 4 颗卫星，以得到好的定位精度。以后每隔一定的时间要检测一次所选定的卫星。用户接收机可以采用不同的方法选择星座。例如，最佳 GDOP 法(最大正交投影法)，准最佳 GDOP 法，最大矢端四面体体积法等。

(2)卫星的捕获与跟踪

① 捕获：计算机给接收机指定要捕获的卫星，并提供由卫星和用户间相对运动引起的估计多普勒频移。接收机进行码元搜索和频率搜索直至本地码(C/A 码)与卫星码同步为止。

②跟踪：建立伪码同步后，转入载波相位跟踪。载波稳定后，开始识别数据格式特征，识别后，就可以恢复星历表。

(3)测量

测量伪距及伪距变化率等数值。

(4)计算

① 在测量伪距后，进行卫星时钟偏差和传播延迟的校正。

② 根据星历参数计算卫星位置。

③ 由 4 颗卫星的伪距建立位置方程，求观测点的三维位置和时间偏差。

④ 由 4 颗卫星的伪距变化率求运载体的速度。

⑤计算导航定位用的一些数据。

3. GPS 定位原理

GPS 卫星设备接收卫星发射的信号，根据星历表信息，可以求得每颗卫星发射信号时的位置。用户设备还测量卫星信号的传播时间，并求出卫星到观测点的距离。如果用户装备有与 GPS 系统时间同步的精密钟，那么仅用 3 颗卫星就能实现三维导航定位。这时以 3 颗卫星为中心，以所求得的到 3 颗卫星的距离为半径，作三个球面，观测点就位于球面的交点上。

若用户设备装备的为非精密钟，所测得的距离有误差，称为伪距离，这时用 4 颗卫星才能实现三维定位。图 6－13 为伪距测量图。

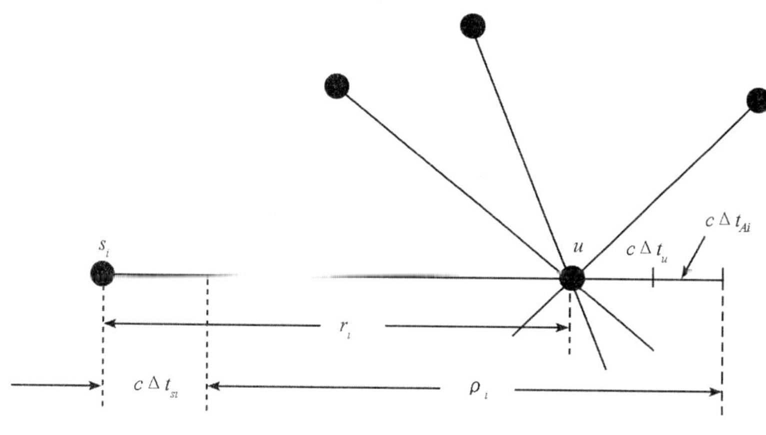

图 6－13　伪距测量图

伪距离 ρ_i 由下式确定

$$\rho_i = r_i + c\Delta t_{Ai} + c(\Delta t_u - \Delta t_{si})$$

式中：

r_i 为观测点 u 到卫星 $c\Delta t_u$ 的真实距离；

c 为光速；

Δt_{Ai} 为第 i 颗卫星的传播延迟误差和其他误差；

Δt_u 为用户钟相对于 GPS 系统时间的偏差；

Δt_{si} 为第 i 颗卫星时钟相对于 GPS 系统时间的偏差。

计算时，用到固联于地球的右手直角坐标系，设卫星 $c\Delta t_u$ 在该坐标系中的位置为 (x_{si}, y_{si}, z_{si})，用户 u 位于 (x,y,z) 处。则

$$r_i = \sqrt{(x_{si}-x)^2 + (y_{si}-y)^2 + (z_{si}-z)^2}$$

伪距离计算公式可改写为

$$\rho_i = \sqrt{(x_{si}-x)^2 + (y_{si}-y)^2 + (z_{si}-z)^2} + c\Delta t_{Ai} + c(\Delta t_u - \Delta t_{si}),\quad i = 1,2,3,4$$

式中：卫星位置 (x_{si}, y_{si}, z_{si}) 和卫星时钟偏差 Δt_{si} 由卫星电文计算获得；传播延迟误差 Δt_{Ai} 可以用双频测量法校正或利用电文提供的校正参数，根据传播延迟误差模型估算得到；伪距离 ρ_i 由测量获得；观测点位置 (x,y,z) 和用户时钟偏差 Δt_u 为未知数。

由上可知，未知数有 4 个，只要测 4 颗卫星的伪距，建立方程组，就能解得观测点的三维位置和用户钟偏差。

由计算出的卫星位置可以求得用户的位置。因为卫星位置与用户位置之间的关系是非线性的，所以通常可以用迭代法和线性化方法计算用户位置。

GPS 速度的求得是通过伪距变化率的测量获得的。GPS 系统通过观测多普勒频移能获得伪距变化率，根据伪距变化率用线性化方法求出速度，与位置求解方法类似。

在上述算法中要求对4颗导航星的伪距同时测量,对单通道接收机,则要求顺序测量4颗星的伪距时间不能太长。

通常,GPS制导不独立使用,而是同其他主要制导方式(如惯性制导等)相组合,以提高主要制导方式的精度。如BGM－109C"战斧"巡航导弹加装GPS接收机和无线电系统后,可使导弹武器系统的CEP值由9m降为3m。

GPS制导的优点是应用范围广,定位和计时精度高,且价格低廉,这是任何其他制导方式所不及的。但是,GPS系统实质是一种无线电导航系统,因此,GPS制导总归要同无线电波传输发生关系,同时也离不开地面庞大的支援设备,因此在导弹制导中过分依赖GPS是十分危险的。实验证明,60km外的一个1W干扰机可足以使一台精心设计的采用C/A码的GPS接收机受到严重干扰,甚至完全破坏导弹武器基于GPS的制导控制系统,从而使导弹无法命中目标。

6.1.5.2 GLONASS制导

GLONASS是俄制全球卫星导航系统。GLONASS与GPS非常相似,由24颗卫星组成导航卫星座。不同于GPS为军用和民用提供两种不同精度的信号,GLONASS系统只提供一种精度为10m的军民两用信号。它们的主要区别:①卫星信号区分方式不同。前者采用频分制,而后者采用码分制。②C/A码(伪随机噪声码)不同。前者采用粗捕获码,仅有51个码元;而后者为哥尔得码,有1023个码元。但两者C/A码的周期却相同,均为1ms。③星历参数不同。前者星历用直角坐标和速度分量表示,后者星历数据则使用轨道开普勒根数给出。应该指出,GLONASS制导原理与GPS完全相同,这里不再重述。

6.1.5.3 GNSS制导

GNSS制导是一种兼容GPS/GLONASS的组合制导方式。为了提高GPS和GLONASS制导的可靠性和制导精度,研制了一种GNSS兼容接收机。从制导方式上看,GNSS制导也灵活多样,它可以进行GPS或GLONASS单独定位,而更多地采用GPS和GLONASS共同定位。从战略上讲,可以打破美国垄断GPS的局面,在导弹制导中充分利用导航卫星资源。

6.1.5.4 GALILEO卫星导航系统制导

欧盟于2002年正式开始建设欧洲自己的卫星无线电导航系统——"伽利略(GALILEO)"卫星导航系统,这也标志着美国的"全球定位系统(GPS)"将结束其独霸全球的局面。GALILEO系统最大的特点是从系统方案设计开始就由民间组织负责管理和实施,与GPS和GLONASS系统完全由军方控制形成了鲜明对比,也为该系统未来广阔的应用领域提供了有力的保障。

"伽利略"系统是集欧盟15个成员国的合力进行研究和开发的,起点高,在技术上更先进,优势也很明显:①费用更低。"伽利略"系统投资32～36亿欧元;而美国的GPS已经投资100多亿美元。从建设总额来说,"伽利略"系统更为便宜,性能更好。②系统包括30颗卫星,比GPS的24颗卫星更多,覆盖范围更大,特别是在GPS覆盖不到的高纬度地区覆盖效果好。③定位精度高。“伽利略”系统定位精度比 GPS 高很多，即使是免费使用的信号精度预计也达到 6m 以内。④从经济利益上讲，为欧盟提供了 14 万就业机会，相关产品和服务产生每年 90 亿欧元的经济效益。

目前正在运行的 GPS 和 GLONASS 以及欧洲在建的 GALILEO 卫星导航系统，均为无源定位导航系统。它们有两个突出的优点：①用户不发射信号，仅接收卫星信号，这样用户处于隐蔽状态，特别适合于军事用户；②从理论上讲，可以为无穷多个用户提供导航服务，用户数不受限制。其缺点是用户与用户之间，用户与地面系统之间无法进行通讯，地面系统不知道系统中的任何用户的位置和状态。

6.1.5.5　北斗卫星导航系统制导

我国的“北斗”卫星导航系统是利用地球同步卫星对目标实施快速定位，同时兼有报文通信和授时定时功能的一种新型、全天候、高精度、区域性的卫星导航定位系统。北斗卫星导航系统是一种有源系统，属于双静止卫星定位通信系统，地面中心掌握了全部用户的位置和状态信息，可以通过地面中心实现地面中心与用户，用户与用户之间的双向通信。

“北斗一号”利用两颗地球同步卫星为导航台，能够为用户提供定位和导航服务，以及简短数字报文通信和授时服务，是我国第一代自主的卫星定位导航系统。“北斗一号”系统测距与定位过程与 GPS 有所不同，它的主要过程是：中心站通过卫星持续广播出站信号；用户机接收出站信号，向卫星发射入站信号（等效于反射），卫星转发至中心站；入站信息中同时包含有用户机高程信息；中心站测得信号往返时间，求出卫星到用户机距离，同时解调出用户高程信息，利用三球交会原理计算用户位置；中心站将用户位置信息加入出站广播电文中，通过卫星发送给用户；用户接收出站信号，解调出定位信息。它的定位精度也可达 10m 量级，但是可容纳的用户容量有限。此外，“北斗一号”地面中心站和用户的隐蔽性不强。在此基础上，“北斗二号”卫星导航系统正在建设中，预计将在几年内投入使用。

6.1.5.6　卫星导航与惯性制导特点对比

卫星导航定位系统具有覆盖范围广、精度高、可全天候使用的特点，其缺点是抗干扰、抗欺骗能力有限。卫星导航系统与惯性导航系统的特点对比如表 6－1 所示。

表 6－1　惯性制导与卫星制导特点对比

INS 特性	GPS 特性
全自主，抗干扰能力强 在短时间内提供精确的位置与速率信息，但随时间缓慢漂移 比 GPS 更加昂贵，重量较重 需要初始对准	依赖于 GPS 卫星，易受人为干扰、无线电干涉，存在多径干扰与完整性问题 能长时间提供精确的位置与速率信息，但是有高频噪声 整体配置成本很高，但用户成本低

应该指出，在自主式制导体制中还包括复合自主制导。复合自主制导大多是由惯性

制导系统与其他自主制导系统相结合,构成的并联复合自主制导体制。如星光-惯性制导、多普勒-惯性制导、景象匹配-惯性制导和卫星全球定位-惯性制导等。

采用复合自主制导的主要原因是,虽然惯性制导系统不受外界干扰和不受气候气象条件影响,具有完全的自主性,但是它存在仪器误差和陀螺漂移等因素引起的制导误差,且随着时间的增长其积累误差越来越大。因此,需要采用其他自主制导技术来修正惯性制导系统的这种固有误差,以提高导弹惯性制导系统的精度。可见复合自主制导实质上是一种以惯性制导系统为基础的修正制导方式。

6.2 遥控制导

遥控制导是指以设在导弹武器外部的制导站(可以是天基、空基、陆基或海基等)来完成目标与导弹的相对位置和相对运动的测定,在制导站或在弹上形成导引指令,将导弹引向目标或预定区域的一种导引技术。遥控制导主要分三大类:一类是驾束制导,一类是遥控指令制导,一类是 TVM(Target Via Missile)制导。

遥控制导系统的主要组成部分是:目标(导弹)观测跟踪装置,导引指令形成装置(计算机,可在弹上或制导站),弹上控制系统(自动驾驶仪)和导引指令发射装置(驾束制导不设该装置)。遥控制导原理图如图 6-14 所示。

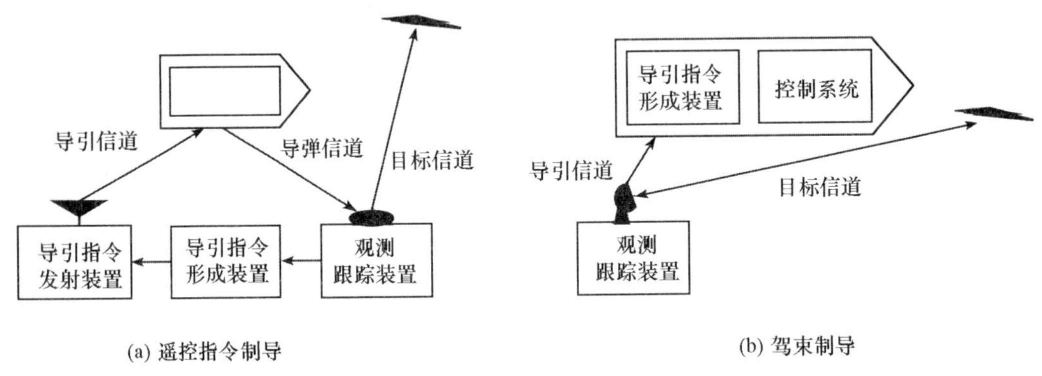

图 6-14 遥控制导示意图

6.2.1 驾束制导

驾束(或波束)制导被称为第一类遥控制导。这种制导中,在地面、飞机、舰船或卫星上设有制导站。制导站一旦发现目标后,便通过雷达波束或激光波束自动跟踪目标。当导弹发射后飞入波束,导弹上的制导控制设备能自动识别导弹偏离波束中心的方向及距离,并根据该偏差计算出操纵导弹飞行的控制指令,使导弹纠正偏离,始终沿着波束中心附近飞行。由于天线始终对准目标,故能够导引导弹最终命中目标。

当弹上进行驾束制导时,弹上接收设备输出端形成与导弹到波束轴线的偏差成正比的信号。为保证在不同的控制距离上形成相同的线偏差信号,必须测量制导站到导弹之间的距离，当距离变化规律基本与制导条件和目标运动无关时，可以利用程序机构引入距离参量，并将其看成给定时间的函数。

很显然，这种制导方式的严重缺点是线偏离随着射程增大而增加，即当导弹偏离波束中心的误差角相同时，其偏离波束中心的线偏差随着射程的增大而成比例地增加，如图 6－15 所示。

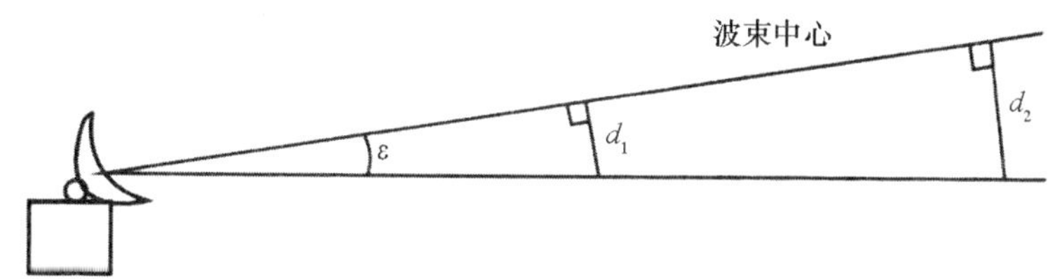

图 6－15　波束制导线偏差随导弹射程增大而增加的示意图

由图可见，为了减小制导线偏差，必须减小角误差 ε，于是就要减小波束宽度。但是，采用窄波束会增大导弹射入窄波束的困难。为了解决此矛盾，在工程中往往采用捕获波束与制导波束分离的办法。用宽的捕获波束对导弹进行捕获和初始制导，用窄的制导波束对导弹进行制导。捕获波束和制导波束的中心往往是重合的。如图 6－16 所示。

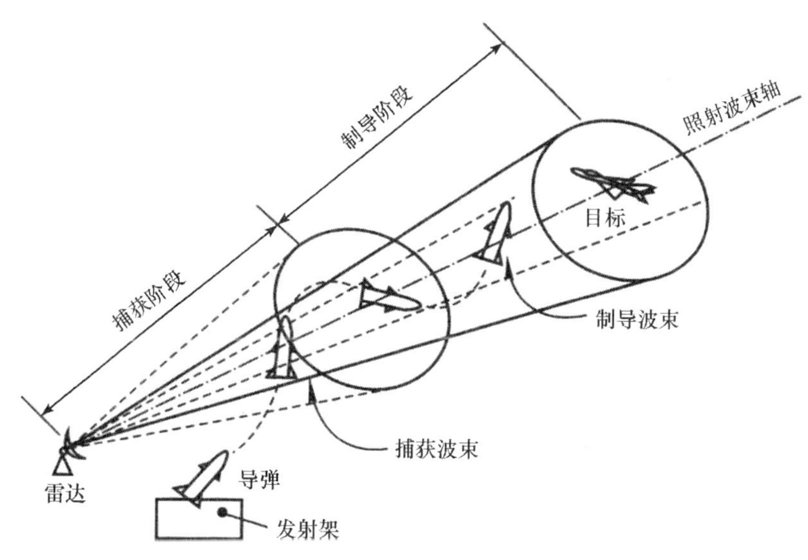

图 6－16　波束制导体制示意图

波束制导体制的缺点是：在导弹向目标接近的过程中，波束必须始终连续不断地指向目标，这样既暴露了自己，同时又限制了导弹自身的机动性；其次，为了减小制导误差，波束要窄，窄波束既带来捕获目标的困难，又带来跟踪快速目标及大机动目标时，容易丢失目标或把导弹甩出波束的缺点；第三是制导误差随射程增加而增大。因此，采用这种制导方式使导弹射程受到了严重限制。

6.2.2 指令制导

指令制导又叫第二类遥控制导。在这种制导方式下,遥控指令由弹外制导站产生,通过指令传输通道传输到导弹上,控制导弹飞行轨迹,直至命中目标。

为了形成制导指令,制导站必须不断地测量导弹和目标的坐标参数及运动参数,然后根据导引规律的要求,形成制导指令,以控制导弹的飞行。指令制导通常又有两种形式:雷达波遥控指令制导和电视遥控指令制导。

图6-17是雷达波指令制导体制示意图。在这种制导体制中,由制导雷达分别测得目标和导弹的相对位置和速度,并经计算机形成控制指令,然后利用无线电设备发送出无线电遥控指令,纠正导弹飞行,直至命中目标。

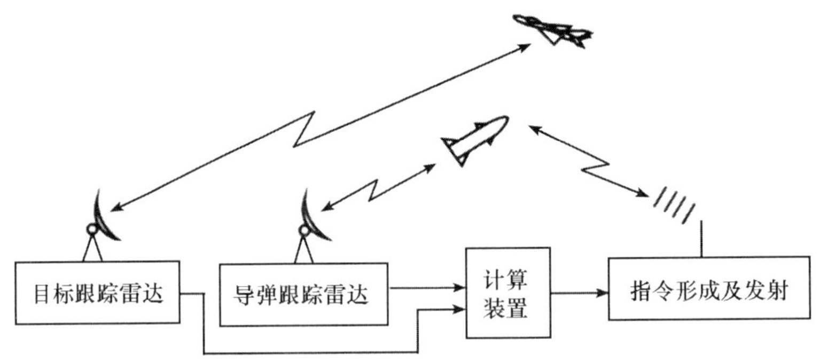

图6-17 雷达波遥控指令制导示意图

在电视遥控指令制导中,由导弹头部安装的电视摄像机将目标和背景的图像通过发射机用微波发送到制导站(如载机制导吊舱),在制导站里形成控制指令,再通过无线电传输给导弹,从而引导导弹飞行,直至命中目标。这种制导方式的优点是在多目标条件下,容易识别被攻击的目标,操作人员(武器操作手)可以选择其中最重要的目标进行攻击。缺点是指令易受电子干扰,且受气象条件影响较大,一般只能在白昼和良好气象条件下作战。目前,俄制X-29T,X-59M空对地导弹及英、法“玛特尔”AJ-168导弹就采用这种制导方式。图6-18给出了电视遥控指令制导系统工作原理图。

指令制导体制在防空导弹中应用比较广泛,尤其在近程的地空导弹中应用较为合适,因为其弹上设备比较简单。其缺点是地面设备较复杂,对制导站的测量精度要求高,尤其是测角精度。由于制导精度随着射程的增加而恶化,因此,要想提高射程,且保证制导精度,就必须提高雷达的测量精度。如果要在雷达测量精度不变的条件下增加射程,则必须增加战斗部威力半径,从而使导弹质量加大。因此,采用指令制导体制的导弹,如果其射程较远,则导弹往往较大。

6.2.3 TVM制导

TVM制导属第三类遥控制导方式。它利用导弹上的半主动导引头测量导弹相对于目标的位置坐标及其变化率,并将测量结果和弹上其他内弹道参数,通过下行传输线一并

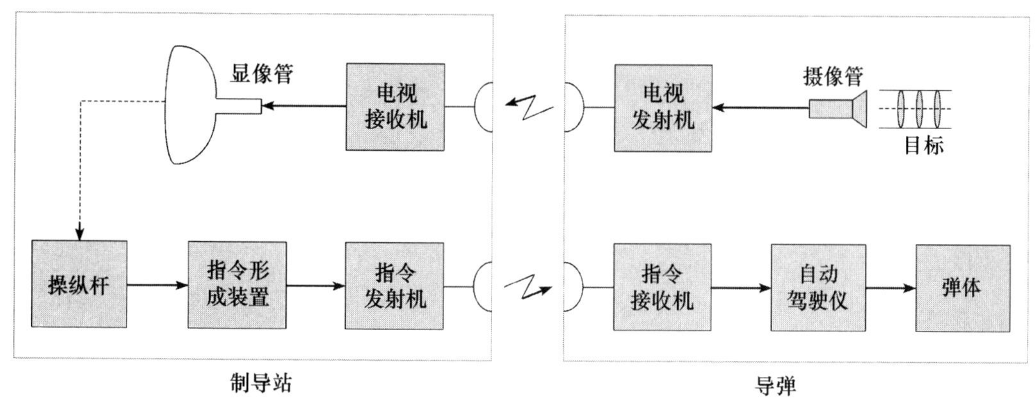

图 6 - 18　电视遥控指令制导系统工作原理图

传送到地面制导站。制导站的计算机将制导站测量到的目标与导弹信息(包括外弹道参数)以及由下行线传送来的信息一起进行综合处理和状态估计,并根据既定导引规律要求形成控制指令,这些指令再通过上行传输线,由地面制导站传送到导弹上,控制导弹飞向目标,直至与目标遭遇,如图 6 - 19 所示。

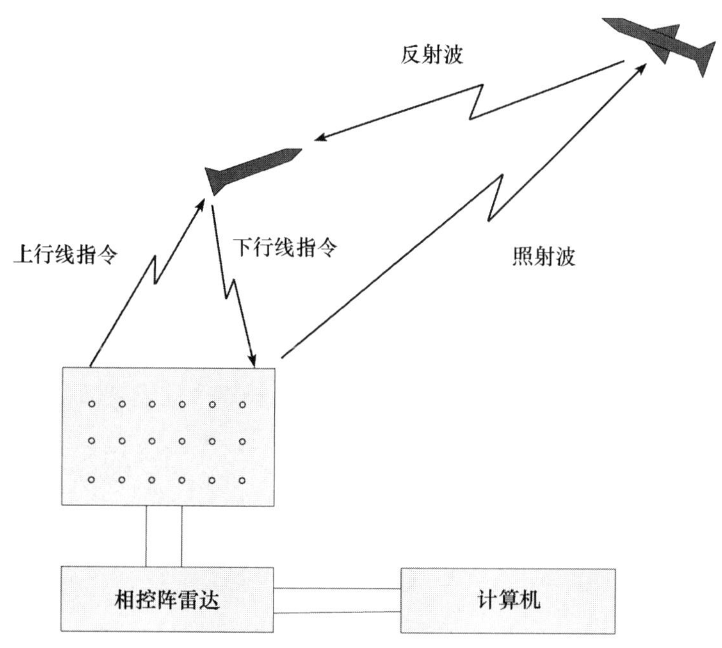

图 6 - 19　TVM 制导体制示意图

这种制导方式的优点在于:①由于利用了弹上半主动导引头来测量,因此,随着弹目距离的接近,其测量精度愈来愈高,因此能精确地测量出目标信息,这样就有可能大大地扩大导弹武器的杀伤范围;②利用地面制导站计算机的巨大数据处理和计算能力,可对测量信息进行精确的数据处理和状态估计,从而可能利用各种限制条件下的最优导引规律来形成指令,使导弹命中精度得到大幅度提高;③把弹上测量和地面制导站测量相结合,对提高武器系统的抗干扰性能,提供引信和战斗部所需要的参数,达到最佳引战配合,以及对控制系统有些参数的补偿(如天线罩折射补偿)都提供了较为有利的条件。

正因为如此,发达国家尤其是美、俄两国对于发展 TVM 制导技术高度重视,美制 SAM - D 导弹武器系统和俄制 C - 300IMY 导弹武器系统都采用了这种制导体制。当然,应该指出,这种制导体制的弱点也是明显的,这就是由于增加了下行传输通道,易被敌方发现和干扰。

综上所述,遥控制导是一种较经典的制导方式,有突出的优点,也有明显的缺陷,至今还在广泛应用。

6.3 寻的制导

寻的制导体制又称为自动导引制导体制,是指导弹能够自主地搜索、捕捉、识别、跟踪和攻击目标的制导方式。这是导弹武器系统最主要的现代制导体制。寻的装置是实现寻的制导的专用核心部件,称为导引头。

从原理上讲,寻的制导是利用装在弹上的导引头接收目标辐射或反射的某种特征能量(电磁、红外、可见光、激光等),确定导弹和目标的相对位置及相对速度,在弹上形成控制指令,自动地将导弹导向目标。寻的制导体制根据能源所在位置的不同,分为主动式、半主动式和被动式三种;亦可按照能源的物理特性分为雷达(微波和毫米波)的、红外的、激光的、电视的等几种。

6.3.1 雷达寻的制导

雷达寻的制导根据波段的不同,可以分为无线电寻的制导、微波寻的制导、毫米波寻的制导等;按照导引头信号的形式,又可分为脉冲雷达导引头、连续波雷达导引头和脉冲多普勒雷达导引头等。随着大规模集成电路和微型计算机的发展,还出现了数字式雷达导引头。应用数字技术的雷达自导引系统,能实现实时数据处理、最佳控制、快速傅里叶变换、数字惯性基准、自适应控制等;并且弹上设备体积小,重量轻,可靠性、灵活性和抗干扰性都得到显著提高。

下面简要介绍雷达寻的制导中的两种较为常用的制导方法:微波寻的制导和毫米波寻的制导。

6.3.1.1 微波寻的制导

微波寻的制导装置主要工作在 3cm 以上频段,一般是 $\lambda = 3$cm 和 $\lambda = 2$cm 两个波段上,分为微波主动寻的制导、微波半主动寻的制导和微波被动寻的制导。

(1)微波主动寻的制导

在这种制导方式下,寻的装置全部在导弹上,即导弹上装备着主动式导引头。该导引头发射出的电磁波对目标进行照射,照射信号一旦由目标反射回来,就被导引头的接收机接收,导引头根据接收的信号,确定出导弹与目标的相对位置与速率,形成导引规律所需要的控制指令,进而控制导弹飞行,直至命中目标。

(2)微波半主动寻的制导

在微波半主动寻的制导中,用来照射目标的照射信号不是由弹上产生,而是由导弹外的发射点产生,该发射点可以是地基、空基、天基或舰基等。导弹上的导引头接收目标的反射回波,输出导引规律所要求的信息,形成控制指令,控制导弹飞行。

(3)微波被动寻的制导

在这种制导方式下,导弹上的接收机由目标本身辐射的电磁波或自然界的电磁波在目标上的反射能量,并以此作为信息,按照导引规律的要求形成控制指令,将导弹引向目标并最终命中目标。

图 6－20 分别给出上述微波主动寻的制导、微波半主动寻的制导和微波被动寻的制导方式下的不同工作信息来源。图 6－21 为半主动寻的制导体制在防空导弹武器系统中的应用实例。

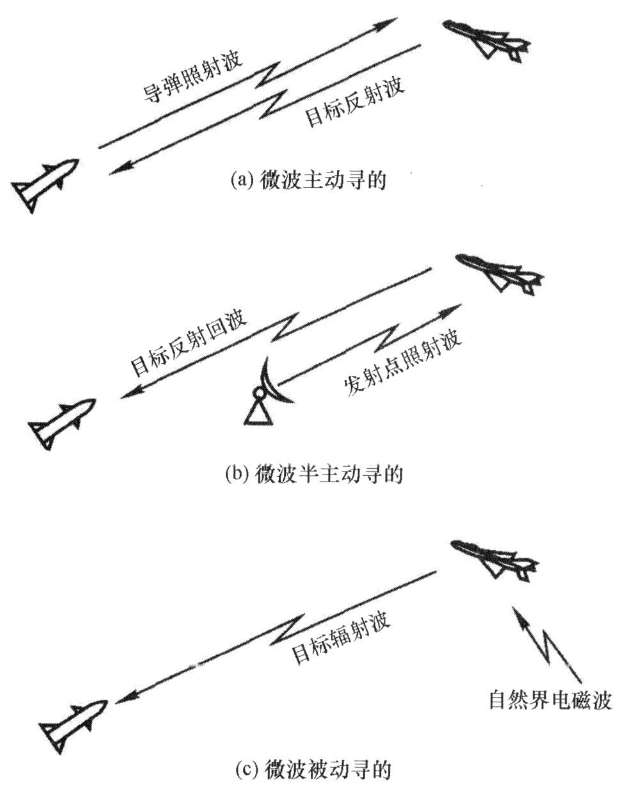

图 6－20　三种微波寻的制导方式的工作信息源示意图

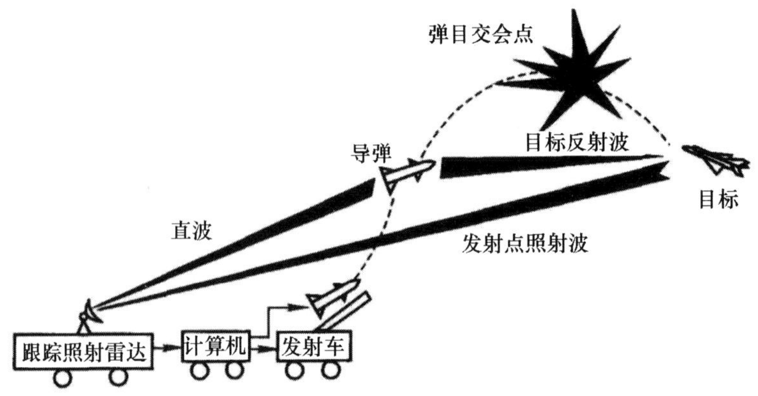

图 6－21　微波半主动寻的制导防空导弹系统示意图

6.3.1.2　毫米波寻的制导

主动式、半主动式雷达导引头的一个很大的弱点是存在目标的“角闪烁效应”，即复杂目标的多反射体散射的合成使得目标在散射中心产生跳动。当导引头距目标较近时，由目标闪烁给导引头带来的测角误差相当严重，甚至会丢失目标，因为角闪烁噪声与弹目相对距离成反比。毫米波被动雷达导引头则能较好地克服这一难题。

从微波时代开始，人们用了近 50 年的时间才取得一项重要突破——进入与微波具有同样前景的毫米波频谱区域。毫米波的开拓，使介于光学和微波之间的鸿沟被填平。毫米波的波长为 $\lambda=1\sim10$mm，其频率范围在 30～300GHz 之间，介于微波频段与红外频段之间，兼有这两个频段的固有特性，是导弹精确制导武器系统较为理想的频段。

从原理上讲，自然界中一切物体都向外辐射热噪声能量，其噪声能量大小可用温度来描述。金属目标的辐射温度比天空、大地、草木等背景环境辐射温度低，毫米波辐射计正是利用这种辐射温差来探测目标的。在毫米波被动寻的制导中，通常需要借助弹载高灵敏度毫米波辐射计来测量目标与背景之间的毫米波辐射能量差异，再由计算机完成两者间的对比识别，从而实时地对目标信息提取和定位，并给出控制指令。

毫米波段的雷达导引头具有光学和微波导引头性能折衷的优点，引起人们的普遍关注。毫米波寻的制导同上述微波寻的制导从方式到原理都基本相同，不再赘述。在毫米波寻的制导中，目前主要采用的是毫米波被动寻的制导，而毫米主动寻的制导和毫米波半主动寻的制导实用得不多。

毫米波寻的制导的突出优点是既避免了电视、红外制导全天候工作能力较差的弱点，又能获得较微波寻的制导的精度高、抗干扰能力强的优势。再者，它体积小，重量轻，很适合于小型导弹武器使用。但由于目标辐射的毫米波能量很弱，所以探测距离较近，加之目前毫米波元器件发展尚未成熟，故限制了毫米波寻的制导的广泛应用。不过，毫米波寻的制导已开始用于一些导弹中，且作战效果良好。如美国的“黄蜂”空地导弹上就采用了毫米波主动寻的与被动寻的双模复合寻的制导方式。

6.3.2　红外寻的制导

红外寻的制导是利用装在弹上的红外探测器,即导引头来识别、捕获和跟踪目标辐射的红外能量而实现寻的制导的。红外寻的制导分为红外非成像寻的制导(或称红外点源寻的制导)和红外成像寻的制导两大类。目前,大多数红外寻的制导系统仍采用红外点源寻的制导。而红外成像寻的制导发展很快,应用越来越多。

6.3.2.1　红外点源寻的制导

红外寻的制导是利用目标辐射的红外线作为探测与跟踪信号源的一种被动式自寻的制导。它是把所探测与跟踪到的目标辐射的红外线作为点光源处理,故称为红外点源寻的制导,或称为红外非成像寻的制导。红外点源寻的制导利用弹上设备接收目标的红外线辐射能量,通过光电转换和滤波处理,把目标从背景中识别出来,自动探测、识别和跟踪目标,引导导弹飞向目标。

红外点源寻的制导系统一般由红外导引头、弹上控制系统、弹体及导弹目标相对运动环节等组成。红外导引头用来接收目标辐射的红外能量,确定目标的位置及角运动特性,形成相应的跟踪和导引指令。由导弹导引头得到的目标误差信号,只能用来使陀螺进动,使光学系统光轴跟踪目标,而不能直接控制导弹飞行。误差信号需要进一步送到导弹控制系统中去,对其进行放大变换,形成一定形式并具有足够大功率的制导信号,从而操纵执行装置,控制导弹的飞行。

实现红外点源寻的的关键部分是红外点源寻的器,即红外点源导引头。它主要由红外光学系统、调制器、光电转换器、误差信号放大器及角跟踪系统等部分组成,如图 6-22 所示。

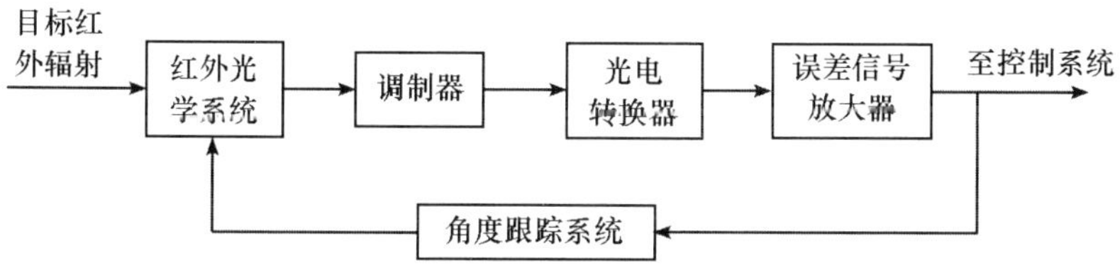

图 6-22　红外点源寻的制导原理示意图

红外光学系统用于探测目标的高温部分,如飞机发动机的尾喷口与喷射流、舰艇的烟囱等,通过调制器和光电转换器形成误差信号,并送至控制系统控制导弹飞行。同时误差信号驱动角度跟踪系统,使光学系统光轴跟踪目标,完成对目标的搜索、识别和跟踪。应该指出,从原理和理论上讲,任何点源目标都有一个共性,即比起背景是一个张角很小的物体,这样可利用空间滤波等背景鉴别技术,把目标从背景中识别出来。

红外点源寻的制导是目前战术导弹最常用的寻的制导方式之一。其优点是:①制导精度高,由于红外制导是利用红外探测器捕获和跟踪目标本身所辐射的红外能量来实现寻的制导,其角分辨率高,且不受无线电干扰的影响;②可“发射后不管”,武器发射系统发射后即可离开,由于采用被动寻的工作方式,导弹本身不辐射用于制导的能量,也不需要其他的照射能源,攻击隐蔽性好;③弹上制导设备简单,体积小,质量轻,成本低,工作可靠,同时比红外成像寻的制导经济、实用。

红外自寻的制导的缺点是:①受气候影响大,不能全天候作战,雨、雾天气红外辐射被大气吸收和衰减的现象很严重,在烟尘、雾、霾的地面背景中其有效性大为下降;②容易受到激光、阳光、红外诱饵等干扰和其他热源的诱骗,偏离和丢失目标;③作用距离有限,一般用于近程导弹的制导系统或远程导弹的末制导系统。

6.3.2.2 红外成像寻的制导

红外成像寻的制导是一种利用弹上红外探测仪器探测目标的红外辐射,根据获取的红外图像进行目标捕获和跟踪,并将导弹引向目标的制导方法。它是一种发展中的新型红外寻的制导方式。

红外非成像寻的系统从目标获得的信息量少,它只有一个点的角位置信号,没有区分多目标的能力,而人为的红外干扰技术有了新的发展,因此,点源系统已经不能适应先进制导系统的发展要求,于是开始了红外成像技术用于制导系统的研究。

红外成像又称热成像,红外成像技术就是把物体表面温度的空间分布情况变为按时间顺序排列的电信号,并以可见光形式显示出来,或将其数字化存储在存储器中,为数字机提供输入,用数字信号处理方法来分析这种图像,从而得到制导信息。

在寻的制导中,红外成像导引头探测的是目标和背景间微小的温差或辐射频率差引起的热辐射分布情况,其图像同电视图像相近,具有很好的可视性,从而可完成对目标的探测、识别和定位等。红外成像导引头分为实时红外成像器和视频信号处理器两部分,一般由红外摄像头、图像处理电路、图像识别电路、跟踪处理器和摄像头跟踪系统等部分组成,如图 6-23 所示。

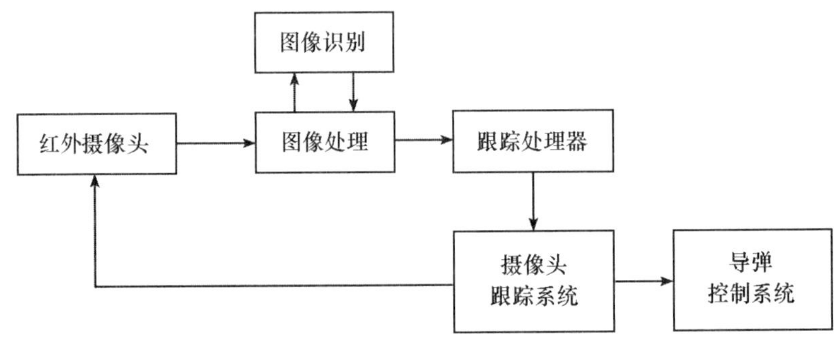

图 6-23　红外成像导引头的基本组成

实时红外成像器用来获取和输出目标与背景的红外图像信息;视频信号处理器用来对视频信号进行处理,对背景中可能存在的目标,完成探测、识别和定位,并将目标位置信息输送到目标位置处理器,求解出弹体的导航和寻的矢量。视频信号处理器还向红外成像器反馈信息,以控制它的增益(动态范围)和偏置。还可结合红外成像器中的速率陀螺组合,完成对红外图像信息的捷联式稳定,达到稳定图像的目的。

红外成像寻的制导系统的工作过程是:在导弹发射之前,由制导站的红外前视装置搜索和捕获目标,根据视场内各种物体热辐射的差别在制导站显示器上显示出图像。目标的位置被确定之后,导引头便跟踪目标。导弹发射后,红外摄像头摄取目标的红外图像并进行处理,得到数字化的目标图像,经过图像处理和图像识别,区分出目标、背景信号,识别出真假目标并抑制假目标。跟踪装置按预定的跟踪方式跟踪目标,送出摄像头的瞄准指令和制导系统的导引指令,引导导弹飞向目标。

红外成像寻的制导主要有以下特点:

(1)抗干扰能力强。红外成像制导系统探测目标和背景间微小的温差或辐射率差引起的热辐射分布图像,制导信号源是热图像,有目标识别能力,可以在复杂干扰背景下探测、识别目标,因此,抗干扰能力较强。

(2)空间分辨率和灵敏度较高。红外成像制导系统一般采用二维扫描,它比一维扫描的分辨率和灵敏度高,很适合探测远程小目标。

(3)探测距离大,具有准全天候功能。与可见光成像相比,红外成像系统工作在 8 ~ 14μm 远红外波段,该波段能穿透雾、烟尘等,其探测距离比电视制导大了 3 ~6 倍,克服了电视制导系统难以在夜间和低能见度下工作的缺点,昼夜都可以工作,是一种能在恶劣条件下工作的准全天候探测的制导系统。

(4)制导精度高。该类导引头的空间分辨率很高。它把探测器与微型计算机处理结合起来,不仅能进行信号探测,而且能进行复杂的信息处理,如果将其与模式识别装置结合起来,就完全能自动地从图像信号中识别目标,具有很强的多目标鉴别能力。

(5)具有很强的适应性。红外成像导引头可以装在各种型号的导弹上使用,只需更换不同的识别跟踪软件。例如,美国的"幼畜"导弹的导引头,就可以用于空地、空舰、空空三种类型的导弹上。

目前,红外成像寻的制导已进入实战应用阶段。如美国的"小牛"AGM -65D 和 AGM -65F 空地导弹、"响尾蛇" AIM -9L 和 AIM -9M 空空格斗导弹,以及"斯拉姆"AGM -86E 远距空地导弹等都采用了这种制导方式,并在局部战争中发挥了重要作用。

6.3.3　电视寻的制导

电视寻的制导是由装在导弹头部的电视导引头,利用目标反射的可见光信息,识别目标,形成导引指令,实现对目标跟踪和对导弹控制的一种被动寻的制导技术。电视寻的制导在导弹武器系统中占据重要的位置,随着光电转换器和大规模高速实时图像处理技术的迅速发展,它的实用性已被人们所认识。

电视寻的制导系统的核心是电视导引头,它在导弹飞行末段发现、提取、捕获目标,同时计算出目标距光轴位置的偏差,该偏差量加入伺服系统,进行负反馈控制,使光轴瞬时对准目标;其另一个作用是当光轴与弹轴不重合时,给出与偏角成比例的控制电压,送给自动驾驶仪,使弹轴与光轴重合。上述作用结果,使导弹实时对准目标,引导导弹直接摧毁目标。其工作原理如图 6 -24 所示。

由图 6 -24 可见,该系统主要由电视摄像机、视频转换器、图像信号处理器、伺服机构、同步器以及波门产生器等组成。导弹对准目标方向发射后,在寻的制导中,电视摄像机拍摄目标和周围环境图像,从有一定反差的背景中自动提取目标,并借助跟踪波门对目

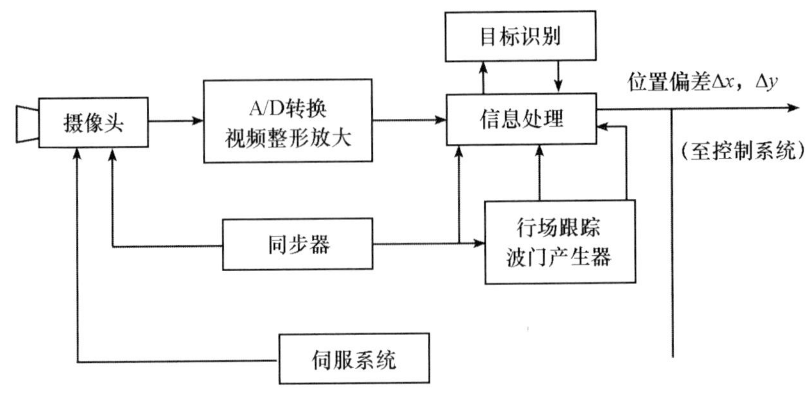

图 6-24　电视导引头工作原理框图

标实施跟踪。当目标偏离波门中心时,随之产生偏差信号,形成导引指令,并输出驱动伺服机构的信号,使摄像机光轴始终对准目标,同时自动控制导弹飞向目标。

电视寻的制导具有制导精度高,可对付超低空目标(如巡航导弹)或低辐射能量的目标(如隐身飞机),可工作在广阔的光谱波段,有强烈的抗电磁干扰的能力,体积小、重量轻、电耗低,适用于小型导弹等突出优点。因此,是电视精确制导发展的方向,且已经成为当今电视精确制导的发展热点,获得了广泛应用。但是它也具有如下的缺点:①只能在良好的能见度下工作,对气象条件要求高,在雨雾天气和夜间不能使用,不是全天候的武器系统。②易受强光和烟雾弹的干扰。如强光可烧毁摄像管靶面或使其成为一片白色,使电视导引头失去效能。③由于它属于被动寻的制导方式,且可见光敏感头作用距离短,所以使导弹武器的射程受到了严重限制。上述缺点使它在武器系统中的应用受到了一定限制。

目前,美俄等国家研制装备部队的电视寻的导弹有“幼畜”、“秃鹰”、“海猫”、“海上凶手”Ⅱ号、X-29TV、X-59TV 等,在大量生产和使用美国的“小牛”空地导弹家族中,AGM-65A,AGM-65 以及新研制的 AGM-65H 导弹均采用了电视寻的制导方式。

6.3.4　激光寻的制导

激光寻的制导是由弹外或弹上的激光束照射在目标上,弹上的激光寻的器利用目标漫反射的激光,形成制导指令,实现对目标的跟踪和对导弹的控制,使导弹飞向目标的一种制导方法。按照激光源所在位置不同,激光寻的制导又可分为激光主动式寻的制导与激光半主动式寻的制导。迄今只有照射光束在弹外的激光半主动寻的制导而且波长为 1.06μm 的系统得到了应用,而激光主动寻的制导还在发展之中。

(1)激光主动寻的制导

在这种制导方式下,激光源和激光寻的器均设置在弹上。当导弹发射后,能主动寻找被攻击目标,是一种“发射后不管”的制导方式。由于激光源设备大而笨重,因此目前尚难用于实战。但是,这种制导方式很有吸引力,是激光寻的制导的发展方向。

(2)激光半主动寻的制导

激光半主动寻的制导系统由弹上的激光寻的器和弹外的激光目标指示器两部分组成。在制导过程中,弹外的激光目标指示器照射目标,弹上的激光寻的器接收从目标反射的激光波束的能量作为制导信息,形成控制指令,送给弹上自动驾驶仪,使导弹实时对准目标,直至命中目标。激光半主动寻的制导是目前应用最广泛、技术最成熟的一种激光寻的制导方式。图6-25给出了一种典型的激光半主动寻的系统。

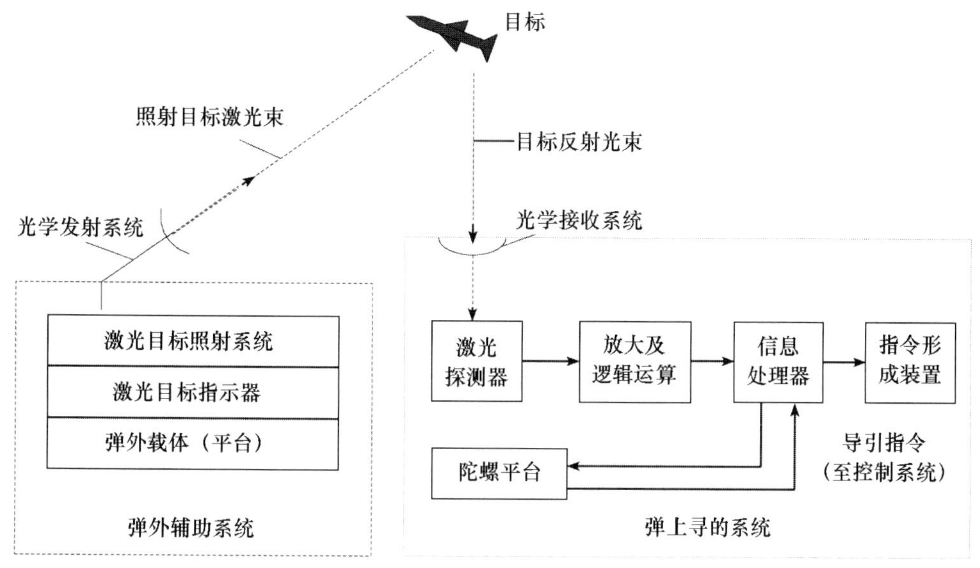

图6-25　激光半主动寻的制导系统

由图6-25可见,系统主要由弹上寻的系统、弹外载体(平台)及安置在载体内的激光目标指示器构成。弹上寻的系统是其核心部分,一般由激光探测器、放大及逻辑运算器、信息处理器、指令形成装置和陀螺稳定平台组成。

在激光半主动寻的制导中,激光目标指示器发射激光束照射被攻击的目标;光学接收系统接收并汇聚目标反射的激光束能量,通过激光探测器转换成电信号;放大器把电信号放大,并经逻辑运算产生角误差信号,于是便测量出了目标所处的位置及导弹飞行偏离;这样,信息处理器依据角误差信号求出纠正导弹偏离的导引信息;指令形成装置依据导引信息产生导引控制指令,操纵导弹沿着正确的弹道飞向目标,直至命中目标。

激光寻的制导的突出优点在于:①制导精度高。可用于攻击固定或活动目标,其制导精度一般在1m以内,且导弹的首发命中率极高,这是目前其他制导方式难以达到的。②抗干扰能力强。由于激光是由专门设计的激光器产生的,因而不存在自然界的激光干扰。而且由于激光单色性好、亮度高、相干性好,特别是方向性好,光束的发散角小,使得敌方很难对激光制导系统实施有效干扰。③可用于复合制导。激光制导与雷达制导、红外制导、电视制导虽然物理性质不同,但就其寻的原理则有许多相同或相似之处,而且都属于导弹武器系统的末制导方式,因此,激光制导极容易同红外、雷达、电视等制导方式实现复合制导,有利于提高制导精度和适应越来越复杂的战场环境。

自20世纪60年代以来，发展的激光半主动制导武器主要有三类：激光半主动寻的制导导弹（含火箭）、制导炸弹和炮弹。如“海尔法”、“幼畜”、XATM－3、MK－82、“铜斑蛇”等。由于采用了激光寻的制导，使得这类武器的命中率比常规武器的命中精度高得多，具有很多其他制导方式所不具备的优点。

6.3.5 寻的制导模式性能比较

综上所述，寻的制导体制是极有发展前途的导弹制导体制，在整个导弹制导方式中占有相当重要的地位，且已获得越来越广泛的应用。目前，各种寻的导引头都有其各自的优缺点，其性能特点对比表6－2所示。表6－3给出了它的主要类型、特点和应用实例。

表6－2 单一寻的制导模式性能比较

模式	探测特点	缺陷与使用局限性
主动雷达寻的	全天候探测；能测距；作用距离远；可全向攻击	易受电子干扰；易受电子欺骗
被动雷达寻的	全天候探测；作用距离远；隐蔽工作；全向攻击	无距离信息
毫米波寻的	角精度高；能测距；全天候探测；抗干扰能力强；有目标成像和识别能力	只有四个频率窗口可用；作用距离目前尚较近
红外点源寻的	角精度高；隐蔽探测；抗电子干扰	无距离信息；不能全天候工作；易受红外诱饵欺骗
红外成像寻的	角精度高；抗各种电子干扰；能成像和识别目标；探测距离大；具有准全天候功能	无距离信息
电视寻的	角精度高；隐蔽探测；抗电子干扰	无距离信息；不能全天候工作；探测距离较近
激光寻的	角精度高；不受电子干扰；主动式可测距	大气衰减大；探测距离近；易受烟雾干扰

表6－3 寻的制导类型、特点及应用实例

类别	主要特点	应用实例
微波雷达寻的制导	雷达工作波长：1～1 cm（频率0.3～30GHz）	短距离制导武器
主动雷达寻的制导	雷达发射机、接收机都装在弹上	法国AM39“飞鱼”空舰导弹的末制导寻的头
半主动雷达寻的制导	雷达接收机装在弹上，发射机装在制导站（地面、机载、舰面、卫星载）	前苏联SA－6地空导弹

（续表）

类别	主要特点	应用实例
被动雷达寻的制导	不发射雷达波，弹载接收机探测和接收目标发射的雷达波，引导武器攻击	反雷达导弹。如美国的 AGM-88“哈姆”高速反辐射导弹
毫米波雷达寻的制导	毫米波雷达或毫米波辐射计的工作波长：10～1mm（频率 30～300 GHz），介于微波和红外之间	作用距离近，一般用作末制导或末敏弹药寻的头
主动毫米波寻的制导	毫米波发射机和接收机都装在弹上	美 XM943 主动攻顶装甲灵巧炮弹寻的头
半主动毫米波寻的制导	发射机装在制导站，弹上只装毫米波接收机	目前毫米波雷达装备量很少，毫米波干扰机尚未装备
被动毫米波寻的制导	弹载毫米波辐射计（接收机），探测目标自然辐射的毫米波，籍以导引制导武器	美“萨达姆”反装甲子弹药寻的头
红外非成像制导（红外点源制导）	以目标的高温部分（如飞机发动机喷气口、军舰的烟囱）的红外辐射作为信息源	用于尾追攻击的空空导弹等。如美 AIM-9L
红外成像制导	利用红外探测器探测目标和背景红外辐射，如实地显示两者的热图像，对目标进行捕获和跟踪 A，多元红外探测器线阵扫描（光机扫描）成像系统 B，多元红外探测面阵凝视成像系统	美 AGM-65D/F/G“小牛”空地导弹导引头（光机扫描）美“标枪”便携式反坦克导弹寻的头（凝视式）
电视寻的制导	依靠目标反射的可见光信息，利用电视（摄像）捕获和跟踪目标	空地导弹、制导炸弹，如美 AGM-6ZA“白星眼”-1 电视制导炸弹、美 AGM-53A“秃鹰”末制导空地导弹
激光半主动寻的和制导	制导站发射激光照射目标，弹上激光接收机接收目标反射的激光，导引制导武器攻击	法 AS-30L 空地导弹寻的头，美 M71Z“铜斑蛇”制导炮弹寻的头
激光主动寻的和制导	美国正在发展主动激光制导炮弹，即激光雷达（发射机）和激光接收机都装在弹上，不需要制导站发射激光束	此计划已纳入“先进技术激光雷达导引头计划”（即阿特拉斯计划）

6.4 复合制导体制

6.4.1 复合制导

随着现代战场环境的日益复杂和高技术对抗兵器(如高速度、高精度和远射程的尖端空袭武器等)的严重威胁,对导弹武器系统提出越来越严峻的挑战,要求导弹同时具有作用距离远、命中精度高、突防能力强、抗干扰性能好等优势,并具有全天候作战能力,能进行高精度的截获以及对高机动性目标的快速跟踪等,这就使得单一制导体制无法满足要求。在这种情况下,采用复合制导体制成为一种有效的途径,它可以弥补单一制导方式的缺陷,发挥各种制导方式的优势,提高武器系统的整体作战效能。因此,复合制导已成为导弹武器系统发展的重要趋势。

所谓复合制导是指在引导导弹飞向目标的过程中,采用两种或多种制导方式相互衔接、协同配合,共同完成制导任务的一种新型制导方式。简而言之,复合制导就是将前述各种制导体制以不同的方式分段组合起来,集不同单一制导体制之长而避其短,形成一种新的制导体制。它通常把导弹的整个飞行过程分为初制导 + 中制导 + 末制导阶段,初制导段主要完成导弹起飞、转弯并保证其进入制导空域,常采用方案制导或惯性制导来进行粗定向、定位;中制导段使用的制导方式主要有指令制导和惯性制导,作用是把导弹引导至目标附近,其中还可采用卫星导航制导增大其射程;而末制导段的制导体制主要有主动、半主动和被动寻的制导、景象匹配制导、TVM 制导和多模复合寻的制导等。这样,复合制导不仅增大了制导武器系统的作用距离,而且有效地提高了武器的制导精度。

根据导弹在整个飞行过程或各飞行段上制导方式的组合方法不同,复合制导可分为串联、并联和串并联等三种复合制导形式。串联复合制导就是在导弹不同的飞行段上采用不同的制导方式;并联复合制导则是在导弹整个飞行过程中或在某段飞行弹道上同时采用几种制导方式;而串并联复合制导则是既有串联又有并联的混合制导方式。

目前,复合制导已进入实战应用阶段。对于中、远程导弹和防区外发射的导弹,为了保证获得足够的命中精度和攻击的隐蔽性,均采用了复合制导体制。一般在初、中段采用惯性制导,中间借助卫星定位系统(GPS)修正和地形/景象匹配制导等自主式制导方式,将导弹引导到末制导寻的搜索区,然后再利用自动寻的装置完成对目标的搜索、捕捉、跟踪,直至命中目标。例如,“战斧”巡航导弹初段使用惯性制导,中途利用地形等高线地图(TERCOM)进行修正,末制导采用红外成像(IIR)和毫米波(MMW)最终完成目标搜索、捕捉与命中目标,其圆概率误差(CEP)可达米级。图 6-26 为该导弹武器系统的复合制导示意图。

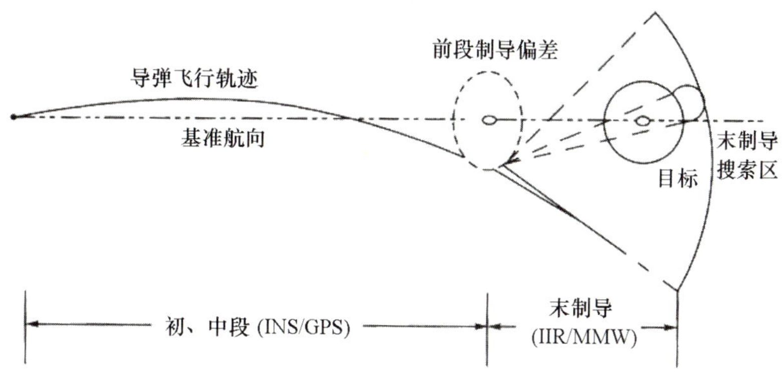

图 6－26　“战斧”巡航导弹的复合制导示意图

6.4.2　多模复合寻的制导

现代电子对抗技术、隐身技术的发展，以及作战环境的复杂多变，使精确制导武器面临严重的挑战，要求它必须具备抗各种干扰的能力、识别真假目标的能力、对付多目标的能力和全天候作战的能力，并能进行高精度的截获和目标跟踪。为达到这一目的，多模复合探测是一种有效的途径，它可以获取目标的多种频谱信息，以弥补单模制导的缺陷，发挥各种传感器的优点，提高武器系统的作战效能。因此，多模复合寻的制导方式和技术便应运而生，并成为近年来兵工和军事部门的研究热点之一。

所谓多模复合寻的制导是指由多种模式的寻的导引头参与制导（通常为末制导），共同完成导弹的寻的制导任务。实际上多模复合寻的制导属于复合制导方式，而且是一种典型的并联复合制导方式，但因为它与其他复合制导体制相比具有特殊性，故在此专门进行讨论。

串联复合制导体制的关键在于不同制导体制之间的交接班和转换逻辑，而多模复合寻的制导的核心问题在于如何进行多种探测方式的信息融合。信息融合是针对一个系统中使用多种传感器（多个或多类）这一特定问题而展开的一种信息处理的新研究方向，因此，信息融合又称作多传感器融合。将信息融合的理论与方法引入多模复合探测系统可以在发挥多种探测体制各自特点的基础上，通过对多源传感器的观测数据进行优化处理，进而达到提高整个探测系统目标识别性能、抗干扰性能和在复杂与恶劣环境中的生存能力的目的。

目前，正在应用和研制中的多模复合寻的制导主要是采用双模复合导引头形式，其中包括紫外/红外、可见光/红外、激光/红外、微波/红外、毫米披/红外、毫米波/红外成像等，而最主要的是紫外/红外、微波/红外和毫米波/红外双模复合寻的制导。多模复合制导在充分利用现有寻的制导技术的基础上，能够获取目标的多种频谱信息，通过信息融合技术提高寻的装置的智能，弥补单模制导的缺陷，发挥各种传感器的优势，提高武器系统的性能。

在现代战争中，多模复合寻的制导系统具有广泛的应用前景和发展前途，采用多传感器信息融合的复合寻的制导具有以下优点：

(1)可以有效地对抗敌方多种形式的干扰(电、磁、光、热、声等),提高制导系统的抗干扰能力,使导弹适应各种作战环境的需要;

(2)可以有效地识别目标伪装与欺骗,成功地识别目标及其要害(薄弱)部位;

(3)可以提高目标的捕获概率和数据可信度,提高攻击成功概率和突防能力;

(4)可以提高系统的稳定性和可靠性;

(5)可大幅度提高导弹武器寻的制导精度;

(6)可充分发挥高新技术,尤其是微电子技术、光电技术和信息融合技术对制导系统发展的支撑潜力。

表6-4给出了多模复合寻的制导的部分应用实例。显然,目前多模复合寻的制导多为双模复合寻的制导方式。综上所述,多模复合寻的制导是一种极具发展和应用前景的新型制导方式与技术。在这方面,我国同军事大国尚有较大差距,应予以高度重视。

表6-4 部分双模复合寻的制导导弹

弹型	类别	复合式	国家和地区
“尾刺”	地空	红外/紫外	美国
“地狱之火”	空地	毫米波/红外	
“黄蜂”	空地	毫米波/被动	
“爱国者”	地空	主动/半主动雷达	
“铜斑蛇”	空地	激光/红外成像	
“长剑”	空地	电视跟踪/指令制导	英国
“海狼”	地空	雷达/红外	
ABS—90	地空	激光/红外	瑞典
ADAR	地空	毫米波/红外	日本
XAAM—3/4	空空	主动雷达/红外	
ASM—1/2	空地	主动雷达/红外	
“凯科”	地空	电视/红外	
TACED	制导炸弹	毫米波/双色红外	法国
TLVS		主动雷达/红外	德国
SA—13	地空	红外/双色	俄罗斯
“马斯基特”	反舰	雷达主/被动	
Kb—31	空空	雷达主/被动	
“雄风”Ⅱ	反舰	被动雷达/红外	中国台湾
Sprint		被动雷达/红外	法德
BOSS		毫米波/红外	瑞士
MSOW		毫米波/红外	北约
	子弹药	红外成像/毫米波	美国

思考题

1. 分析说明平台式惯导系统与捷联式惯导系统的优缺点。
2. 说明地形匹配和景象匹配的工作原理。
3. 概述指令制导系统的组成原理及优缺点。
4. 概述驾束制导系统的组成原理及优缺点。
5. 概述自主导航系统相关技术,说明其优点和主要用途。
6. 分析说明寻的制导在精确制导中的作用。
7. 举例说明串联复合制导和并联复合制导的优点及应用条件。

第7章　导引规律

制导系统的基本任务是保证导弹击中目标或者以最小的脱靶量截获之，为完成这个任务，制导系统中有专门的设备产生指令信号，以控制导弹飞向目标。在上一章中已经讲过，导弹的制导方法有三种基本类型：自主制导、遥控制导和寻的制导。按制导方法的不同，导弹的弹道分为方案弹道和导引导弹。其中方案弹道是程序预先规划好的弹道，它只能攻击固定目标或已知其运动特性的慢速目标；导引弹道是根据目标运动特性，以某种导引方法将导弹导向目标的导弹质心运动轨迹。

从理论上讲，可以有很多条甚至无数条弹道保证导弹与目标相遇，但实际上对每一种导弹只选取一条在特定条件下的最佳弹道，所以导弹的弹道不能是任意的，而是受一定条件的限制，有一定的规律，这个规律就是制导规律，也称导引规律或导引方法。也就是说，导弹的制导规律是描述导弹向目标接近过程中所应遵循的运动规律，它决定导弹的弹道特性及其相应的弹道参数。导引规律需要解决的问题是导弹拦截目标的飞行弹道问题，导引方法的任务是给出导弹接近目标过程中与目标之间的关系。

从运动学的观点来看，导引方法能确定导弹飞行的理想弹道，所以选择导弹的导引方法，就是选择理想弹道，即在制导系统理想工作情况下导弹向目标运动过程中所应经历的轨迹。理想弹道表征了导引方法的特性，不同的导引方法，弹道的曲率不同，系统的动态误差不同，过载分布的特点及导弹、目标速度比的要求也不同。在导弹飞行过程中，导引方法决定了导弹和目标或导弹、目标和制导站之间的运动学关系。

导引方法是借助于包含在制导系统内的有关仪器实现的，根据制导方式的不同，这些仪器可以在导弹上或在弹外的制导站。选择导引方法的根据是目标的运动特性、环境和制导设备的性能以及使用要求。对导引方法一般有以下要求：

(1)保证系统有足够的制导精度；

(2)导弹的整个飞行弹道，特别是攻击区内，理想弹道曲率应尽量小，保证所需的导弹过载小；

(3)保证飞行的稳定性，导弹的运动对目标运动参数的变化不敏感；

(4)制导设备尽可能简单。

制导设备根据每瞬时导弹的实际位置与理想弹道之间的偏差形成导引指令，控制导弹飞行。为研究导引规律，须先作如下假定：

(1)把导弹、目标和制导站视为几何质点；

(2)导弹的速度，以及目标和制导站的运动规律认为是已知的；

(3)制导系统是理想的，即制导系统能保证导弹的运动在每一瞬间都符合制导规律的要求；

(4)导弹、目标和制导站始终在同一个平面内运动。该平面称为攻击平面，它可能是水平面、铅垂平面或倾斜平面。

在遥控和寻的制导中常用的导引方法有以下几种：三点法、前置角法、追踪法、平行接近法和比例导引法等，以及为了满足某些性能指标要求而引用优化理论得到的导引规律，可看成是对某种导引方法的改进。导引弹道的特性主要取决于导引方法和目标运动特性。对应某种确定的导引方法，导弹弹道的研究内容包括弹道过载、导弹飞行速度、飞行时间、射程和脱靶量等，这些参数将直接影响导弹的命中精度。本章我们将分别介绍各种导引规律的基本原理，并分析其弹道特性。

7.1　常用坐标系及其转换关系

为了建立描述导弹和目标空间运动的方程，研究其运动特性及相互间的关系，需要选取合适的坐标系，这对于所研究问题的难易程度和运动参数变化的直观程度有很大关系。本节在第 2 章的基础上再定义一些寻的制导控制回路设计中常用坐标系，并给出其变换关系。

7.1.1　常用坐标系

7.1.1.1　视线坐标系

视线坐标系(记为 $O-X_sY_sZ_s$)定义如下(图 7-1)：

原点 O——取在弹体的质心上；

OX_s 轴——沿视线方向，指向目标为正；

OY_s 轴——在包含 OX_s 的铅垂面内，垂直于 OX_s 轴，向上为正；

OZ_s 轴——由右手法则确定。

导引头的输出信息是在此坐标系中给出的，因此，引入视线坐标系。

7.1.1.2　弹上视线坐标系

弹上视线坐标系(记为 $O-X_{s1}Y_{s1}Z_{s1}$)定义如下：

原点 O——取在导引头天线旋转中心上(近似地看作与导弹质心重合)；

OX_{s1}轴——沿视线方向，指向目标为正；

OY_{s1}轴——在包含视线且垂直于 OX_bZ_b 平面的平面内，垂直于 OX_{s1}轴，向上为正；

OZ_{s1}轴——由右手法则确定。

7.1.1.3　弹上测量坐标系

弹上测量坐标系(记为 $O-X_{bm}Y_{bm}Z_{bm}$)定义如下：

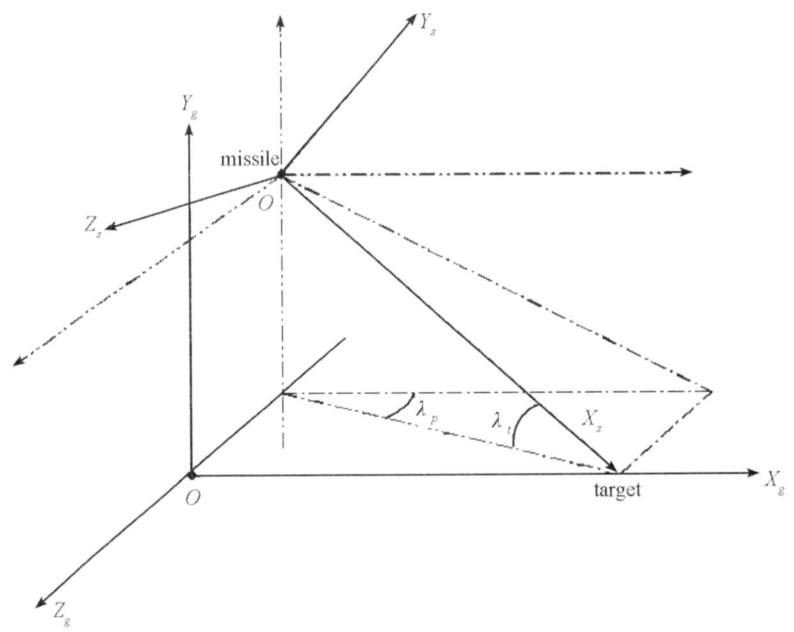

图 7－1　视线坐标系示意图

原点 O——取在导引头天线旋转中心上(近似地看作与导弹质心重合);

OX_{bm}轴——在导引头敏感轴方向上,指向目标为正;

OY_{bm}轴——在包含 OX_{bm}轴且与 OX_bZ_b(或 $OX_{1a}Z_{1a}$)平面垂直的平面内,与 OX_{bm}轴垂直,向上为正;

OZ_{bm}轴——由右手法则确定。

7.1.2　坐标系之间的转换关系

7.1.2.1　地面坐标系与视线坐标系之间的关系

如图 7－2 所示,地面坐标系与视线坐标系的 OY 轴都在铅垂平面内,因此,它们之间的相互关系由两个角度来决定:

(1)视线高低角 ε_s——视线坐标系 OX_s 与水平面(OX_gZ_g 平面)之间的夹角,OX_s 指向地面上方为正;

(2)视线方位角 β_s——视线坐标系 OX_s 轴在水平面内的投影 OX'_s 与 OX_g 轴之间的夹角,按右手法则由 OX_g 逆时针转至 OX'_s 时为正。

如图 7－2 所示,由地面坐标系按右手螺旋法则转动两次可得到弹体固联坐标系,转动顺序为:

(1)首先由地面坐标系 $O-X_gY_gZ_g$ 绕 OY_g 转过方位角 β_s,得到过渡坐标系 $O-X'_sY_gZ_s$ 即

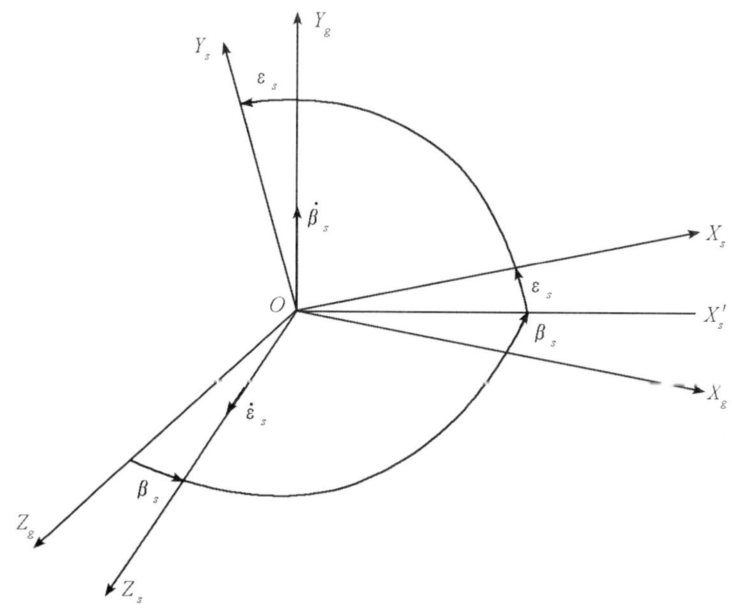

图7-2　地面坐标系与视线坐标系的角度关系

$$\begin{bmatrix} x_1 \\ y_1 \\ z_1 \end{bmatrix} = \boldsymbol{M}_2(\beta_s)\begin{bmatrix} x_g \\ y_g \\ z_g \end{bmatrix} = \begin{bmatrix} \cos\beta_s & 0 & -\sin\beta_s \\ 0 & 1 & 0 \\ \sin\beta_s & 0 & \cos\beta_s \end{bmatrix}\begin{bmatrix} x_g \\ y_g \\ z_g \end{bmatrix}$$

(2)再由中间坐标系 $O-X'_sY_gZ_s$ 绕 OZ_s 轴转过高低角 ε_s，得到视线坐标系 $O-X_sY_sZ_s$ 即

$$\begin{bmatrix} x_s \\ y_s \\ z_s \end{bmatrix} = \boldsymbol{M}_3(\varepsilon_s)\begin{bmatrix} x_1 \\ y_1 \\ z_1 \end{bmatrix} = \begin{bmatrix} \cos\varepsilon_s & \sin\varepsilon_s & 0 \\ -\sin\varepsilon_s & \cos\varepsilon_s & 0 \\ 0 & 0 & 1 \end{bmatrix}\begin{bmatrix} x_1 \\ y_1 \\ z_1 \end{bmatrix}$$

因此，由地面坐标系到视线坐标系之间的转换关系为

$$\begin{bmatrix} x_s \\ y_s \\ z_s \end{bmatrix} = \boldsymbol{M}_3(\varepsilon_s)\boldsymbol{M}_2(\beta_s)\begin{bmatrix} x_g \\ y_g \\ z_g \end{bmatrix}$$

即2-3转动顺序，记地面坐标系到视线坐标系的转换矩阵为 $\boldsymbol{S}_g^s$，则有

$$\boldsymbol{S}_g^s = \boldsymbol{M}_3(\varepsilon_s)\boldsymbol{M}_2(\beta_s) = \begin{bmatrix} \cos\varepsilon_s\cos\beta_s & \sin\varepsilon_s & -\cos\varepsilon_s\sin\beta_s \\ -\sin\varepsilon_s\cos\beta_s & \cos\varepsilon_s & \sin\varepsilon_s\sin\beta_s \\ \sin\beta_s & 0 & \cos\beta_s \end{bmatrix}$$

7.1.2.2　弹体坐标系与弹上视线坐标系之间的关系

由两坐标系的定义，弹体坐标系与弹上视线坐标系的 OY 轴都在垂直于 OX_bZ_b 平面

的平面内,因此,它们之间的相互关系由两个角度来决定:

(1)弹上视线高低角 ε_{s1}——视线 OX_{s1} 与弹体 OX_bZ_b 平面的夹角,若实现在弹体平面之上,则 ε_{s1} 为正,反之为负;

(2)弹上视线方位角 β_{s1}——视线 OX_{s1} 轴在弹体 OX_bZ_b 平面上的投影与 OX_b 之间的夹角,若 OX_b 绕 OY_b 逆时针旋转,则 β_{s1} 为正,反之为负。

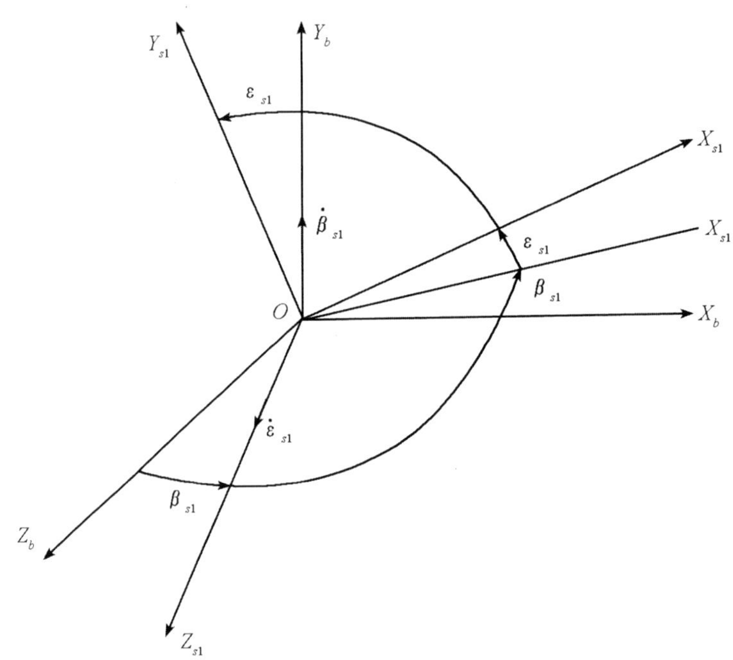

图 7-3　弹体坐标系与弹上视线坐标系之间的角度关系

如图 7-3 所示,两坐标系之间的转换关系为

$$\boldsymbol{S}_b^{s1}=\boldsymbol{M}_3(\varepsilon_{s1})\boldsymbol{M}_2(\beta_{s1})=\begin{bmatrix}\cos\varepsilon_{s1}\cos\beta_{s1} & \sin\varepsilon_{s1} & -\cos\varepsilon_{s1}\sin\beta_{s1}\\ -\sin\varepsilon_{s1}\cos\beta_{s1} & \cos\varepsilon_{s1} & \sin\varepsilon_{s1}\sin\beta_{s1}\\ \sin\beta_{s1} & 0 & \cos\beta_{s1}\end{bmatrix}$$

7.1.2.3　视线坐标系与弹上视线坐标系之间的关系

由两坐标系的定义,视线坐标系与弹上视线坐标系的 OX 轴都与视线重合,它们在空间的位置只相差一个角度,如图 7-4 所示。

扭角 γ_{s1}——在垂直于视线的平面内,OY_s 与 OY_{s1} 两轴之间的夹角,若 OY_s 绕 OX_s 逆时针旋转,则 γ_{s1} 为正,反之为负。

如图 7-4 所示,两坐标系之间的转换矩阵为

$$\boldsymbol{S}_s^{s1}=\boldsymbol{M}_1(\gamma_{s1})=\begin{bmatrix}1 & 0 & 0\\ 0 & \cos\gamma_{s1} & -\sin\gamma_{s1}\\ 0 & -\sin\gamma_{s1} & \cos\gamma_{s1}\end{bmatrix}$$

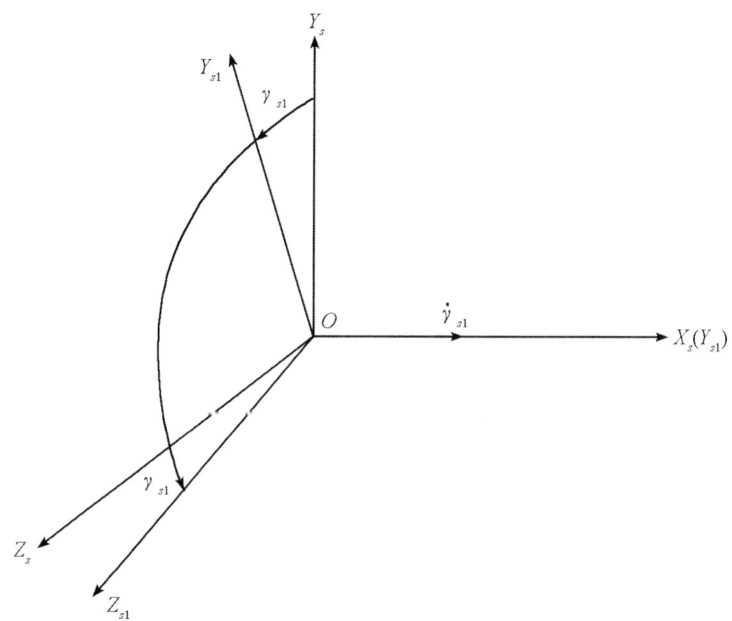

图7－4　视线坐标系与弹上视线坐标系之间的角度关系

7.1.2.4　弹体坐标系与弹上测量坐标系之间的关系

由两坐标系的定义，弹体坐标系与弹上测量坐标系的 OY 轴都在 OX_bZ_b 平面的垂直平面内，因此，它们之间的相互关系由两个角度来决定：

(1)视线测量高低角 ε_{bm}——弹上测量坐标系 OX_{bm} 与弹体 OX_bZ_b 平面之间的夹角，若 OX_{bm} 在弹体 OX_bZ_b 平面的上方，则 ε_{bm} 为正，反之为负；

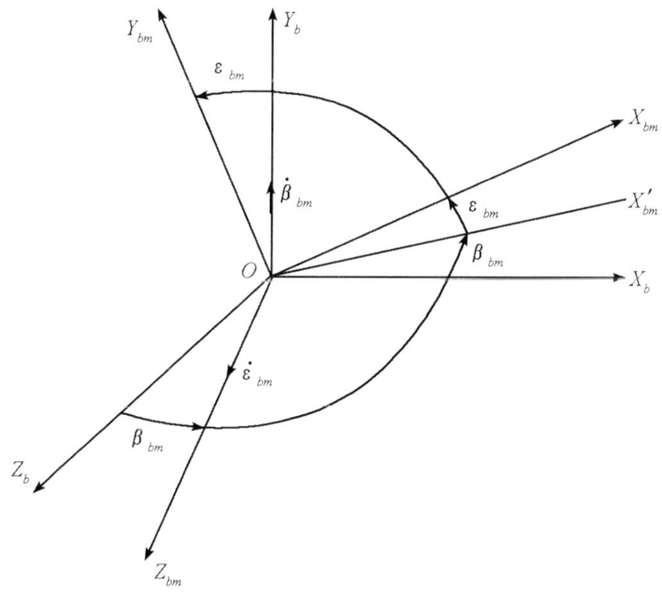

图7－5　弹体坐标系与弹上测量坐标系之间的角度关系

(2)视线测量方位角 β_{bm}——弹上测量坐标系 OX_{bm} 轴在 OX_bZ_b 平面上的投影 OX'_{bm} 与 OX_b 轴之间的夹角,若 OX_b 绕 OY_b 逆时针旋转,则 β_{bm} 为正,反之为负。

如图 7-5 所示,两坐标系之间的转换关系为

$$\boldsymbol{S}_b^{bm} = M_3(\varepsilon_{bm})M_2(\beta_{bm}) = \begin{bmatrix} \cos\varepsilon_{bm}\cos\beta_{bm} & \sin\varepsilon_{bm} & -\cos\varepsilon_{bm}\sin\beta_{bm} \\ -\sin\varepsilon_{bm}\cos\beta_{bm} & \cos\varepsilon_{bm} & \sin\varepsilon_{bm}\sin\beta_{bm} \\ \sin\beta_{bm} & 0 & \cos\beta_{bm} \end{bmatrix}$$

7.2 遥控制导的导引规律

遥控制导的导引规律属于位置导引,即对导弹在空间的运动位置,给出某种特点的约束。位置导引中,导引规律的形成与遥控制导的特点密切相关。遥控制导的基本组成包括三个主要部分:制导站、导弹和目标。导弹位置在空间的变化,与观测、跟踪和导引作用的制导站的位置,以及作为拦截对象的目标的位置在空间的变化密切相关。位置导引的导引规律就是对这三者位置关系的约束准则,而所给出的数学描述就是导引方程。

位置导引的主要特点是它所需要的设备一般均设置在制导站,形成导引规律所需的观测信息较少,因此,就制导规律而言,制导站和弹上相应设备均较简单。

7.2.1 遥控制导的导引方程

遥控制导系统中,制导站测量装置(如雷达测角仪、红外测角仪等)在测量坐标系内确定导弹、目标间的运动关系。为简化讨论,设导弹、目标在垂直平面内运动,在某瞬间导弹、目标分别位于 M、T 点,如图 7-6 所示。

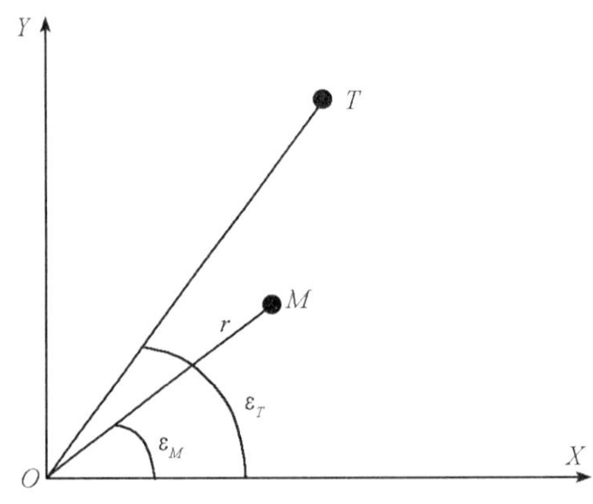

$\varepsilon_M,\varepsilon_T$—导弹和目标的高低角

图 7-6 三点法导引纵向平面的导弹、目标位置关系示意图

7.2.1.1　三点法

三点法导引是指导弹在攻击目标过程中始终位于目标和制导站的连线上。如果观察者从制导站上看，则目标和导弹的影像彼此重合。故三点法又称为目标覆盖法或重合法。

由于导弹始终处于目标和制导站的连线上，故导弹同目标的高低角和方位角必须分别相等，因此，三点法的导引方程为

$$\begin{cases}\bar{\varepsilon}_M=\varepsilon_T\\ \bar{\beta}_M=\beta_T\end{cases} \tag{7-1}$$

式中：

$\bar{\varepsilon}_M,\bar{\beta}_M$ 为期望的导弹高低角和方位角；

ε_T,β_T 为目标的高低角和方位角。

图 7-7 为假设目标作匀速直线飞行时，用图解法作出的三点法导引理想弹道。

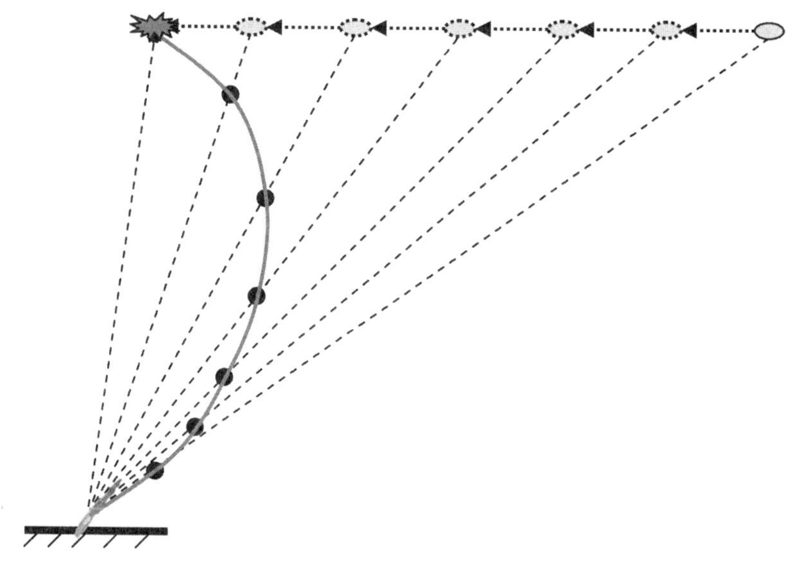

图 7-7　三点法导引弹道示意图

在各种导引规律中，三点法用得比较早，这种方法的优点是技术实施比较简单，特别是在采用有线指令制导的条件下，抗干扰性能强。但按此法制导，导弹飞行弹道的曲率较大，目标机动带来的影响也比较严重。当目标横向机动时或迎头攻击目标时，导弹越接近目标，需用的法向过载越大，弹道越弯曲，因为，此时目标的角速度逐渐增大。这对于采用空气动力控制的导弹攻击高空目标很不利，因为，随着高度的升高，空气密度迅速减小，舵效率降低，由空气动力提供的法向控制力也大大下降，导弹的可用过载就可能小于需用过载而导致脱靶。

7.2.1.2 前置角法

由于采用三点法导引导弹时，有很大的法向过载系数，要求导弹有很高的机动性，因而引入前置角来改进这种导引方法，以减少导弹飞行过程中的过载。

在目标飞行方向上，使导弹超前目标视线一个角度的导引方法，称为前置角法。前置角法又叫寻直法。前置角法要求导弹在与目标遭遇前的制导飞行过程中，任意瞬时均处于制导站和目标的连线的一侧，直至与目标相遇。一般情况下，相对目标运动方向而言，导弹与制导站的连线应超前于目标与制导站连线的某个角度。如图 7－8 所示。

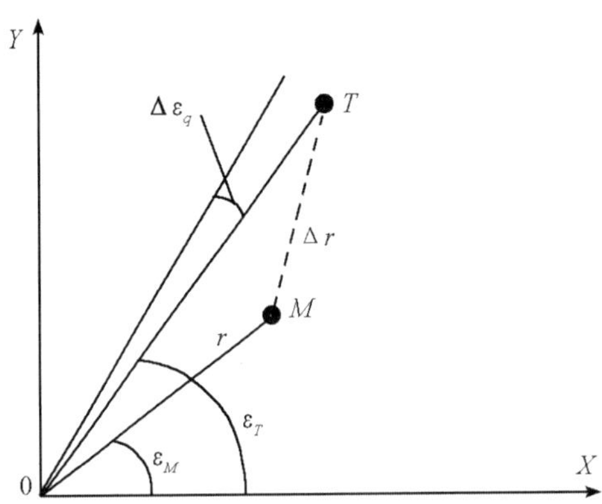

图 7－8　前置角导引法纵向平面的导弹、目标位置关系示意图

显然，这时的导引方程为

$$\begin{cases}\bar{\varepsilon}_M=\varepsilon_T+\Delta\varepsilon_q\\ \bar{\beta}_M=\beta_T+\Delta\beta_q\end{cases} \tag{7-2}$$

式中，$\Delta\varepsilon_q$，$\Delta\beta_q$ 分别为高低角和方位角的前置角，一般取 $\Delta\varepsilon_q=\eta_\varepsilon\Delta r$，$\Delta\beta_q=\eta_\beta\Delta r$，其中，$\eta_\varepsilon$ 和 η_β 称为前置系数，Δr 为弹目相对距离。

在前置角法中，前置系数 η_ε 和 η_β 可取为任意常值，亦可取为某种函数的形式，前置系数取值的不同，决定了不同的导引方法。当 $\eta_\varepsilon=\eta_\beta=0$ 时，则为三点法。当系数为给定的不同时间函数时，可得到所谓的全前置角法和半前置角法。

理想情况下，是选择 η_ε、η_β 使理想导弹成为一条直线，但由于目标参数总是变化，无论如何也达不到这一要求。为此，只提出在遭遇点附近理想弹道应平直的要求，即当 $\Delta r\to 0$ 时，满足

$$\dot{\bar{\varepsilon}}_M=0;\quad \dot{\bar{\beta}}_M=0$$

将式(7－2)微分可得

$$\begin{cases}\dot{\bar{\varepsilon}}_M=\dot{\varepsilon}_T+\dot{\eta}_\varepsilon\Delta r+\eta_\varepsilon\Delta\dot{r}\\ \dot{\bar{\beta}}_M=\dot{\beta}_T+\dot{\eta}_\beta\Delta r+\eta_\beta\Delta\dot{r}\end{cases} \tag{7-3}$$

由 $\Delta r\to 0$ 时，$\dot{\bar{\varepsilon}}_M=0$，$\dot{\bar{\beta}}_M=0$ 这一约束条件，可得

$$\begin{cases}\eta_\varepsilon = -\dfrac{\dot{\varepsilon}_T}{\Delta\dot{r}} \\ \eta_\beta = -\dfrac{\dot{\beta}_T}{\Delta\dot{r}}\end{cases} \tag{7-4}$$

因此,导引方程变为

$$\begin{cases}\bar{\varepsilon}_M = \varepsilon_T - \dfrac{\dot{\varepsilon}_T}{\Delta\dot{r}}\Delta r \\ \bar{\beta}_M = \beta_T - \dfrac{\dot{\beta}_T}{\Delta\dot{r}}\Delta r\end{cases} \tag{7-5}$$

这种方法称为全前置角法。

如果取

$$\begin{cases}\bar{\varepsilon}_M = \varepsilon_T - \dfrac{\dot{\varepsilon}_T}{2\Delta\dot{r}}\Delta r \\ \bar{\beta}_M = \beta_T - \dfrac{\dot{\beta}_T}{2\Delta\dot{r}}\Delta r\end{cases} \tag{7-6}$$

则称为半前置角法。

随着前置系数的取法不同,可获得具有不同运动特性的导弹飞行弹道,因此,前置角法制导规律分析设计的重点就是选择前置系数的变化规律。

前置角法导引时,导弹的理想弹道比三点法平直,导弹飞行时间也短,对拦截机动目标有利。与三点法相比,前置角法所需的观测信息较多,导引方程的解算也比较复杂。但可通过对前置系数的选择设计,对飞行弹道的曲率和目标机动的影响给予一定程度的调整,从而在制导精度上有所改善,因此,这种导引方法在遥控制导中应用得比较多。

7.2.2　制导误差信号的形成

通过研究遥控指令系统的功能图 6-17,可以看出它是一个闭合回路,运动目标的坐标变化成为主要的外部控制信号。在测量目标和导弹坐标的基础上,作为解算器的指令形成装置计算出指令并将其传输到弹上。因为,制导的目的是保证最终将导弹导向目标,所以构成控制指令所需的制导误差信号应以导弹相对于计算弹道的线偏差为基础。这种线偏差等于导弹和制导站之间的距离与角偏差的乘积,因而按线偏差控制情况下的指令产生装置,应当包含有角偏差折算为线偏差的装置。下面计算各种导引规律中的制导误差信号形成方法:

(1)三点法

首先,计算角偏差,角偏差应该等于期望的高低角和方位角与导弹实际的高低角和方位角之差。由三点法的导引方程,易知三点法制导的角偏差为

$$\begin{cases}\Delta\varepsilon = \bar{\varepsilon}_M - \varepsilon_M = \varepsilon_T - \varepsilon_M \\ \Delta\beta = \bar{\beta}_M - \beta_M = \beta_T - \beta_M\end{cases} \tag{7-7}$$

这种误差信号的形成仅需测量目标和导弹角坐标的装置。然而,归根结底制导精度

是由导弹与目标的最小距离——脱靶量来表征的，那么，目标的制导误差应根据导弹与所需运动学弹道的线性偏差确定。在这里这个偏差为

$$\begin{cases} h_\varepsilon = r(\varepsilon_T - \varepsilon_M) \\ h_\beta = r(\beta_T - \beta_M) \end{cases} \tag{7-8}$$

式中，r 为导弹到制导站之间的距离。这个误差表达式要求测量导弹距离。在电子对抗环境或简化的制导系统中常根据下式确定制导线性偏差

$$\begin{cases} h_\varepsilon = R(t)(\varepsilon_T - \varepsilon_M) \\ h_\beta = R(t)(\beta_T - \beta_M) \end{cases} \tag{7-9}$$

式中，$R(t)$ 为预先给定的时间函数，与制导站至导弹的距离近似对应。

(2)前置角法

当进行前置制导时，根据制导方程得到制导角偏差为

$$\begin{cases} \Delta\varepsilon = \bar{\varepsilon}_M - \varepsilon_M = \varepsilon_T + \Delta\varepsilon_q - \varepsilon_M \\ \Delta\beta = \bar{\beta}_M - \beta_M = \beta_T + \Delta\beta_q - \beta_M \end{cases} \tag{7-10}$$

可见，为了形成制导角度误差，除了确定差值 $\varepsilon_T - \varepsilon_M$ 以外，还要计算前置角。根据式(7-5)和(7-6)，前置角的计算通常需要目标和导弹的坐标以及这些坐标的导数。

若弹道偏离前置点法理想弹道，则其线偏差信号为

$$\begin{cases} h_\varepsilon = r\Delta\varepsilon = r(\varepsilon_T + \Delta\varepsilon_q - \varepsilon_M) \\ h_\beta = r\Delta\beta = r(\beta_T + \Delta\beta_q - \beta_M) \end{cases} \tag{7-11}$$

对全前置角法制导，线偏差信号为

$$\begin{cases} h_\varepsilon = r(\varepsilon_T + \Delta\varepsilon_q - \varepsilon_M) \approx R(t)\left(\varepsilon_T - \dfrac{\dot{\varepsilon}_T}{\Delta\dot{r}}\Delta r - \varepsilon_M\right) \\ h_\beta = r(\beta_T + \Delta\beta_q - \beta_M) \approx R(t)\left(\beta_T - \dfrac{\dot{\beta}_T}{\Delta\dot{r}}\Delta r - \beta_M\right) \end{cases} \tag{7-12}$$

式中，$R(t)$ 为预先给定的时间函数，与制导站至导弹的距离近似对应。

当按驾束制导时，制导角误差 $\Delta\varepsilon$ 和 $\Delta\beta$ 直接在弹上测量，它表明导弹与波束轴的角偏差。为了确定线偏差 $h_\varepsilon = r\Delta\varepsilon$，角误差乘以由制导站到导弹的距离即可获得。为了避免测量 $r(t)$，引入一已知时间函数 $R(t)$。因此，在驾束制导中，为了形成误差信号，除了弹上接收设备之外不需要其他测量装置。当然，为了确定给定导弹运动学弹道的波束方向，需要测量目标坐标；如需采用前置波束导引，还需测量导弹坐标。

由此可见，要实现遥控制导，必须准确地测得导弹、目标相对于制导站的位置。这一任务，由制导设备中的观测跟踪装置完成。根据获取的能量形式不同，观测跟踪装置分为：雷达观测跟踪器、光电跟踪器(即光学、电视、红外、激光跟踪器)。利用无线电测量的手段可以直接测出导弹和目标的球坐标，坐标点由斜距 r、高低角 ε 和方位角 β 来表征。

7.3　寻的制导的导引规律

寻的制导规律多属于速度导引，即对导弹的速度矢量给出某种特定的约束。寻的制导是一种仅涉及导弹与目标相对运动的制导方式，因此，在运动学上它只涉及目标与导弹的相对运动，而速度导引的导引规律，就是约束这种相对运动的一种准则。例如，它可以是对导弹速度矢量或目标视线提出特定要求的约束方程。速度导引所需设备大都安装在导弹上，因此，弹上设计较复杂，但是，在改善制导精度方面，这种导引方法有较大的作用。

7.3.1　速度导引的相对运动方程

研究相对运动，常采用极坐标系统来表示导弹和目标的相对位置，如图 7-9 所示。

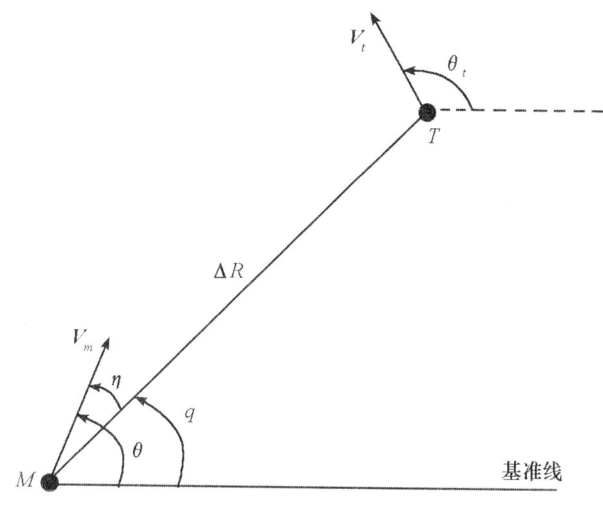

图 7-9　导弹与目标的相对位置

图中：

$\boldsymbol{V}_m$ 是导弹的速度矢量，$\boldsymbol{V}_t$ 是目标的速度矢量。

ΔR 表示导弹与目标之间的相对距离，当导弹命中目标时，$\Delta R=0$。

导弹和目标的连线 $\overline{MT}$ 称为目标瞄准线，也称目标视线。

q 表示目标瞄准线与基准线之间的夹角，即视线角。

θ 是导弹速度矢量与基准线之间的夹角，θ_t 是目标速度矢量与基准线之间的夹角。

η 表示导弹速度矢量与目标线之间的夹角，称为导弹前置角，显然 $\eta=\theta-q$。当攻击平面为铅垂平面时，θ 就是弹道倾角，q 就是视线高低角；当攻击平面是水平面时，θ 是航向角，q 是视线方位角。

由图 7-9 可知，导弹速度矢量 $\boldsymbol{V}_m$ 在目标视线上的分量为 $V_m\cos(\theta-q)$，是指向目标的，它使相对距离 ΔR 缩短，而目标速度矢量 $\boldsymbol{V}_t$ 在目标视线上的分量为 $V_t\cos(\theta_t-q)$，它

使相对距离 ΔR 增大。显然,相对距离 ΔR 的变化率等于目标速度矢量和导弹速度矢量在目标视线上分量的代数和。即

$$\Delta\dot{R} = -V_m\cos(\theta - q) + V_t\cos(\theta_t - q)$$

同理,$\frac{\mathrm{d}q}{\mathrm{d}t}$表示目标线的旋转角速度。导弹速度矢量在垂直于视线方向上的分量 $V_m\sin(\theta - q)$使目标视线顺时针旋转,即视线角 q 减小,而目标速度矢量在垂直于视线方向上的分量 $V_t\sin(\theta_t - q)$使目标视线逆时针旋转,即使视线角 q 增大。由理论力学可知,目标线的旋转角速度$\frac{\mathrm{d}q}{\mathrm{d}t}$等于导弹速度矢量和目标速度矢量在垂直于目标视线方向上分量的代数和除以相对距离 ΔR。即

$$\frac{\mathrm{d}q}{\mathrm{d}t} = \frac{-V_m\sin(\theta - q) + V_t\sin(\theta_t - q)}{\Delta R}$$

因此,得到导弹和目标的相对运动方程为

$$\begin{cases}\Delta\dot{R} = -V_m\cos(\theta - q) + V_t\cos(\theta_t - q)\\ \Delta R\dot{q} = -V_m\sin(\theta - q) + V_t\sin(\theta_t - q)\end{cases} \tag{7-13}$$

由前述假设条件,认为导弹的速度和目标的运动规律是已知的,即 V_m,V_t 和 θ_t 已知,那么要求解三个未知数 ΔR,q 和 θ,两个相对运动方程显然是不够的,还缺乏一个约束方程。也就是说,有了相对运动方程,还不能求解出导弹和目标的相对运动关系,还需要一个导引方程,对导弹和目标的相对运动进行约束。

实际上,在导弹研制过程中,一般不能预先确定目标的运动特性,只能根据所要攻击的目标在其性能范围内选择若干条典型航迹。例如,等速直线飞行或等速盘旋等。只要典型航迹选的合适,导弹的导引特性大致可以估算出来。这样,在研究导弹的导引特性时,可以假设认为目标运动的特性是已知的。

分析相对运动方程可以看出,导弹相对目标的运动特性由以下三个因素来决定:

(1)目标的运动特性,如飞行高度、速度及机动性能;

(2)导弹飞行速度的变化;

(3)导弹所采用的导引方法。

在下面的几节中,我们将介绍速度导引的几种导引方法。

7.3.2 寻的制导规律的分类

寻的制导系统的制导规律与导引头有着密切联系,由导引头完成特定制导规律所需参量的测量。按导引头测量坐标系在弹上定位的方法,寻的导引规律可分为三类。

1. 对导弹弹轴相对于目标视线的位置进行控制的方法

(1)弹轴与目标视线的夹角为零的导引方法,又叫直线瞄准法。这种导引方法,实现起来很简单,用固定式导引头(导引头的测量坐标系与弹体坐标系重合)即可;但弹道特性不好,越接近目标弹道的曲率越大。

(2)弹轴与目标视线的夹角为常数。这种导引方法弹道特性稍有改善,但没有消除根本缺点,也存在理论上的误差,制导精度差。

(3)弹轴与目标视线的夹角为变量,这种导引方法接近于比例导引。

2. 对导弹速度矢量相对于目标视线的位置进行控制的方法

(1)速度追踪法。它要求导弹在接近目标的过程中,导弹的速度矢量与导弹、目标连线(视线)重合。这种导引方法导弹的末段弹道曲率较大,导弹最后总是绕到目标后方去攻击,不能实现对目标的全方向拦截。在目标作等速直线飞行的情况下,对准目标尾部发射导弹和对准目标头部发射导弹(此时弹道不稳定)时,弹道才是直线。在初始条件相同时,速度比 $k=V_m/V_t$ 的值不同,理想弹道的曲率也不同。这种导引方法一般用于攻击低速或静止目标的导弹,或向目标尾部发射的情况。

(2)广义追踪法。它要求导弹速度矢量相对于导弹与目标连线(视线)的夹角为常数,也称固定前置角法。

导弹在飞行中,其速度矢量沿着目标飞行方向超前目标视线(即瞄准线)一个固定的角度 η。选择适当的 η 可以在任意初始条件下得到直线弹道。当速度比 $k=V_m/V_t$ 和前置角 η 满足 $k^2\sin^2\eta>1$ 时,弹道是相对目标的无数螺旋线,导弹和目标不能遭遇。因此,前置角 η 给定时,对速度比的限制更苛刻了。这种导引方法只适用于攻击低速目标的导弹或其他特殊情况。

(3)导弹速度矢量相对于目标视线的夹角为变量的导引方法,属于此类的方法有平行接近法及广泛应用的比例导引法。

3. 稳定目标视线的情况

稳定目标视线的情况(目标视线在空间方向不变)属于稳定视线的情况有平行接近法。

7.3.3　追踪法

所谓追踪法是指导弹在攻击目标的导引过程中,导弹的速度矢量始终指向目标的一种导引方法。显然,它要求导弹速度矢量与目标视线重合,即 $\theta=q$,或者说要求导弹速度矢量的前置角 $\eta=0$。因此,追踪法导引关系方程为

$$\eta=\theta-q=0 \tag{7-14}$$

式中,θ 和 q 的含义与图 7-6 相同。

追踪法导引时,导弹与目标之间的相对运动由相对运动关系方程(7-13)可得

$$\begin{cases}\Delta\dot{R}=V_t\cos(\theta_t-q)-V_m\\ \Delta R\dot{q}=V_t\sin(\theta_t-q)\end{cases} \tag{7-15}$$

若 V_m,V_t 和 θ_t 为已知的时间函数,则方程组(7-15)还包含两个未知数 ΔR 和 q,用数值积分法可以得到相应的特解。

如果 $\eta\neq0$,则为有前置角追踪法。这里 η 可以为常数或变量,但通常取为常数。

假设目标做等速直线飞行时,用图解法作出追踪法的相对弹道如图 7-10 所示。从图中可以看出,使用追踪法进行导引,导弹最后总是绕到目标后方去攻击,只有当导弹作准确的迎头或尾追目标时,导弹的弹道才是直线。此外,除了工程中不能实现的前半球攻击外,要求导弹的速度必须高于目标的速度,并且导弹与目标速度之比必须小于 2,这是

因为,当导弹与目标速度之比大于2时,命中点导弹的法向过载将趋于无穷大,导弹将不能直接命中目标,因为,在这种情况下导弹还未到达目标时就偏离了需求的弹道。但这并不意味着追踪法此时不能应用,只要导弹偏离理想弹道时刻导弹与目标的斜距足够小,还是可以接受的。因此,通常只有在进行后半球攻击且目标速度较低或静止时,导弹偏离理想弹道时刻导弹与目标的斜距足够小的情况下才适用。

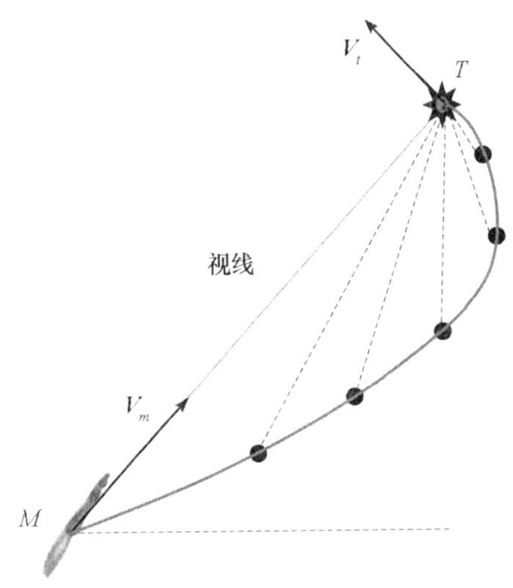

图7-10　追踪法导引的弹道示意图

追踪法是最早提出的一种导引方法,技术上实现追踪法导引是比较简单的。例如,只要在弹内装一个“风标”装置,再将目标位标器安装在风标上,使其轴线与风标指向平行,由于风标的指向始终沿着导弹速度矢量的方向,只要目标影像偏离了位标器轴线,这时,导弹速度矢量没有指向目标,制导系统就会形成控制指令,以消除偏差,实现追踪法导引。由于追踪法导引在技术实施方面比较简单,部分空—地导弹、激光制导炸弹采用了这种导引方法。但这种导引方法的弹道特性存在着严重的缺点。因为,导弹的绝对速度始终指向目标,相对速度总是落后于目标线,不管从哪个方向发射,导弹总是要绕到目标的后方去命中目标,这样导致导弹的弹道较弯曲(特别在命中点附近),需用法向过载较大,要求导弹要有很高的机动性。由于可用法向过载的限制,不能实现全向攻击。同时,考虑到命中点的法向过载,速度比 $k=V_m/V_t$ 受到严格的限制,要求必须满足 $1<k\leqslant 2$。因此,追踪法目前应用很少。

7.3.4　直接瞄准法

直接瞄准法要求弹轴与目标视线的夹角为零,也就是说导弹在飞行过程中其纵轴永远指向目标。由图7-6,这就意味着速度前置角 η 等于导弹的攻角 α,也即直接瞄准法与追踪法之间总是相差一个攻角 α,故从飞行原理上讲,可将其看成是具有前置角 $\eta=\alpha$ 的广义追踪法。描述直接瞄准法的导引关系方程为

$$\eta=\theta-q=\alpha \tag{7-16}$$

由攻角 α 的定义，此时 α 是一个负值。

该方法的基本特点是，当目标不动时，随着导弹和目标斜距的减小，导弹的迎角是发散的，在命中点处将趋于无穷。因为，导弹的迎角是有限的，在到达目标之前导弹已经偏离了需求的弹道，所以，该导引规律不可能理想地实现。不过，只要导弹偏离理想弹道时刻，导弹与目标的斜距足够小，还是可以接受的。因此，只有在目标速度较低，导弹速度也很低，并在初始距离足够大的情况下才适用。

7.3.5　平行接近法

在 7.2.3 节中所讲的追踪法的根本缺点，在于它的相对速度落后于目标线，总要绕到目标正后方去攻击。为了克服追踪法的这一缺点，人们又研究出了新的导引方法——平行接近法。

平行接近法是指在整个导引过程中，目标视线在空间保持平行移动的一种导引方法，即目标视线转率 $\dot{q}$ 为零。也即平行接近法的导引方程为

$$\dot{q}=0 \tag{7-17}$$

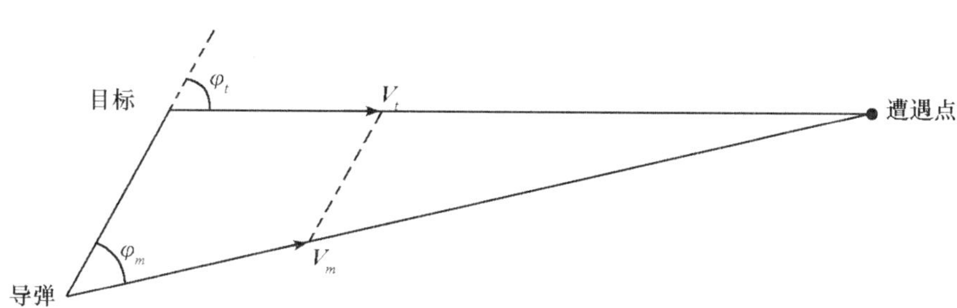

图 7－11　平行接近法示意图

按照这种导引方法，导弹速度矢量和目标速度矢量在与目标视线垂直方向上的投影必须始终相等。如图 7－11 所示。或者说，导弹的速度矢量必须指向瞬时遭遇点。所谓瞬时遭遇点，指的是在任意瞬时，假设目标和导弹由此开始均保持等速直线运动时导弹与目标的遭遇点。而为了满足这个要求，导弹速度矢量相对目标视线的指向 φ_m，在任意时刻，必须达到该时刻所要求的前置角（即速度矢量超前于目标视线的角度）。

因此，平行接近法的导引方程还可用如下两种方式表达：

（1）根据平行接近的含义

$$V_m\sin\varphi_m = V_t\sin\varphi_t \tag{7-18}$$

（2）根据瞬时前置角的含义

$$\varphi_m = \arcsin[\,(V_t\sin\varphi_t)/V_m\,] \tag{7-19}$$

应该注意到，式（7－17）、（7－18）、（7－19）是等价的。因为将式（7－17）代入相对运动方程（7－13）的第二式即可得（7－18）式（注意到图 7－6 和图 7－8 的关系，有 $\varphi_m = q-\theta, \varphi_t = q-\theta_t$），而由式（7－18）可以直接推出式（7－19）。

当目标做匀速直线运动时，用图解法画出平行导引法的弹道如图 7－12 所示。

在前述各种导引方法中，平行接近法是一种比较理想的导引方法。与其他导引方法

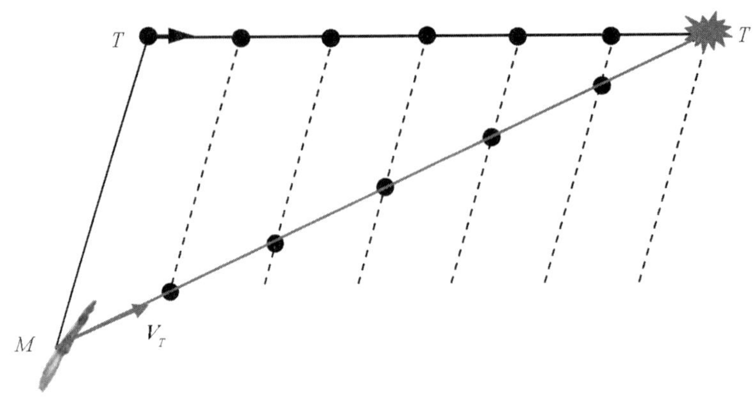

图 7－12　平行导引法弹道示意图

相比，具有如下优点：①飞行弹道比较平直，曲率比较小；当目标保持等速直线运动和导弹保持恒速时，导弹的飞行弹道将变成直线；当目标机动和导弹变速飞行时，导弹飞行的弹道曲率也较其他导引方法小。②弹道需用法向加速度不超过目标的机动加速度，当目标机动时，按平行接近法导引的弹道的需用过载将小于目标的机动过载，即受目标机动的影响较小。③与其他导引方法相比，平行接近法的弹道最为平直，还可实现全向攻击。

然而，平行接近法的弹道特性固然好，可是到目前为止并未得到广泛应用。这是因为它要求制导系统在每一瞬时都要精确测量目标及导弹的速度和前置角，并严格保持平行接近法的导引关系，即保持视线转率始终为零，这是相当困难的。实际上由于发射偏差或干扰的存在，不可能保持相对速度始终指向目标。此外，实现该导引方法所需的测量信息较多，且不宜测量，对制导系统提出了很高的要求，使制导系统比较复杂，成本高，甚至很难付诸实施。

7.3.6　比例导引法

比例导引法是自动寻的导引律中最重要的制导方法之一，在实际工程中得到了广泛的应用。因此本节将对比例导引法进行重点介绍，包括比例导引的导引方程、弹道的一般特性分析、修正比例导引规律和弹道的稳定性分析。

7.3.6.1　比例导引的导引方程

比例导引法要求导弹飞行过程中，保持速度矢量的转动角速度与目标视线的转动角速度成给定的比例关系。比例导引法的导引关系方程为

$$\dot{\theta} = K\dot{q} \tag{7-20}$$

或

$$\dot{\theta} = K_R \left| \Delta\dot{R} \right| \dot{q} \tag{7-21}$$

式中，K 为比例系数，又称导航比。

如果 K 为一常数，对式（7－20）两边积分，就得到比例导引关系式的另一种形式

$$\theta - \theta_0 = K(q - q_0)$$

由上式不难看出：

(1) 如果比例系数 $K=1$，且 $\theta_0=q_0$，则 $\theta=q$，即导弹前置角 $\eta=0$，这就是追踪法；

(2) 如果比例系数 $K=1$，且 $\theta_0=q_0+\eta_0$，则 $\theta=q+\eta_0$，即导弹前置角 $\eta=\eta_0$ 为常值，这就是前置角追踪法；

(3) 如果比例系数 $K\to\infty$，由式(7-20)可知，$\dot{q}\to 0$，$q=q_0$ 为常值，说明目标线只是平行移动，这就是平行接近法。

由此不难得出结论：追踪法、前置角追踪法和平行接近法都可看作是比例导引法的特殊情况。由于比例导引法的比例系数 K 在$(1,\infty)$范围内，它是介于前置角追踪法和平行接近法之间的一种导引方法。它的弹道性质，也介于前置角追踪法和平行接近法的弹道性质之间。如图 7-13 所示。

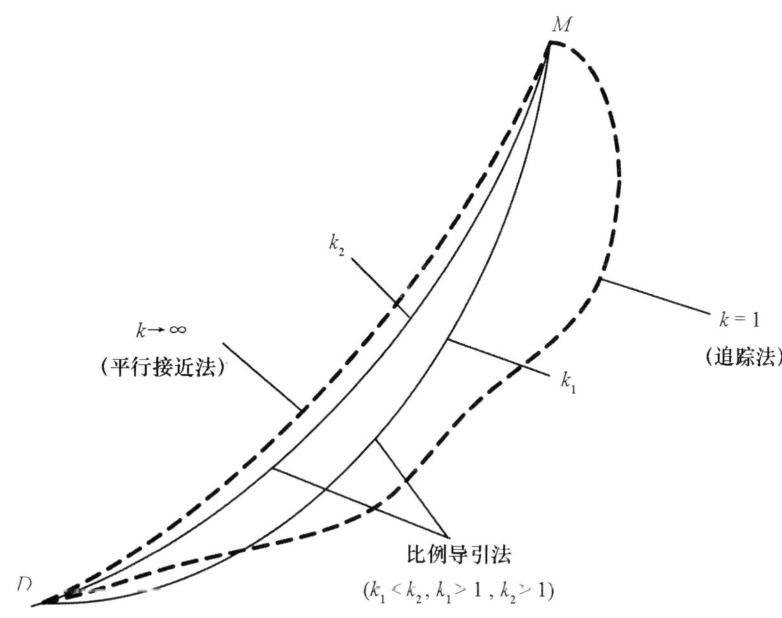

图 7-13　比例导引法弹道与平行接近法和追踪法弹道的关系示意图

追踪法导引时，弹道曲率最大，导弹的速度矢量时刻指向目标，最后导致尾追；采用平行接近法导引时，导弹的速度矢量时刻指向目标前方瞬时遭遇点，并保持目标视线平行移动；采用比例导引法时，导弹速度矢量虽然也指向目标前方，但前置角比平行接近法时小，允许目标视线有一定的角速度 $\dot{q}$。$\dot{q}$ 的大小与导引系数有关，K 越大，$\dot{q}$ 越小。当 K 值确定后，目标视线角速度开始较大，随着导弹与目标的接近，$\dot{q}$ 逐渐减小。因导引开始时，导弹速度矢量的角速度 $\dot{\theta}$ 为目标视线角速度 $\dot{q}$ 的 K 倍，自动建立起前置角 η，导致目标视线角速度 $\dot{q}$ 逐渐减小。

所以，采用比例导引法时，弹道初始段和追踪法相近，弹道末端和平行接近法相近。但 K 值不是越大越好，如果 K 值很大，即使 $\dot{q}$ 值不大，也可能使弹道的需用过载很大。因此，导弹的可用过载限制了 K 的上限值。K 值过大还可能导致制导系统的稳定性变差，因为 $\dot{q}$ 很小的变化，将引起 $\dot{\theta}$ 较大的变化。

把比例导引法看成是追踪法和平行接近法之间的一种导引法，通过选择比例参数 K 可以改善弹道特性。比例导引法可以得到较为平直的弹道，在比例系数满足一定条件下，弹道前段能充分利用机动能力；弹道后段则较为平直，使导弹具有较富裕的机动能力；只要发射条件及导航参数组合适当，就可以使全弹道上的需用过载小于可用过载而实现全向攻击；另外，它对瞄准发射时的初始条件要求不严。在技术上实现比例导引法也是可行的，因为，只需测量目标视线角速度和导弹的弹道倾斜角速度就可以了。无论从对快速机动目标的响应能力来看，还是从制导精度上看，比例导引法都有明显的优点，且在工程上易于实现，因此，比例导引法在各种导弹中得到了广泛的应用。

7.3.6.2 比例导引弹道的一般特性

由式式(7－13)，导弹和目标的相对运动方程为

$$\begin{cases}\Delta\dot{R} = -V_m\cos(\theta - q) + V_t\cos(\theta_t - q)\\ \Delta R\dot{q} = -V_m\sin(\theta - q) + V_t\sin(\theta_t - q)\end{cases}$$

将上式的第二式对时间求导，可得

$$\begin{aligned}\Delta R\ddot{q} + \Delta\dot{R}\dot{q} = &-\dot{V}_m\sin(\theta - q) - V_m\dot{\theta}\cos(\theta - q) + V_m\dot{q}\cos(\theta - q)\\ &+\dot{V}_t\sin(\theta_t - q) + V_t\dot{\theta}_t\cos(\theta_t - q) - V_t\dot{q}\cos(\theta_t - q)\end{aligned}$$

经整理后，得

$$\Delta R\ddot{q} + 2\Delta\dot{R}\dot{q} + \dot{\theta}V_m\cos(\theta - q) = -\dot{V}_m\sin(\theta - q) + \dot{V}_t\sin(\theta_t - q) + V_t\dot{\theta}_t\cos(\theta_t - q) \tag{7-22}$$

将式(7－20)代入式(7－22)，由于 ΔR 是不断减小的，即 $\Delta\dot{R} = -|\Delta\dot{R}|$，因此有

$$\ddot{q} + \frac{|\Delta\dot{R}|}{\Delta R}(N-2)\dot{q} = \frac{1}{\Delta R}[-\dot{V}_m\sin(\theta - q) + \dot{V}_t\sin(\theta_t - q) + V_t\dot{\theta}_t\cos(\theta_t - q)] \tag{7-23}$$

式中

$$N = \frac{KV_m\cos(\theta - q)}{|\Delta\dot{R}|} \tag{7-24}$$

同理，若将式(7－21)代入式(7－22)，则可得

$$\ddot{q} + \frac{|\Delta\dot{R}|}{\Delta R}(N-2)\dot{q} = \frac{1}{\Delta R}[-\dot{V}_m\sin(\theta - q) + \dot{V}_t\sin(\theta_t - q) + V_t\dot{\theta}_t\cos(\theta_t - q)] \tag{7-25}$$

式中

$$N = K_R V_m\cos(\theta - q) \tag{7-26}$$

式(7－24)与式(7－26)的 N 值的大小，对比例导引弹道的特性有非常大的影响，故称 N 为有效导航比。

从式(7－24)可知，有效导航比的值与接近速度 $|\Delta\dot{R}|$ 成反比，当迎头攻击时，$|\Delta\dot{R}|$ 很大，则 N 值较小；而当尾追时，$|\Delta\dot{R}|$ 较小，则 N 值可能较大。这样，对不同的攻击

情况，由于$|\Delta\dot{R}|$的大范围变化而导致有效导航比N大范围变化，这是非常不利的。因而在多数寻的制导的比例导引规律中，往往引入$|\Delta\dot{R}|$，如同式(7-21)，以消除$|\Delta\dot{R}|$的变化对有效导航比的影响。

式(7-23)与式(7-25)在形式上式是完全相同的，这两个方程表示了比例导引弹道的基本特性。下面进行详细讨论。

式(7-23)或式(7-25)实质上是一阶线性非齐次微分方程，可表示为下列形式

$$\frac{dy}{dt}+p(t)y=Q(t) \tag{7-27}$$

其通解为

$$y=e^{-\int_{t_0}^{t}p(t)dt}\left[\int_{t_0}^{t}Q(t)e^{\int_{t_0}^{t}p(t)dt}dt+c\right] \tag{7-28}$$

式中

$$y=\dot{q}$$

$$p(t)=\frac{|\Delta\dot{R}|}{\Delta R}(N-2)$$

$$Q(t)=\frac{1}{\Delta R}[-\dot{V}_m\sin(\theta-q)+\dot{V}_t\sin(\theta_t-q)+V_t\dot{\theta}_t\cos(\theta_t-q)]$$

解上述一阶线性非齐次微分方程，就可得到视线角速度的变化规律，从而也就得到了弹道需用过载的变化规律。

考虑到$\Delta R\approx|\Delta\dot{R}|(T_0-t)=T_0|\Delta\dot{R}|(1-\frac{t}{T_0})$，$T_0$为寻的制导总时间，且令

$$Q_1=[-\dot{V}_m\sin(\theta-q)+\dot{V}_t\sin(\theta_t-q)+V_t\dot{\theta}_t\cos(\theta_t-q)]$$

则$p(t)$、$Q(t)$可改写为

$$p(t)=\frac{N-2}{T_0(1-\frac{t}{T_0})}$$

$$Q(t)=\frac{Q_1}{T_0|\Delta\dot{R}|(1-\frac{t}{T_0})}$$

作为近似解，把N、$|\Delta\dot{R}|$、$\dot{V}_m$、$\dot{V}_t$、$V_t\dot{\theta}_t$、T_0、$\sin(\theta-q)$、$\sin(\theta_t-q)$、$\cos(\theta_t-q)$视为常数，而仅仅把时间t看作变量，这样所求得的解，对研究比例导弹弹道的特性仍然是很有意义的。将$p(t)$、$Q(t)$代入(7-28)式，则可得通解为

$$\dot{q}=\dot{q}_0(1-\frac{t}{T_0})^{N-2}+\frac{Q_1}{|\Delta\dot{R}|(N-2)}\left[1-(1-\frac{t}{T_0})^{N-2}\right] \tag{7-29}$$

由上式可见，初始视线角速度$\dot{q}_0$、导弹加速度$\dot{V}_m$、目标加速度$\dot{V}_t$及目标机动$\dot{\theta}_t$都要引起视线角速度$\dot{q}$，从而要求导弹付出过载。下面具体讨论各个因素对比例导引弹道的影响。

(1)初始视线角速度$\dot{q}_0$的影响

首先，要研究初始视线角速度$\dot{q}_0$。$\dot{q}_0$是指导弹开始寻的制导时刻的视线角速度。设

该时刻的参数为 $V_m=V_{m0}$，$\theta=\theta_0$，$\Delta R=\Delta R_0$，$V_t=V_{t0}$，$\theta_t=\theta_{t0}$，则

$$\dot{q}_0=\frac{-V_{m0}\sin(\theta_0-q_0)+V_{t0}\sin(\theta_{t0}-q_0)}{\Delta R_0} \tag{7-30}$$

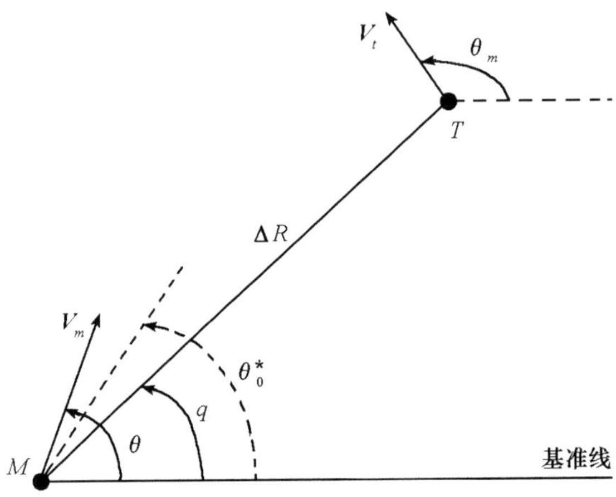

图 7－14　初始视线角速度为零时的角度关系

若令 θ_0^* 是初始视线角速度为零时所对应的导弹速度矢量与基准线之间的夹角，如图 7－14 所示。则 $\Delta\theta=\theta_0-\theta_0^*$，$\Delta\theta$ 称为速度矢量的初始误差角，简称初始误差。于是式(7－30)可改写成

$$\dot{q}_0=\frac{-V_{m0}\sin(\theta_0^*+\Delta\theta-q_0)+V_{t0}\sin(\theta_{t0}-q_0)}{\Delta R_0}$$

由 θ_0^* 的定义，θ_0^* 对应的 $\dot{q}_0=0$，因此有 $-V_{m0}\sin(\theta_0^*-q_0)+V_{t0}\sin(\theta_{t0}-q_0)=0$，采用如下近似：$\cos\Delta\theta\approx1$，$\sin\Delta\theta\approx\Delta\theta$，对上式进行展开，则有

$$\dot{q}_0=\frac{-V_{m0}\sin(\theta_0^*+\Delta\theta-q_0)+V_{t0}\sin(\theta_{t0}-q_0)}{\Delta R_0}\approx\frac{-V_{m0}\cos(\theta_0^*-q_0)}{\Delta R_0}\Delta\theta \tag{7-31}$$

由此可知，初始视线角速度 $\dot{q}_0$ 的大小与导弹速度矢量的初始误差 $\Delta\theta$ 有关，因此，在寻的制导控制回路设计时，要对初始误差有明确的要求。

其次，要研究由于 $\dot{q}_0$ 的存在而在制导过程中引起 $\dot{q}$ 的变化规律。考虑 V_m、V_t、θ_t 为常数，则 $Q_1=0$，根据式(7－29)，有

$$\dot{q}=\dot{q}_0\left(1-\frac{t}{T_0}\right)^{N-2} \tag{7-32}$$

相应地，导弹应付出的过载为

$$\begin{aligned} n_y&=\frac{V_m\dot{\theta}}{57.3g}=\frac{V_mK_R|\Delta\dot{R}|}{57.3g}\dot{q}_0\left(1-\frac{t}{T_0}\right)^{N-2}\\ &=\frac{V_mK_R|\Delta\dot{R}|}{57.3g}\left[\frac{-V_{m0}\cos(\theta_0^*-q_0)}{\Delta R_0}\Delta\theta\right]\left(1-\frac{t}{T_0}\right)^{N-2} \end{aligned} \tag{7-33}$$

由式(7－32)和式(7－33)，可得出下列结论：

① 由初始误差所引起的视线角速度 $\dot{q}$ 和导弹需用过载 n_y 在制导过程中随时间按指数变化,变化情况取决于有效导航比 N 的值。

当 $N>2$ 时,视线角速度 $\dot{q}$ 和需用过载 n_y 是衰减的;

当 $N=2$ 时,视线角速度 $\dot{q}$ 和需用过载 n_y 是常值;

当 $N<2$ 时,视线角速度 $\dot{q}$ 和需用过载 n_y 是发散的。

② 弹道需用过载 n_y 与初始误差 $\Delta\theta$ 的符号是相反的。

当 $\Delta\theta>0$ 时,初始误差为正,需用过载为负,表示 $\theta_0>\theta_0^*$,应向下控制,$n_y<0$;

当 $\Delta\theta<0$ 时,初始误差为负,需用过载为正,表示 $\theta_0<\theta_0^*$,应向上控制,$n_y>0$。

③ 在 $N>2$ 的情况下,当 $t=0$ 时,视线角速度 $\dot{q}$ 和需用过载 n_y 为最大值;当 $t=T_0$ 时,视线角速度和需用过载为零。这意味着,当与目标遭遇时,初始误差最终可全部克服。

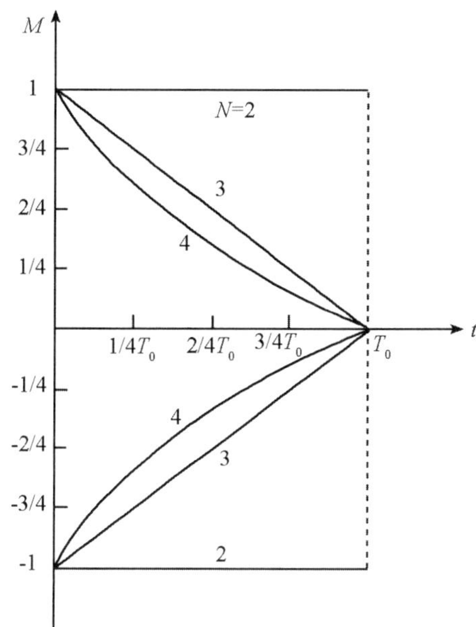

图 7-15　由初始误差引起的需用过载变化示意图

图 7-15 画出了在制导过程中需用过载变化示意图,图中 $n_y^*=\dfrac{n_y}{\dfrac{V_mK_R|\Delta\dot{R}|}{57.3g}\dot{q}_0}$。

(2)导弹纵向加速度 $\dot{V}_m$ 的影响

在式(7-29)中,当 $\dot{q}_0=0$,V_t、θ_t 为常数时,$Q_1=-\dot{V}_m\sin(\theta-q)$时,就可得到 $\dot{V}_m$ 对比例导引弹道特性的影响。由此得到

$$\dot{q}=\frac{-\dot{V}_m\sin(\theta-q)}{|\Delta\dot{R}|(N-2)}\left[1-\left(1-\frac{t}{T_0}\right)^{N-2}\right] \tag{7-34}$$

$$\begin{aligned} n_y&=\frac{V_m\dot{\theta}}{57.3g}=\frac{V_mK_R|\Delta\dot{R}|}{57.3g}\,\frac{-\dot{V}_m\sin(\theta-q)}{|\Delta\dot{R}|(N-2)}\left[1-\left(1-\frac{t}{T_0}\right)^{N-2}\right]\\ &=\frac{-\dot{V}_m}{57.3g}\,\frac{N}{N-2}\tan(\theta-q)\left[1-\left(1-\frac{t}{T_0}\right)^{N-2}\right] \end{aligned} \tag{7-35}$$

由式(7－34)和式(7－35),可得下述结论:

① 导弹纵向加速度 $\dot{V}_m$ 所引起的视线角速度 $\dot{q}$ 和弹道需用过载 n_y 是随时间而增加的,当 $t=0$ 时,$\dot{q}$ 和 n_y 为零;当 $t=T_0$ 时,$\dot{q}$ 和 n_y 达到最大值。

② 弹道需用过载 n_y 和导弹纵向加速度 $\dot{V}_m$ 的符号与前置角$(\theta-q)$有关,在前置情况下,即 $\theta>q$ 时,加速度 $\dot{V}_m$ 为正,则需用过载为负;加速度 $\dot{V}_m$ 为负,则需用过载为正,反之亦然。

③ 弹道需用过载 n_y 的大小,取决于导弹纵向加速度 $\dot{V}_m$ 的大小、前置角的大小和有效导航比 N 的值。有效导航比大时,对于同样的纵向加速度 $\dot{V}_m$、同样的前置角$(\theta-q)$,其最大需用过载 n_y 可小一些。

表7－1给出了一些特殊前置角及有效导航比值时的导弹最大需用过载。

表7－1 当 $\dot{V}_m/g=1$ 时,弹道需用过载最大值

n_y \ $\theta-q(°)$ / N	15	30	45	60
3	0.804	1.73	3	5.2
4	0.536	1.15	2	3.46
5	0.446	0.962	1.67	2.89

由 $\dot{V}_m$ 引起的导弹需用过载曲线,如图7－16所示。

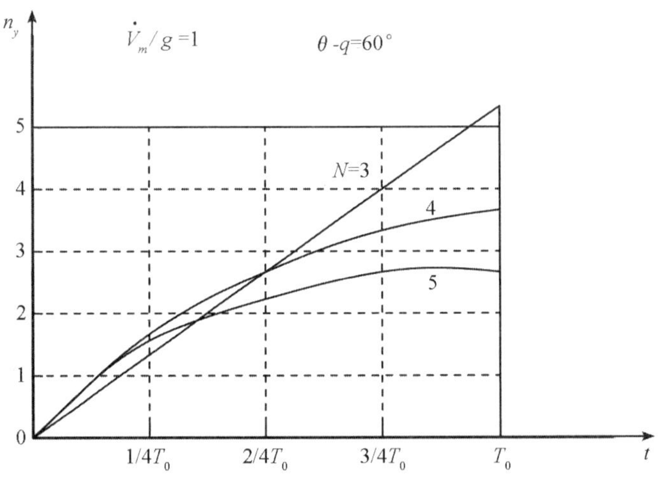

图7－16 由 $\dot{V}_m$ 引起的弹道需用过载变化示意图

(3)目标纵向加速度 $\dot{V}_t$ 的影响

当 $\dot{q}_0=0$,V_m、θ_t 为常数时,根据式(7－29),可得由目标纵向加速度 $\dot{V}_t$ 所引起的视线角速度和弹道需用过载分别为

$$\dot{q}=\frac{-\dot{V}_t\sin(\theta_t-q)}{|\Delta\dot{R}|(N-2)}\left[1-\left(1-\frac{t}{T_0}\right)^{N-2}\right] \tag{7-36}$$

$$n_y=\frac{N}{N-2}\frac{-\dot{V}_t}{57.3g}\frac{\sin(\theta_t-q)}{\cos(\theta-q)}\left[1-\left(1-\frac{t}{T_0}\right)^{N-2}\right] \tag{7-37}$$

同样，由式(7－36)和(7－37)两式可得下列结论：

① 由目标纵向加速度 $\dot{V}_t$ 所引起的视线角速度 $\dot{q}$ 和弹道需用过载 n_y 是随时间而增加的，当 $t=0$ 时，$\dot{q}$ 及 n_y 为零；当 $t=T_0$ 时，$\dot{q}$ 及 n_y 达到最大值。

② 在一般情况下，弹道需用过载 n_y 与目标纵向加速度 $\dot{V}_t$ 的符号是相同的，加速度为正时，需用过载为正，加速度为负时，需用过载也为负。

③ 需用过载的值不仅取决于目标纵向加速度的大小，而且还与导弹、目标的相对角位置 θ,θ_t,q 和有效导航比 N 有关，当有效导航比大时，弹道需用过载的最大值可小些。

表 7－2 给出了一些具体的数字例子。

表 7－2　当 $\dot{V}_t/g=1$ 时，由 $\dot{V}_t$ 所引起的弹道需用过载最大值

n_y \ $\theta-q$(°)	150			120			
N \ $\theta-q$(°)	15	30	45	15	30	45	60
3	1.55	1.73	2.12	2.69	3	3.67	5.19
4	1.04	1.15	1.42	1.79	2	2.45	3.46
5	0.86	0.96	1.18	1.49	1.67	2.04	2.89

由 $\dot{V}_t$ 所引起的弹道需用过载随时间的变化曲线如图 7－17 所示。

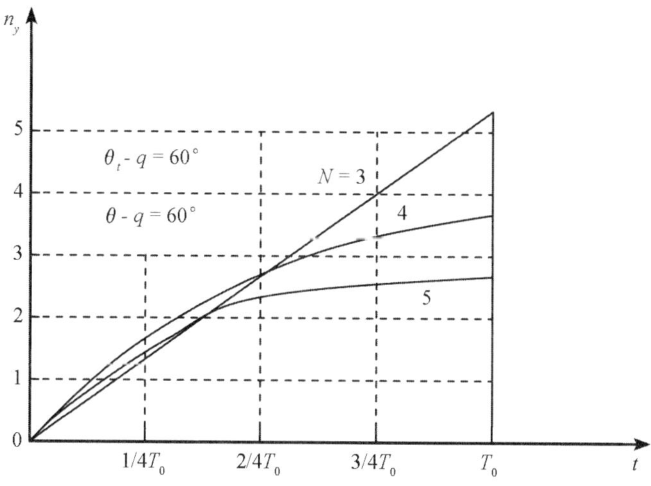

图 7－17　由 $\dot{V}_t$ 引起的弹道需用过载变化示意图

(4) 目标机动 $\dot{\theta}_t$ 的影响

同理,由目标机动 $\dot{\theta}_t$ 所引起的视线角速度和弹道需用过载分别为

$$\dot{q}=\frac{V_t\dot{\theta}_t\cos(\theta_t-q)}{|\Delta\dot{R}|(N-2)}\left[1-\left(1-\frac{t}{T_0}\right)^{N-2}\right] \tag{7-38}$$

$$n_y=\frac{N}{N-2}\frac{V_t\dot{\theta}_t}{57.3g}\frac{\cos(\theta_t-q)}{\cos(\theta-q)}\left[1-\left(1-\frac{t}{T_0}\right)^{N-2}\right] \tag{7-39}$$

由式(7-38)和式(7-39)两式可见,其表达式与目标纵向加速度 $\dot{V}_t$ 的影响基本一致,因此,这里不再详述。下面给出数字例子(表 7-3)和过载变化曲线示意图(图 7-18)。

表 7-3 当 $V_t\dot{\theta}_t/g=1$ 时,由目标机动引起的弹道需用过载最大值

n_y \ $\theta-q(°)$ / $\theta-q(°)$ / N	30			60			
	15	30	45	15	30	45	60
3	2.69	3	3.67	1.55	1.73	2.12	3
4	1.79	2	2.45	1.04	1.15	1.41	2
5	1.49	1.67	2.04	0.86	0.96	1.18	1.67

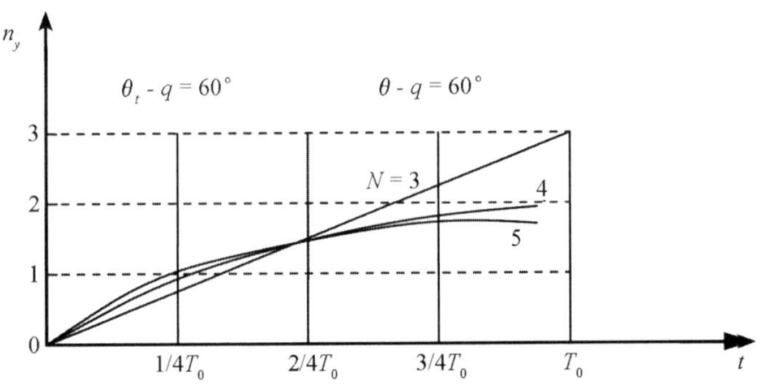

图 7-18 由目标机动引起的弹道需用过载变化曲线示意图

7.3.6.3 修正比例导引规律

综上所述,比例导引规律的弹道需用过载取决于初始误差 $\Delta\theta$、导弹加速度 $\dot{V}_m$、目标加速度 $\dot{V}_t$ 以及目标机动 $\dot{\theta}_t$。而且,除初始误差所引起的需用过载随时间衰减外,其他诸因素所引起的需用过载均随时间而增加,到命中点达到最大值。这样的过载分布是不合理的。因为,防空导弹多采用被动段攻击,导弹的速度和可用过载随着被动段飞行时间的加长而越来越小;对于地空导弹,由于飞行高度越来越高,高空空气稀薄,致使可用过载降低就更严重。因此,比例导引弹道存在上述缺陷。

为了改善弹道特性，减小需用过载，改变需用过载的分布，对比例导引规律进行修正是必要的。

设修正比例导引规律的控制方程为

$$\dot{\theta}=K_R|\Delta\dot{R}|\dot{q}+y \tag{7-40}$$

式中，y 为修正量。

将式(7-40)代入式(7-22)，得

$$\begin{aligned}&\Delta R\ddot{q}+2\Delta\dot{R}\dot{q}+K_R|\Delta\dot{R}|V_m\cos(\theta-q)\dot{q}+V_m\cos(\theta-q)y\\&=-\dot{V}_m\sin(\theta-q)+\dot{V}_t\sin(\theta_t-q)+V_t\dot{\theta}_t\cos(\theta_t-q)\end{aligned} \tag{7-41}$$

整理后，得

$$\ddot{q}+\frac{|\Delta\dot{R}|}{\Delta R}(N-2)\dot{q}=\frac{1}{\Delta R}[-\dot{V}_m\sin(\theta-q)+\dot{V}_t\sin(\theta_t-q)+V_t\dot{\theta}_t\cos(\theta_t-q)-V_m\cos(\theta-q)y] \tag{7-42}$$

式(7-41)和式(7-42)是讨论修正比例导引弹道特性的基本关系式。

对比例导引规律进行修正的出发点有两种：一种是使命中时刻的视线角速度为零；另一种是使命中时刻的需用过载为零。下面讨论这两种情况的修正项如何确定。

(1)命中时刻视线角速度为零(即 $\dot{q}(T_0)=0$)时修正项的确定

由式(7-29)和式(7-42)可知，当 $t=T_0$ 时，视线角速度为

$$\dot{q}=\frac{1}{|\Delta\dot{R}|(N-2)}[-\dot{V}_m\sin(\theta-q)+\dot{V}_t\sin(\theta_t-q)+V_t\dot{\theta}_t\cos(\theta_t-q)-V_m\cos(\theta-q)y]$$

若要使 $\dot{q}(T_0)=0$，则需要选择修正项 y，使式(7-42)的右边为零，从而可得

$$y=-\frac{\dot{V}_m}{V_m}\tan(\theta-q)+\frac{\dot{V}_t\sin(\theta_t-q)}{V_m\cos(\theta-q)}+\frac{V_t\dot{\theta}_t\cos(\theta_t-q)}{V_m\cos(\theta-q)} \tag{7-43}$$

此时，式(7-42)变为

$$\ddot{q}+\frac{|\Delta\dot{R}|}{\Delta R}(N-2)\dot{q}=0 \tag{7-44}$$

其解为

$$\dot{q}=\dot{q}_0\left(1-\frac{t}{T_0}\right)^{N-2}$$

可见，只要 $N>2$，在命中时刻 $t=T_0$ 时，$\dot{q}=0$。这样就消除了导弹加速度 $\dot{V}_m$、目标加速度 $\dot{V}_t$ 和目标机动 $\dot{\theta}_t$ 对视线角速度的影响。但要指出，弹道需用过载是需要的，不过其变化规律与以前不同了。需用过载方程为

$$\begin{aligned}n_y&=\frac{V_m\dot{\theta}}{57.3g}=\frac{V_m(K_R|\Delta\dot{R}|\dot{q}+y)}{57.3g}\\&=\frac{V_mK_R|\Delta\dot{R}|}{57.3g}\dot{q}_0\left(1-\frac{t}{T_0}\right)^{N-2}-\frac{\dot{V}_m}{g}\tan(\theta-q)+\frac{\dot{V}_t\sin(\theta_t-q)}{g\cos(\theta-q)}+\frac{V_t\dot{\theta}_t\cos(\theta_t-q)}{g\cos(\theta-q)}\end{aligned} \tag{7-45}$$

(2)命中时刻需用过载为零(即 $n_y(T_0)=0$)时修正项的确定

将 $t=T_0$ 时刻的视线角速度为

$$\dot{q}=\frac{1}{|\Delta\dot{R}|(N-2)}[-\dot{V}_m\sin(\theta-q)+\dot{V}_t\sin(\theta_t-q)+V_t\dot{\theta}_t\cos(\theta_t-q)-V_m\cos(\theta-q)y]$$

代入控制方程 $\dot{\theta}=K_R|\Delta\dot{R}|\dot{q}+y$ 中，可得

$$\begin{aligned}n_y&=\frac{V_m\dot{\theta}}{57.3g}=\frac{V_m(K_R|\Delta\dot{R}|\dot{q}+y)}{57.3g}\\&=\frac{N}{N-2}\frac{1}{g\cos(\theta-q)}[-\dot{V}_m\sin(\theta-q)+\dot{V}_t\sin(\theta_t-q)\\&\quad+V_t\dot{\theta}_t\cos(\theta_t-q)-V_m\cos(\theta-q)y]+\frac{V_m}{g}y\end{aligned}$$

令 $n_y=0$，整理后可得

$$y=-\frac{N}{2}\frac{\dot{V}_m}{V_m}\tan(\theta-q)+\frac{N}{2}\frac{\dot{V}_t\sin(\theta_t-q)}{V_m\cos(\theta-q)}+\frac{N}{2}\frac{V_t\dot{\theta}_t\cos(\theta_t-q)}{V_m\cos(\theta-q)}\tag{7-46}$$

对比式(7-46)和式(7-43)易知，$\dot{q}(T_0)=0$ 时的修正项 $y|_{\dot{q}(T_0)=0}$ 与 $n_y(T_0)=0$ 时的修正项 $y|_{n_y(T_0)=0}$ 存在如下关系：

$$y|_{n_y(T_0)=0}=\frac{N}{2}y|_{\dot{q}(T_0)=0}$$

将 y 代入，则可得 $\dot{q}$ 和 n_y 在寻的制导过程中的变化规律，这里省略了。

(3)修正比例导引规律的实现问题

从修正项 y 可知，为了对比例导引规律进行修正，必须已知导弹加速度 $\dot{V}_m$、目标加速度 $\dot{V}_t$ 和目标机动 $\dot{\theta}_t$。但目标加速度和目标机动由目标本身确定，这两个运动参数在当前还难以得到，因此，目前常用的修正比例导引规律，只对导弹的加速度项进行修正，通常有两种方法。

一种方法是利用导弹上的纵向加速度计，测得导弹的纵向过载 n_{x_b} 来代替 $\dot{V}_m$，利用导引头天线转角电位计测得的天线转角 ε_{bm}，β_{bm} 来代替 $\tan(\theta-q)$，这样修正项就变成 $y_1=K_{s1}n_{x_b}\varepsilon_{bm}$ 和 $y_2=K_{s1}n_{x_b}\beta_{bm}$。

另一种更简单的办法，只利用天线转角 ε_{bm}，β_{bm} 来进行修正，修正项为 $y_1=K_{s2}\varepsilon_{bm}$ 和 $y_2=K_{s2}\beta_{bm}$。

上述修正项中 K_{s1}、K_{s2} 参数的选取，应使其逼近真正修正项的要求。

这样一来，实际上实现的修正比例导引规律的控制方程可写为

$$\dot{\theta}=K_R|\Delta\dot{R}|\dot{q}+K_{s1}n_{x_1}\varepsilon_{bm}\quad 或\quad \dot{\theta}=K_R|\Delta\dot{R}|\dot{q}+K_{s2}\varepsilon_{bm}\tag{7-47}$$

导弹的重力对比例导引弹道的特性也是有影响的，因此，修正比例导引规律通常还应包括对重力的修正，这里不再详述了。

7.3.6.4 比例导引弹道的稳定性分析

导引规律是研究将导弹导向目标的运动规律问题，它规定了导弹运动参数与目标运动参数之间的关系，使导弹按一定的规律运动并保证命中目标。实际上，制导控制回路在

实现导引规律时,如果参数选取不合适,不仅不能保证命中目标,有时甚至导弹的飞行弹道也可能是不稳定的。所谓弹道不稳定指的是制导控制回路控制导弹的结果,不是将导弹导向目标,并最终命中目标,而是控制导弹的结果使导弹远离目标飞行。弹道不稳定不是指导弹不能按这种弹道飞行,也不是指按这种弹道飞行的导弹是不稳定的,而仅仅是指导弹一直按这种弹道飞行,那么导弹是不能命中目标的。本节要分析在什么情况下,导弹的飞行弹道是不稳定的。

(1)比例导引规律弹道的数学模型

如前所述,寻的制导控制回路由导弹系统动力学和相对运动方程所组成,如图 7－19 所示。

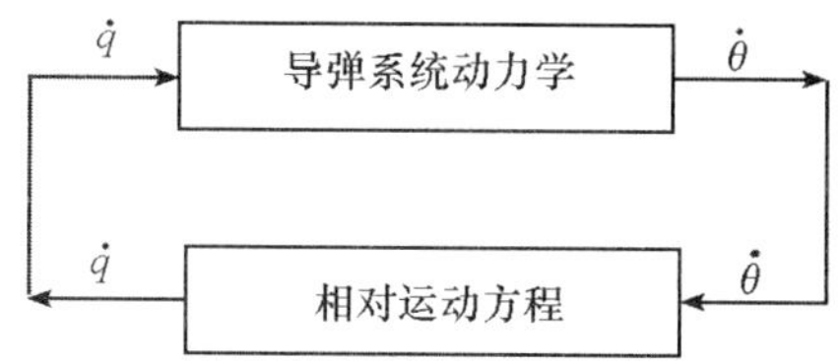

图 7－19　采用比例导引规律的寻的制导控制回路示意图

假定导弹系统动力学可以等效成以下三种典型情况,即:

① 导弹系统动力学是一个无惯性系统,这时控制方程可写为

$$\dot{\theta} = K_R|\Delta\dot{R}|\dot{q}$$

② 导弹系统动力学等效成一阶惯性系统,这时控制方程可写为

$$\dot{\theta} = \frac{1}{Ts+1}K_R|\Delta\dot{R}|\dot{q}$$

③ 导弹系统动力学等效成二阶振荡系统,这时控制方程可写为

$$\dot{\theta} = \frac{1}{T^2s^2+2\xi Ts+1}K_R|\Delta\dot{R}|\dot{q}$$

导弹和目标的相对运动方程为

$$\begin{cases}\Delta\dot{R} = -V_m\cos(\theta-q)+V_t\cos(\theta_t-q)\\ \Delta R\dot{q} = -V_m\sin(\theta-q)+V_t\sin(\theta_t-q)\end{cases}$$

根据控制方程和相对运动方程,就可确定以上三种情况下比例导引弹道的数学模型。

(2)进行稳定性分析的稳定性判据

对于特征方程式次数较低的系统,利用劳斯—赫尔维兹稳定性判据较为简单,说明如下:

若系统的特征方程为

$$D(P) = a_0s^n + a_1s^{n-1} + \cdots + a_{n-1}s + a_n = 0$$

则系统稳定的必要和充分条件是 $a_0>0$,且各赫尔维兹行列式的值都是正的。

下面列出特征方程为二次、三次、四次的系统稳定条件。

$n=2$:$a_0>0, a_1>0, a_2>0$;

$n=3$:$a_0>0, a_1>0, a_2>0, a_3>0, a_1a_2-a_0a_3>0$;

$n=4: a_0>0, a_1>0, a_2>0, a_3>0, a_4>0, a_1a_2a_3-a_0a_3^2-a_1^2a_4>0$。

(3)比例导引弹道稳定性分析

介绍了上述数学模型和稳定性准则以后，就可以具体进行弹道稳定性分析了。

① 导弹系统动力学为无惯性时的弹道稳定性分析

重写相对运动学方程如下：

$$\Delta R\ddot{q}+2\Delta\dot{R}\dot{q}+V_m\cos(\theta-q)\dot{\theta}=-\dot{V}_m\sin(\theta-q)+\dot{V}_t\sin(\theta_t-q)+V_t\dot{\theta}_t\cos(\theta_t-q)$$

将控制方程 $\dot{\theta}=K_R|\Delta\dot{R}|\dot{q}$ 代入，得到闭环的相对运动方程为

$$\Delta R\ddot{q}+2\Delta\dot{R}\dot{q}+K_R|\Delta\dot{R}|V_m\cos(\theta-q)\dot{q}=Q_1 \tag{7-48}$$

式中

$$Q_1=[-\dot{V}_m\sin(\theta-q)+\dot{V}_t\sin(\theta_t-q)+V_t\dot{\theta}_t\cos(\theta_t-q)]$$

式(7-48)改写为

$$\frac{\Delta R}{|\Delta\dot{R}|}\ddot{q}+[K_RV_m\cos(\theta-q)-2]\dot{q}=\frac{1}{|\Delta\dot{R}|}Q_1$$

记 $t_s=\dfrac{\Delta R}{|\Delta\dot{R}|}$为待飞时间，它表示导弹和目标从现时刻起到遭遇时止的剩余飞行时间。这样上述方程可写为

$$t_ss\dot{q}+(N-2)\dot{q}=\frac{1}{|\Delta\dot{R}|}Q_1$$

其特征方程为

$$t_ss+N-2=0$$

根据稳定性判据，由于 $t_s>0$，则弹道稳定的充要条件是 $N-2>0$。

所以，对导弹系统动力学是无惯性的情况，只要有效导航比大于2，则比例导引弹道就是稳定的。

② 导弹系统动力学为一阶惯性系统时的弹道稳定性分析

将控制方程 $\dot{\theta}=\dfrac{K_R|\Delta\dot{R}|\dot{q}}{Ts+1}$代入相对运动方程，并忽略较小的项，可近似得到这种情况下的特征方程为

$$t_sTs^2+(t_s-3T)s+N-2=0 \tag{7-49}$$

因此，导弹稳定的充要条件是

$$N>2 \text{ 且 } t_s>3T$$

由此可知，导弹系统动力学为一阶惯性系统时，比例导引弹道稳定的条件是：

- 有效导航比大于2。
- 待飞时间要大于导弹系统动力学惯性时间常数的3倍。若惯性时间常数为0.5s，则比例导引弹道大约在命中前1.5s就要开始失稳了。

③ 导弹系统动力学为二阶振荡系统时，比例导引弹道的稳定性分析

将控制方程 $\dot{\theta}=\dfrac{1}{T^2s^2+2\xi Ts+1}K_R|\Delta\dot{R}|\dot{q}$ 代入相对运动方程，并忽略较小的项，经整

理后可得特征方程为

$$T^2 t_s s^3 + (2\xi T t_s - 4T^2)s^2 + (t_s - 6\xi T)s + N - 2 = 0 \tag{7-50}$$

因此,弹道稳定的充要条件是

$$\frac{2\xi}{T}t_s - 12\xi^2 + \frac{24\xi T}{t_s} - 2 > N > 2 \tag{7-51}$$

和

$$t_s > 6\xi T \quad 及 \quad t_s > \frac{2T}{\xi} \tag{7-52}$$

在式(7-52)的条件中,若令 $6\xi T = \frac{2T}{\xi}$,则可得 $\xi \approx 0.577$。可见,当 $\xi \geqslant 0.577$ 时,只要 $t_s > 6\xi T$ 成立,则 $t_s > \frac{2T}{\xi}$ 必成立;当 $\xi < 0.577$ 时,只要 $t_s > \frac{2T}{\xi}$ 成立,则 $t_s > 6\xi T$ 也必成立。因此,弹道稳定的充要条件可改写成

当 $\xi \geqslant 0.577$ 时,$t_s > 6\xi T$,$\frac{2\xi}{T}t_s - 12\xi^2 + \frac{24\xi T}{t_s} - 2 > N > 2$;

当 $\xi < 0.577$ 时,$t_s > \frac{2T}{\xi}$,$\frac{2\xi}{T}t_s - 12\xi^2 + \frac{24\xi T}{t_s} - 2 > N > 2$。

上述稳定条件表明,比例导引弹道稳定的充要条件是,不仅待飞时间要大于某个值,而且有效导航比必须限制在某个范围内,即大于 2 而小于某个值。

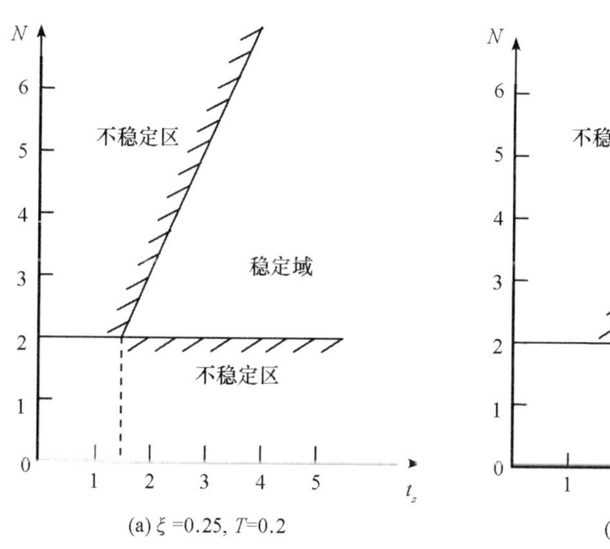

(a) ξ =0.25, T=0.2

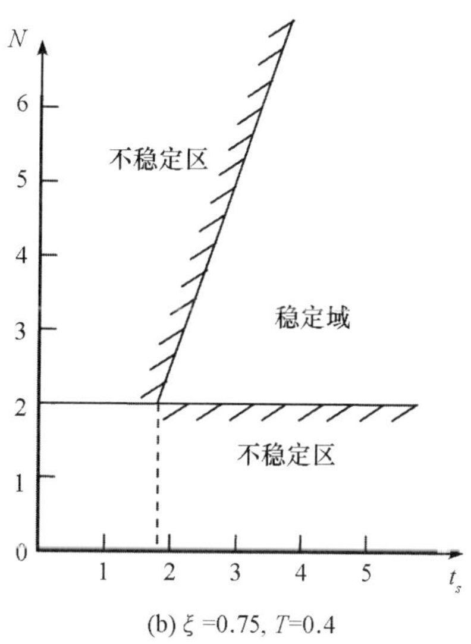

(b) ξ =0.75, T=0.4

图 7-20　对应于不同 ξ、T 时,比例导引弹道的稳定域

图 7-20 画出了 $\xi = 0.25$,$T = 0.2$ 及 $\xi = 0.75$,$T = 0.4$ 两种情况下的稳定性区域。

(4)弹道失稳过程分析

上面讨论了采用比例导引规律弹道的稳定性,下面对弹道失稳过程作进一步的分析。

系统失稳,就是特征方程的特征根有正根或正的实部。当存在正根时,系统是单调发散的;当存在复根,但实部为正时,系统是振荡发散的,正根或正实部其值越大,发散越快。

现以导弹系统动力学为一阶惯性系统时作为例子，看其特征根的变化情况。系统的特征方程为

$$t_s Ts^2 + (t_s - 3T)s + N - 2 = 0$$

其特征根为

$$\lambda_{1,2} = \frac{-(t_s - 3T) \pm \sqrt{(t_s - 3T)^2 - 4(N-2)Tt_s}}{2Tt_s} \tag{7-53}$$

取 $N=4, T=1\text{s}$ 和 $N=4, T=2\text{s}$ 两种情况，对不同的 t_s 值，计算特征根。计算结果列于表7-4中。

表7-4　导弹系统动力学为一阶惯性系统时，特征根随 t_s 的变化情况

$N=4, T=1s$			$N=4, T=2s$		
t_s	特征方程	特征根	t_s	特征方程	特征根
8	$8P^2+5P+2=0$	$\frac{-5\pm j6.25}{16}$	8	$16P^2+2P+2=0$	$\frac{-2\pm j11.1}{32}$
7	$7P^2+4P+2=0$	$\frac{-4\pm j6.32}{14}$	7	$14P^2+P+2=0$	$\frac{-1\pm j10.5}{28}$
6	$6P^2+3P+2=0$	$\frac{-3\pm j6.24}{12}$	6	$12P^2+0P+2=0$	$\frac{0\pm j9.8}{24}$
5	$5P^2+2P+2=0$	$\frac{-2\pm j6}{10}$	5	$10P^2-P+2=0$	$\frac{1\pm j8.9}{20}$
4	$4P^2+P+2=0$	$\frac{-1\pm j5.6}{8}$	4	$8P^2-2P+2=0$	$\frac{2\pm j7.7}{16}$
3	$3P^2+2=0$	$\frac{-0\pm j4.9}{6}$	3	$6P^2-3P+2=0$	$\frac{3\pm j6.24}{12}$
2	$2P^2-P+2=0$	$\frac{1\pm j3.87}{4}$	2	$4P^2-4P+2=0$	$\frac{4\pm j4}{8}$
1	$P^2-2P+2=0$	$\frac{-2\pm j2}{2}$	1	$2P^2-5P+2=0$	$\frac{5\pm j3}{4}$
0.5	$0.5P^2-2.5P+2=0$	$2.5\pm j1.5$	0.5	$P^2-5.5P+2=0$	$\frac{5.5\pm j4.7}{2}$

由表7-4可以看出：

① 当 $N=4, T=1\text{s}$ 时，在命中前3s，特征根实部为零，开始由负实部向正实部转变，即开始失稳了。当 $N=4, T=1\text{s}$ 时，在命中前6秒，特征根实部为零，开始失稳了。

② 失稳开始时，正实部是较小的，随着导弹与目标距离的接近，也就是待飞时间 t_s 的减小，正实部越来越大，这表明 $\dot{q}$ 发散越来越快。

上述分析与计算说明了对比例导引弹道而言，在有效导航比大于2的条件下，尽量使导弹系统动力学的等效时间常数减小，可以达到推迟失稳时间的目的。对导弹系统动力学是二阶振荡系统的情况，不仅要减小时间常数，选择合适的阻尼系数 ξ，同时还要使有效导航比保持在某个范围之内，才能推迟失稳时间。寻的制导控制回路的设计要力求做

到这一点。

7.4　导引规律的发展

导引规律是导弹武器系统设计的重要内容之一。它必须根据导弹武器系统的战术技术指标要求,利用导弹飞行动力学、最优制导、微分对策、博弈论等理论,使导弹拦击目标的弹道在一定意义下达到最佳。

本章讨论了包括遥控制导和寻的制导在内的几种常见的导引方法及其弹道特性。显然,导弹的弹道特性与选用的导引方法密切相关。如果导引方法选择得合适,就能改善导弹的飞行特性,充分发挥导弹武器系统的作战性能。如对中远程防空导弹,其起始段可以采用爬升弹道,以使导弹在尽可能短的时间内,以最短的路径穿过稠密大气层,达到节省能量,增大射程的目的。对于这一段弹道,允许采用有效导航比小于 2 的不稳定飞行弹道。又如为了射击低空目标,达到最佳的入射角,使地杂波或海杂波的影响最小,则可能要选择另一种导引规律。因此导引规律的选择要结合实际具体分析。因此,选择合适的导引方法、改进和完善现有导引方法或研究新的导引方法是导弹设计的重要课题之一。

7.4.1　选择导引方法的基本原则

正如我们看到的那样,每种导引方法都有它产生和发展的过程,都具有一定的优点和缺点。那么,在实践中应该怎样来选用它们呢?一般而言,在选择导引方法时,需要从导弹的飞行性能、作战空域、技术实施、制导精度、制导设备、战术使用等方面的要求进行综合考虑。

(1)弹道需用法向过载要小,变化要均匀,特别是在与目标相遇区,需用法向过载应趋近于零。需用法向过载小,一方面可以提高制导精度、缩短导弹攻击目标的航程和飞行时间,进而扩大导弹的作战区域;另一方面,可用法向过载可以相应减小,从而降低对导弹结构强度、控制系统的设计要求。

(2)作战空域尽可能大。空中活动目标的飞行高度和速度可在相当大的范围内变化,因此,在选择导引方法时,应考虑目标运动参数的可能变化范围,尽量使导弹能在较大的作战空域内攻击目标。对于空空导弹来说,所选导引方法应使导弹具有全向攻击能力;对于地空导弹来说,不仅能迎击目标,而且还能尾追或侧击目标。

(3)目标机动对导弹弹道(特别是末段)的影响要小。例如,半前置量法的命中点法向过载就不受目标机动的影响,这将有利于提高导弹的命中精度。

(4)抗干扰能力要强。空中目标为了逃避导弹的攻击,常常施放干扰来破坏导弹对目标的跟踪,因此,所选导引方法应能保证在目标施放干扰的情况下,使导弹能顺利攻击目标。例如,(半)前置量法抗干扰性能就不如三点法好,当目标发出积极干扰时应转而选用三点法来制导。

(5)技术实施要简单可行。导引方法即使再理想,但一时不能实施,还是无用。从这个意义上说,比例导引法就比平行接近法好。遥控制导中的三点法,技术实施比较容易,而且可靠。

总之,各种导引方法都有它自己的优缺点,只有根据武器系统的主要矛盾,综合考虑各种因素,灵活机动地予以取舍,才能克敌制胜。一般来讲,所选择的导引控制规律要有良好的弹道特性,即在规定的战术技术指标下,导弹飞行路线比较平直,弹道需用过载小且分布比较合理;能满足制导控制系统甚至是整个武器系统的一些特殊要求,能最佳地发挥系统的性能,并在满足武器系统战术技术指标的前提下,力求实现简单可靠。

7.4.2 复合导引

每一种导引律都有自己独特的优点和缺点,如遥控制导中的无线电指令制导和无线电波束制导,作用距离较远,但制导精度较差。而寻的制导,无论采用红外导引头还是雷达导引头或电视导引头,其作用距离太近,但命中精度较高。因此,为了弥补单一导引方法的缺点,并满足战术技术要求,提高导弹的命中准确度,在攻击较远距离的活动目标时,常把各种导引规律组合起来应用,这就是多种导引规律的复合制导。与制导体制相同,导引方法也分为串联复合导引和并联复合导引。

串联复合导引就是在一段弹道上利用一种导引方法,而在另一段弹道上利用另一种导引方法,例如,弹道可分为初制导、中制导和末制导。相应的弹道可分为四段:发射起飞段、巡航段(中制导段),过渡段和攻击段(末制导段)。例如,遥控中制导 + 自动瞄准末制导、自主中制导 + 自动瞄准末制导等。

并联复合导引是指在同一段弹道上采用两种不同的导引方法。并联复合制导一般指导引头的复合,即同时采用两种导引头的信号进行处理,从而获得目标信息。

到目前为止,应用最多的是串联复合制导。例如,“萨姆” -4 采用“无线电指令 + 雷达半主动自动瞄准”;“飞鱼”采用“自主制导 + 雷达主动自动瞄准”。关于复合制导的弹道特性研究,主要是不同导引弹道的转接问题,如弹道平滑过渡、目标截获、制导误差补偿等。

7.4.3 现代制导律

前面讨论的导引方法都是经典制导律。一般而言,经典制导律需要的信息量少,结构简单,易于实现,因此,现役的战术导弹大多数使用经典的导引律或其改进形式。但是对于高性能的大机动目标,尤其在目标采用各种干扰措施的情况下,经典的导引律就不太适用了。随着计算机技术的迅速发展,基于现代控制理论的现代制导律,如最优制导律、微分对策制导律、自适应制导律、微分几何制导律、反馈线性化制导律、神经网络制导律、H_∞制导律等,得到了迅速的发展。与经典制导律相比,现代制导律有许多优点,如脱靶量小、导弹命中目标时姿态角满足要求、对抗目标机动和干扰能力强、弹道平直、弹道需用法向过载分布合理、作战空域增大,等等。因此,用现代制导律制导的导弹截击未来战场上出现的高速度、大机动、有施放干扰能力的目标是非常有效的。但是,现代导引律结构复杂,需要测量的参数较多,给导引律的实现带来了困难。随着微型计算机的不断发展,现代导引律的应用逐渐已经可以实现。

思考题

1. 推导导弹与目标的相对运动方程,以及比例导引律作用下的相对运动方程。

2. 怎样选择有效导航比 N?

3. 推导初始误差角与初始视线角速度之间的关系:

$$\dot{q}_0 \approx \frac{-V_{m_0}\cos(\theta_0^* - q_0)}{\Delta R_0}\Delta\theta$$

4. 两种修正比例导引规律的修正思路分别是什么?

5. 通过判断相对运动方程的特征方程的稳定性,说明弹道稳定的条件。

6. 分析自动驾驶仪为理想驾驶仪(无惯性)、一阶惯性环节、二阶振荡环节时比例导引弹道的稳定性。

第 8 章　导引头

寻的制导武器的核心技术是导引头技术，它用来完成目标的自主搜索、识别与跟踪。目前战术导弹导引头所使用的频谱范围已覆盖可见光、红外、毫米波、激光以及多谱段的复合，最具典型代表性的有：图像（可见光、红外）导引头、毫米波导引头、红外/毫米波复合导引头，其中雷达寻的导引头又有被动导引头、半主动导引头和主动导引头之分。不管是哪一种导引头，它们都是寻的制导控制回路中非常重要的组成部分，其性能对寻的制导控制回路有决定性的影响。

8.1　导引头的功用与组成

8.1.1　导引头的功用

导引头是寻的制导控制回路的测量敏感部件，尽管在不同的寻的制导体制中，它可以完成不同的功能，但其基本的、主要的功用都是一样的，大致有以下几个方面：

（1）截获并跟踪目标；

（2）输出实现导引规律所需要的信息。如对寻的制导控制回路普遍采用的比例导引规律或修正比例导引规律，就要求导引头输出视线角速度和导弹—目标接近速度，以及导引头天线相对于弹体的转角等信息；

（3）消除弹体扰动对天线在空间指向稳定的影响。

8.1.2　导引头的组成

导引头的基本功能组成模块如图 8 – 1 所示。

（1）探测系统：完成对目标的实时探测，探测器可采用激光探测器、可见光 CCD 器件、红外面阵探测器、毫米波探测器等；激光与毫米波探测器的工作方式可采用主动、被动及主/被动复合。

（2）信息处理系统：完成对探测系统所获取的目标、场景信号的分类，目标特征的提取与识别，目标质心相对于光轴（或天线轴）中心的误差解算与实时输出。

（3）稳定系统：对探测系统光轴（或天线轴）进行稳定，隔离导弹弹体姿态角扰动。可采用陀螺稳定方案、稳定平台方案。

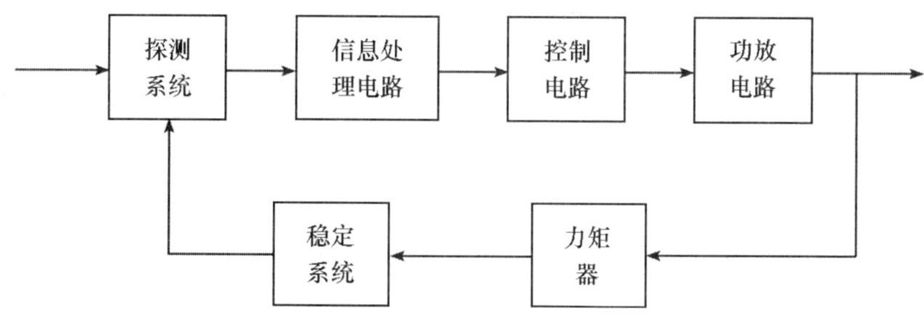

图 8－1　导引头系统组成框图

(4)控制电路：包括电压放大电路、滤波电路、功率放大电路、控制调节器电路等，用来对信息处理系统输出的误差指令进行品质提高与功率放大，形成对目标进行跟踪的控制电流；同时设计控制调节器对导引头控制回路进行校正，以满足导引头系统总体要求。

(5)力矩器：接收与目标位置误差成比例的控制电流，形成驱动光轴(或天线轴)进动的控制力矩，实现对目标的自动跟踪。

具体的组成部件和测量信息依不同实现方案和不同应用对象会有所不相同，由于比例导引规律性能优良，在末制导中大多采用比例导引规律，因此最普遍使用的测量信息是视线角速率。通常采用各种角跟踪回路方案及其稳定系统实现视线角速率的测量。第 7 章研究比例导引规律时，为改善比例导引规律的性能，引入了相对速度测量，即比例导引规律的另一形式：$\dot{\theta} = K_R |\Delta \dot{R}| \dot{q}$，因此除了测量视线角速率外，某些高性能导弹还要求测量相对速度。测量相对速度，可运用多普勒测速原理，需要接收直波和回波，检测频率差来获得相对运动速度。下面以某雷达导引头的部件组成为例来说明。

雷达导引头的组成与采用的雷达体制和天线稳定的方式有关。以连续波半主动导引头为例，其组成包括回波天线、直波天线、回波接收机、直波接收机、速度跟踪回路以及天线伺服系统等，如图 8－2 所示。

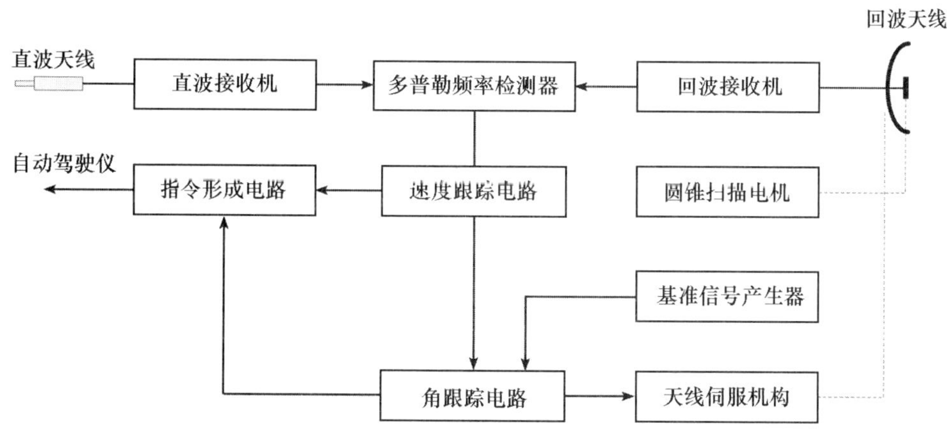

图 8－2　连续波半主动雷达导引头框图

从制导控制回路的设计出发，通常把回波天线、直波天线、回波接收机、直波接收机、速度跟踪电路等统称为接收机。其作用之一是敏感目标视线方向与导引头天线指向的角误差,输出与该误差角成正比的信号。由于导引头是一个角速度跟踪系统,因此,接收机输出的信号实际上也与视线角速度 $\dot{\varepsilon}_s$ 成正比。其作用之二是把直波信号的多普勒频率与回波信号的多普勒频率进行综合,输出与导弹和目标接近速度 $\Delta\dot{R}$ 成比例的信息。$\dot{\varepsilon}_s$ 与 $\Delta\dot{R}$ 作为形成导引规律所需要的信号。

伺服系统的作用是根据接收机送来的角误差信号,控制天线转动,使其跟踪目标,消除误差。

基准信号主要用于设置天线的初始指向,使天线指向目标方向以便完成初始捕获。

由于导引头是在运动着的导弹上工作的,弹体姿态的转动将使天线指向偏离目标。因此,导引头必须要具有消除弹体姿态转动耦合的能力。消除弹体耦合,可以采用多种方案。如果用角速度陀螺反馈来稳定导引头天线,那么角速度陀螺反馈通道和伺服系统就组成导引头角稳定回路,其作用是消除弹体运动对导引头天线空间稳定的影响。为分析采用角速度陀螺反馈的角跟踪稳定回路的去耦作用,画出角跟踪回路方块图如图 8-3 所示。

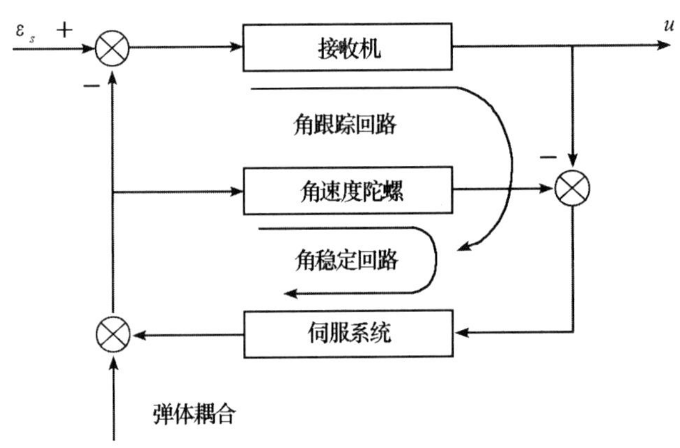

图 8-3 导引头角跟踪回路方块图

8.2 导引头的工作状态与设计要求

8.2.1 导引头的工作状态

导引头首先必须完成目标的初始捕获,需要操作天线指向预定目标方向。在目标搜索过程中,需要稳定天线的惯性空间指向。在导引头的整个工作过程中要有效消除弹体姿态转动的耦合。截获目标后应稳定跟踪目标并输出制导信息。一旦丢失目标还具有再次截获的功能。因此,通常导引头具有以下四种工作状态。

(1)角预定回路工作状态

角预定回路工作状态是在导弹发射时实现天线指向操作的功能,该工作状态的目的是把导引头天线指向预定在截获目标时刻的视线方向上,以使导引头能适时截获目标。通常在发射导弹前,当导引头接收到由地面或飞机上火控系统送来的目标方向信息,转化为弹上视线角信号作为导引头天线轴相对于弹轴的预定角信号,预定回路工作,使伺服系统驱动天线运动,当天线转角的反馈信号与预定信号平衡时,表明已把导引头天线预定在给定方向上了。这是导引头在导弹发射前的工作状态。

如果对连续波导引头,还应对多普勒频率进行预定。

(2)角稳定回路工作状态

角稳定回路工作状态是在角预定设置完成后至目标初始捕获成功,该状态的目的是使导引头天线相对于惯性空间稳定,保持天线的预定目标方向以隔离导弹运动对天线预定方向的影响。

(3)角跟踪回路工作状态

角跟踪回路工作状态是在目标初始捕获成功后进入。该状态的目的是使导引头有效消除弹体姿态转动的耦合,精确跟踪目标,输出相应的制导信息。这是导弹在制导飞行时,导引头所处的工作状态,也是导引头最主要的工作状态。

(4)搜索状态

搜索包括两个方面:一是多普勒频率搜索;二是天线转角搜索。多普勒频率搜索的目的是使导弹速度跟踪回路的多普勒频率与导弹—目标多普勒频率一致。天线转角搜索是使天线在角度上进行扫描,以期发现并截获目标。搜索状态在两种情况下使用:一种是按给定程序尚未截获目标时;另一种是目标信号衰落时间超过允许的时间时。对半主动寻的制导,通常截获目标时刻较早,角度基本上是对准目标的,因此,一般只需考虑多普勒频率搜索。

按工作状态来分,导引头的方块图如图 8－4 所示。

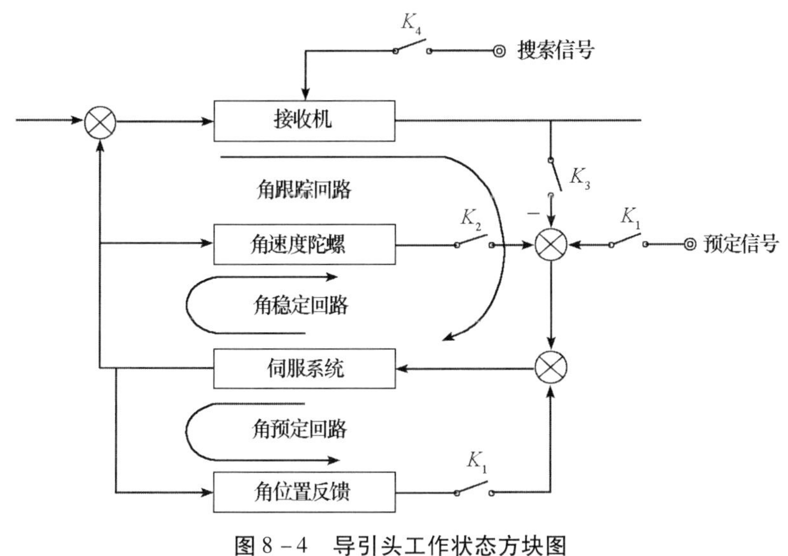

图 8－4　导引头工作状态方块图

由图可见，按工作状态来分，导引头包括角预定回路、角稳定回路和角跟踪回路。

当 K_1 闭合，K_2、K_3、K_4 断开时，是角预定回路工作状态；

当 K_2 闭合，K_1、K_3、K_4 断开时，是角稳定回路工作状态；

当 K_2、K_3 同时闭合，K_1、K_4 断开时，是角跟踪回路工作状态；

当 K_4 闭合，K_1、K_2、K_3 断开时，是多普勒频率搜索状态。

8.2.2 导引头设计要求

由于角跟踪是导引头的基本功能，角跟踪回路的设计决定了导引头的性能和精度。因此，对导引头的设计要求基本是围绕着角跟踪回路提出的。

导引头是寻的制导控制回路的一个测量部件，寻的制导控制回路对导引头的主要要求如下：

(1) 稳定性要求。导引头各个回路都是一个反馈控制系统，都应具有足够的稳定裕量。

(2) 快速性要求。对不同的导弹导引头各回路都一定的快速性指标要求。通常角预定回路的时间应在 0.5s 内完成，角跟踪回路的时间常数在 0.1s 左右，对角稳定回路的快速性是以达到所要求的去耦系数指标为目标，故依导弹的精度要求去耦要求不同，快速性要求的差别也较大。

(3) 传递系数要求。导引头输出形成导引规律所需的信息时，导引头传递系数的变化不宜超过 10%，以保证制导控制回路的实际导航比变化不太大。

(4) 对测量角速度范围的要求。导引头测量角速度的范围应视具体型号而定。一般而言，对导引头作用距离远、飞行速度高的导弹对测量最小角速度有更高的要求。通常测量的最小角速度范围为 0.02 ~ 0.2(°)/s，测量的最大角速度范围为 10 ~ 30(°)/s。

(5) 去耦能力要求。导引头应有强的去耦能力，通常用去耦系数来描述去耦能力的强弱，去耦系数的计算公式如下：

$$\text{去耦系数}=\frac{\text{输出中耦合信号折算的等效视线角速度}}{\text{输入的耦合角速度}}$$

当输入耦合角速度为 $\dot{\vartheta}$ 时，导引头的输出信号为 $K_1(\omega)\dot{\varepsilon}(s)-K_2(\omega)\dot{\vartheta}$，其中 $K_1(\omega)$ 为 $\dot{\varepsilon}$ 到输出的传递函数，$K_2(\omega)$ 为 $\dot{\vartheta}$ 到输出的传递函数。$K_2(\omega)\dot{\vartheta}$ 为耦合输出信号，将其折算成等效的视线角速度，应为 $\dot{\varepsilon}_{se}=\dfrac{K_2(\omega)}{K_1(\omega)}\dot{\vartheta}$，去耦系数则可表示为：

$$\text{去耦系数}=\frac{\dot{\varepsilon}_{se}}{\dot{\vartheta}}=\frac{\dfrac{K_2(\omega)}{K_1(\omega)}\dot{\vartheta}}{\dot{\vartheta}}=\frac{K_2(\omega)}{K_1(\omega)} \tag{8-1}$$

上式表明：导引头的去耦系数等于对视线角速度的传递系数与对耦合角速度的传递系数之比。去耦系数越小表示去耦能力越强。由于两个传递系数都是随频率变化而变化的，因此，对不同频率的信号具有不同的去耦能力。通常要求对 3Hz 以下的耦合信号，去耦系数应在 5% 以上，对 3Hz 以上的耦合信号，去耦合系数可适当放宽。

(6) 零位要求。导引头应有较小的零位输出。因为,导引规律在把视线角速率转化为过载指令时,在量值上放大了很多倍。如果把导引头零位折算为等效舵偏角,则其值等于零位乘以指令形成装置放大系数、自动驾驶仪主通道放大系数之积。因此,导引头零位比驾驶仪零位的影响要大得多。所以,对导引头零位要有较高的要求。通常其允许值可按与最小测量视线角速度的值等同考虑。

(7) 天线转角要求。对导引头天线转角大小的要求取决于杀伤空域、导弹和目标的速度比、目标机动情况等因素。从实现可能性方面考虑,要使转角大于 60°不现实的。通常在 35°~50°范围内。

(8) 视场角要求。视场角的大小取决于天线的口径和使用的频率。如果视场角较大,则按导引头天线的预定角容易捕获目标;如果视场角小,则为了满足初始捕获的要求,往往需要采取其他有效措施。

(9) 安装精度要求。导引头天线的安装误差,影响预定角精度,因此,应根据预定精度的分配来确定安装精度。

(10) 预定回路精度要求。与安装精度要求一样,预定回路预定精度影响导引头角预定精度,应根据预定精度分配确定预定回路精度要求。

8.3　导引头角跟踪回路方案

实际上,导引头角跟踪回路是由接收机和角稳定回路所组成的,而角稳定回路是角跟踪回路的内回路。接收机是测量弹目视线方向的敏感元件,其输出电压是天线指向与弹目视线方向之间的误差角的信息。当天线的指向与目标所在方向有角误差时,接收机就输出与该误差成正比的电压。但由于导引头是在一个运动着的导弹上工作的,为了使其天线在惯性空间的指向稳定,必须消除弹体运动对天线指向的影响。从图 8-5 的天线运动关系可明显看出,天线在惯性空间的指向角 ε_{Ts}决定于弹体的转角 ϑ 和天线相对于弹体的转角 ε_{bm},即 $\varepsilon_{Ts}=\vartheta+\varepsilon_{bm}$。如果此时天线已对准目标,此后导弹姿态有转动运动,其角度由 ϑ 变为 ϑ_1,则由于天线安装在导弹上,导弹也将带动天线运动,使天线的指向变为 $\varepsilon_{Ts1}=\vartheta_1+\varepsilon_{bm}$。这样,天线就会测量出误差角,将导弹的运动误认为是目标在运动。因此,必须隔离导弹运动对天线空间指向的影响。

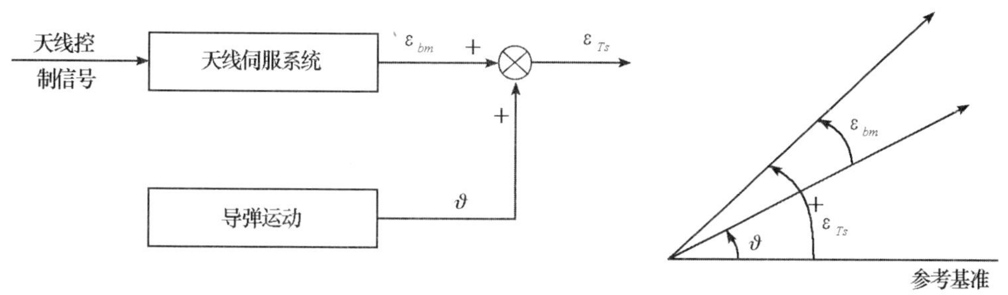

图 8-5　天线运动关系图

导引头天线相对于惯性空间稳定有多种方案，常用的方案有两种：一种是采用视线陀螺方式；另一种是采用角速度陀螺反馈方式。根据天线稳定方式的不同，相应地，把导引头角跟踪回路也称作采用视线陀螺的角跟踪回路和采用角速度陀螺反馈的角跟踪回路。

8.3.1 采用视线陀螺的角跟踪回路

视线陀螺是一个三自由度陀螺，但与一般的三自由度陀螺又有所不同，姿态测量用的三自由度陀螺，只要求保持惯性指向，不需要操作转子的指向，而作为跟踪用的视线陀螺，必须操操纵转子的指向以跟踪目标方向。因此，这种陀螺的内环轴和外环轴各有一个力矩传感器，当力矩传感器上有信号输入时，力矩传感器就产生力矩，使陀螺的内环轴和外环轴进动。当力矩传感器上没有信号输入时，力矩传感器的输出为零，使陀螺保持定轴性。

采用三自由度陀螺的作用主要是稳定惯性指向，在没有力矩输入信号时（弹目视线与天线指向一致时），惯性指向不变。这时，弹体的姿态运动不会影响陀螺转子的惯性指向，即隔离了弹体姿态运动对陀螺转子方向的影响，陀螺转子的指向只受到力矩传感器施加的力矩影响，该力矩是正比于跟踪误差（弹目视线与天线指向之间的偏差）的。因此，陀螺转子指向只与弹目视线跟踪有关，起到了隔离弹体姿态耦合的作用。但是，陀螺转子指向的运动还不代表天线指向的运动，若能将天线指向固联在陀螺转子指向上，则可直接实现天线对目标视线的跟踪，由于天线尺寸和陀螺转子高速转动的原因，不能实现方向的固联，为了保证陀螺转子方向与天线指向的一致性，只好引入随动系统，通过控制回路保证天线指向与陀螺转子方向的随动。其随动原理是，控制导引头天线的弹上视线角与视线陀螺的外环轴和内环轴的夹角一致。当导引头天线的弹上视线角与陀螺框架角出现误差时，通过反馈调节天线的弹上视线角，使天线指向跟随陀螺转子指向。因此，天线指向也可抑制弹体姿态转动带来的耦合干扰。

通过视线陀螺和随动系统实现了天线指向与弹体姿态运动的隔离后，实现天线方向对目标视线方向跟踪就比较容易了，其跟踪原理是：当接收机有误差信号输出时（天线指向与目标视线方向不一致），将该误差信号分别加到视线陀螺的力矩传感器上，使陀螺进动，让外环轴和内环轴跟踪 Oy_s 和 Oz_s，由于外环轴和内环轴的进动，就有角误差输给天线随动系统，使天线的方位和俯仰通道分别跟踪视线陀螺的内环轴和外环轴，以消除误差。这样，视线陀螺是跟踪目标的，天线又是跟踪视线陀螺的，所以，天线也就跟踪目标，隔离了弹体扰动。这种方案的原理方块图如图 8－6 所示。

若接收机的传递函数为 $W_1(s)$，视线陀螺传递函数为 $W(s)$，天线伺服系统的传递函数为 $W_2(s)$，则导引头的输出信号 u_z 为

$$u_z = \frac{(1+W_2)W_1}{s(1+W_2)+W_2WW_1}\dot{\varepsilon}_s - \frac{W_1}{s(1+W_2)+W_2WW_1}\dot{\vartheta} \tag{8-2}$$

可见，导引头输出信号与视线角速度成正比，而且当 $W_2W \gg 1$ 时，对弹体扰动的隔离是很明显的。

该方案的去耦系数为：

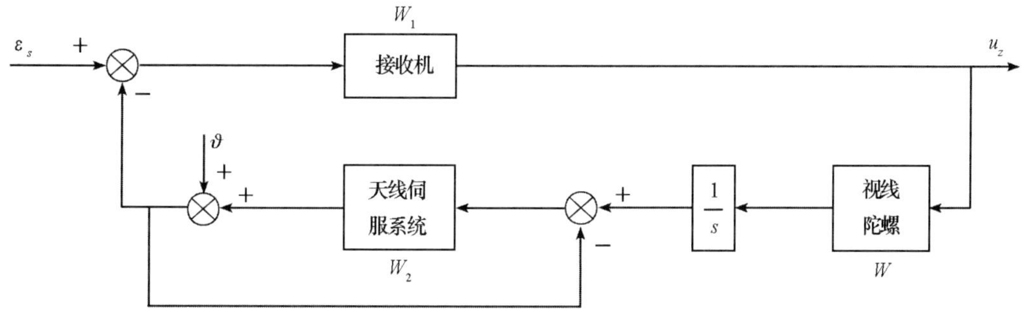

图 8－6　采用视线陀螺的角跟踪回路方块图

$$\text{去耦系数} = \frac{\dot{\varepsilon}_{se}}{\dot{\vartheta}} = \frac{\frac{K_2(\omega)}{K_1(\omega)}\dot{\vartheta}}{\dot{\vartheta}} = \frac{1}{(1+W_2)} \tag{8-3}$$

W_2 为伺服放大的传递系数，W_2 越大去耦系数越小，去耦作用越好。

以上去耦系数反映了伺服系统跟随误差，即天线方向对陀螺转子方向的跟随误差带来的弹体姿态隔离不彻底，还存在的一定耦合，是本通道间的耦合，如以上分析是俯仰角速率对视线高低角速率的耦合关系。

这种方案还存在另一种耦合关系，交叉耦合关系，由于陀螺框架的轴承存在微小的摩擦力，当框架转动时微小的摩擦力会产生力矩，在摩擦力矩的作用下，陀螺转子会发生进动，进动的方向是与摩擦力矩方向垂直的，即俯仰框架的运动，产生俯仰通道的摩擦力矩，而进动发生在方位通道。同样方位通道的摩擦力矩进动发生在俯仰通道。所以 $\dot{\vartheta}$ 不但对本通道的视线高低角速率 $\dot{\varepsilon}_s$ 的测量有耦合，也对方位通道视线方位角速率 $\dot{\lambda}_s$ 的测量也有耦合，弹体方位角速率 $\dot{\psi}$ 不但对本通道的视线方位角速率 $\dot{\lambda}_s$ 的测量有耦合，也对方位通道视线高低角速率 $\dot{\varepsilon}_s$ 的测量也有耦合。虽然摩擦力是微小的，由于视线角速率测量的精密性，其影响也不能不考虑，由于微小滚动摩擦力难以准确建模，准确的分析比较困难，不能准确预计但还是可以实验测试，对交叉耦合的影响必须通过测试检验，一般交叉耦合系数应控制在 2% 以下。

8.3.2　采用角速度陀螺反馈的角跟踪回路

采用角速度陀螺反馈来稳定天线是导引头角跟踪回路最常用的方案之一。这种方案是将两个体积小、精度高的角速度陀螺，沿导引头的方位轴和俯仰轴方向安装在天线抛物面的背面，作为天线稳定回路的反馈通道，与天线伺服系统闭合，组成天线稳定回路，图 8－7 是这种角跟踪回路的方块图。

图中，$W_1(s)$ 为接收机传递函数，$W_2(s)$ 为伺服系统（含综合放大器、校正网络等）传递函数，$W_3(s)$ 为角速度陀螺传递函数。

实际上，跟踪方案的实现包含了两个控制回路，天线稳定回路和角跟踪回路。角速度陀螺和伺服系统构成天线稳定回路，主要起稳定天线惯性指向的作用，在角稳定回路工作

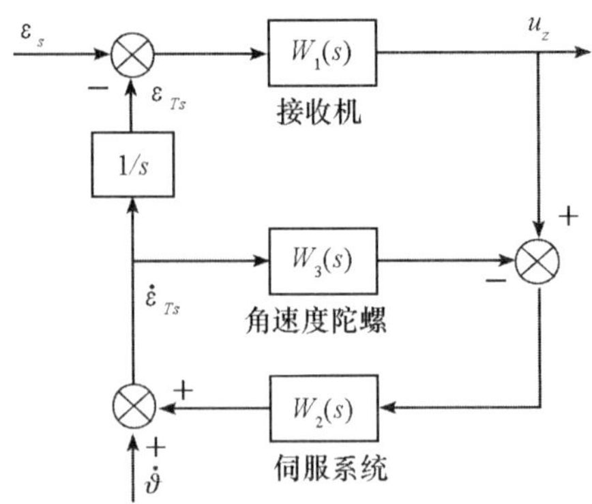

图 8-7　采用角速率陀螺反馈的角跟踪回路方块图

状态 u_z 断开,可视为 u_z 为零。在跟踪状态,当天线指向与目标视线方向一致,没有跟踪指令,$u_z=0$。此时主要是保持天线的惯性指向不变。

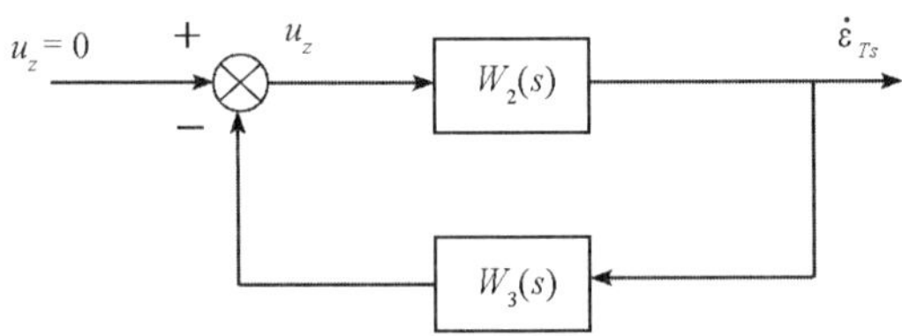

图 8-8　保持天线的惯性指向不变的稳定回路

如图 8-8 所示,稳态时,$\dot{\varepsilon}_{Ts}=0$,$\dot{\varepsilon}_{Ts}$ 为天线的惯性角速率,即天线的惯性指向不变。

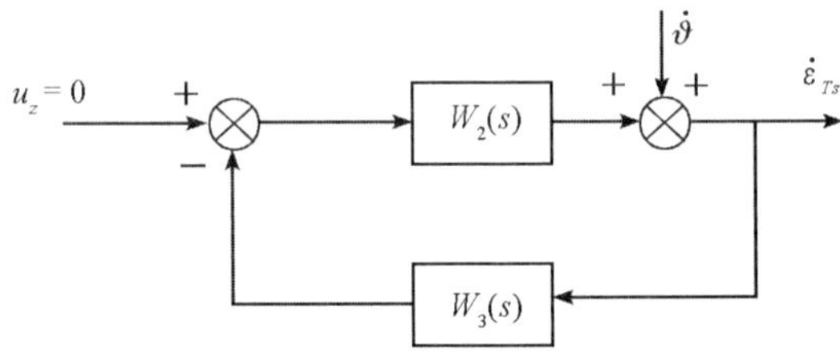

图 8-9　在弹体姿态扰动作用下的天线惯性指向的稳定

但在弹体姿态扰动作用下,$\dot{\varepsilon}_{Ts}$ 不能严格地保持为零,$\dot{\vartheta}$ 的摆动会引起 $\dot{\varepsilon}_{Ts}$ 的微幅摆动。如图 8-9 所示,其关系为:

$$\dot{\varepsilon}_{Ts}(s)=\frac{\dot{\vartheta}(s)}{1+W_2W_3} \tag{8-4}$$

W_2,W_3 的传递系数越大,隔离效果越好。

u_z 是目标视线方向与天线指向之间的误差信号,在跟踪状态时 u_z 接通,可视为对稳定回路所输入的跟踪指令,$u_z=0$ 时表示稳定天线惯性指向不变,u_z 不为零时,表示操作天线的惯性指向改变,其运动方向是减小目标视线方向 ε_s 与天线指向 ε_{Ts} 之间的误差。角跟踪回路即为稳定回路的外回路,如图 8-10 所示。

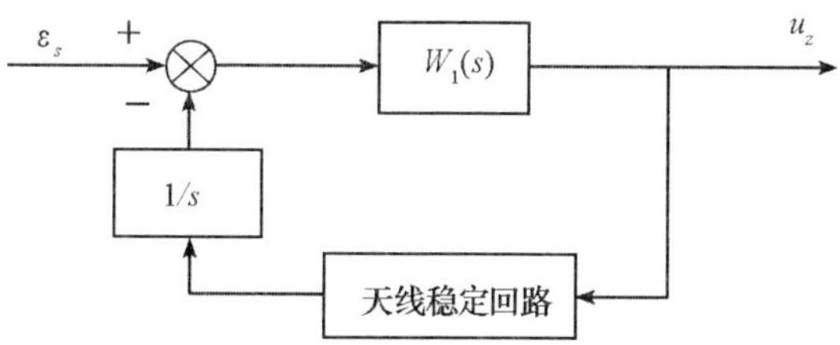

图 8－10　角跟踪回路是天线稳定回路的外回路

角跟踪回路通过测量目标视线方向 ε_s 与天线指向 ε_{Ts}之间的误差信号 u_z 作为负反馈来控制天线惯性指向跟踪目标视线方向，并输出视线角速率信号。下面的分析将表明输出信号 u_z 可代表目标视线角速率 $\dot{\varepsilon}_s$ 的信息。

由图 8－7 可推导其传递系数为

$$\begin{cases} u_z = W_1(\varepsilon_s - \varepsilon_{Ts}) \\ \dot{\varepsilon}_{Ts} = \dfrac{1}{1+W_2W_3}\dot{\vartheta} + \dfrac{W_2}{1+W_2W_3}u_z \end{cases} \tag{8-5}$$

从而可得

$$u_z = \frac{W_1(1+W_2W_3)}{s(1+W_2W_3)+W_1W_2}\dot{\varepsilon}_s - \frac{W_1}{s(1+W_2W_3)+W_1W_2}\dot{\vartheta} \tag{8-6}$$

从式(8－6)可见，导引头的输出信号中，先不考虑第二项干扰，第一项代表了对弹目视线角速率 $\dot{\varepsilon}_s$ 的测量，由于 $W_1W_2 \gg 1$，稳态关系为 $u_z = K_3\dot{\varepsilon}_s$，$K_3$ 为 W_3 的静态传输系数。再来考虑第二项干扰的影响。但只要使 $W_2 \gg 1$，对 $\dot{\vartheta}$ 的干扰可得到有效抑制，也就是说对测量结果的影响很小，对弹体扰动有良好的隔离作用。

$\dot{\vartheta}$ 的干扰的影响很小，是说可以有效获取弹目视线角速率信号 $\dot{\varepsilon}_s$，但对制导性能还是有影响的，前面讲到用去耦系数来描述这种余留的耦合，下面推导这种方案的去耦系数。

$\dot{\vartheta}$ 的干扰引起的等效视线角速度为

$$\dot{\varepsilon}_{se} = \frac{1}{(1+W_2W_3)}\dot{\vartheta} \tag{8-7}$$

去耦系数为：

$$\text{去耦系数} = \frac{1}{(1+W_2W_3)} \tag{8-8}$$

以上分析可得出如下结论：

(1)导引头输出信号在稳态情况下与视线角速度成正比，但包含有 $\dot{\vartheta}$ 的耦合信号。

(2)耦合信号的大小取决于伺服系统放大系数，放大系数越大，耦合信号越小。但这并不等于说，可以无限制地增大放大系数来达到减小耦合的影响。因为稳定回路的开环放大系数不能无限制地增加。可按去耦系数要求和稳定性要求来设计稳定回路的开环增益。

8.4 几种典型的导引头系统

前面主要分析了雷达导引头,下面再简要介绍几种常见的导引头。

(1)电视导引头

电视导引头采用可见光 CCD 成像识别技术,其分辨率高,可提供目标清晰图像,便于目标识别;采用被动方式工作,具有一定的抗干扰能力;可实现“发射后不管”。微电子、大规模集成电路及计算机技术的飞速发展,使电视制导技术进入了高技术发展阶段。向目标自动截获方向发展,并具有发射后自动识别与锁定目标的能力,有记忆和一定的智能功能。电视导引头涉及的主要关键技术有:摄像机与光强自动控制技术,图像目标识别技术,稳定位标器技术,导引头控制回路优化设计技术等。

(2)红外导引头

红外成像制导是一种自主式“智能”制导技术,它可提供两维红外图像导引信息,并利用高速发展的计算机技术,对目标图像进行处理,实现对目标的自动识别、瞄准点的选择及自动决策等功能。抗干扰能力强、制导精度高,是当今世界各国军事应用中重点研究和发展的精确制导技术之一。红外成像导引头涉及的主要关键技术有:实时红外成像传感器的设计,红外图像实时处理技术,稳定系统结构设计,导引头控制回路设计, 红外成像导引头性能测试与评估技术等。

(3)毫米波导引头技术

毫米波兼具微波制导和光学制导的特点,具有波束窄、效能高、传播性能好、带宽宽,抗干扰能力强、精度高和体积小等特点,毫米波导引头的工作方式分为主动、被动、主/被动复合式。工作波段的选择主要依据作用距离、天线尺寸和跟踪性能以及技术实现的难易条件等综合确定。毫米波导引头涉及的主要关键技术包括:毫米波探测器系统,毫米波导引头稳定系统,毫米波信号处理,毫米波控制回路设计等。

(4)红外/毫米波复合导引头

红外/毫米波复合导引头同单模制导体制的导引头相比具有以下显著特点:①恶劣背景条件下的工作能力加强;②提高了武器系统战场适应能力;③提高了系统对目标的识别与分类能力;④缩短了武器系统对目标定位的时间,提高了武器系统机动作战能力;⑤提高武器系统抗干扰反隐身能力。红外/毫米波复合导引头涉及的主要关键技术包括:红外/毫米波导引头多谱段头罩研究,红外/毫米波导引头共口径技术研究,红外/毫米波导引头稳定位标器技术研究,红外/毫米波导引头信息融合处理技术研究等。

(5)导引头的新技术

导引头的新技术包括多光谱、合成孔径雷达(SAR)、捷联和非致冷红外导引头等。采用多光谱/多模导引头可以提高自动目标识别性能。例如,红外成像焦平面阵列(FPA)探测器可以对多种波长进行采样,从而在较宽的波长范围内提供多光谱目标识别,多光谱导引头有抗伪目标和地面杂波的能力。合成孔径雷达导引头在恶劣天气和有地面杂波的情况下非常有效。它可以灵活地在较大的区域内(如 5km × 5km)对单个目标进行搜索,然后在地面杂波中对目标进行高分辨率(如 0.3m)的识别和瞄准。美国的“掠夺者”无人机就采用了合成孔径雷达。合成孔径雷达导引头可提供目标周围已知地形特征的高精度轮廓,并导出目标的 GPS 坐标。捷联导引头去掉了常平架,采用电子稳定和跟踪系统。由于没有常平架,减少了零件数,从而降低了导引头的成本,而导引头可能是精确打击导弹最昂贵的分系统。非致冷红外导引头采用非冷却探测器,如辐射热测量计,通过不采用冷却系统也可以降低导引头的成本。

相对越来越复杂的战场环境,单一寻的制导方式越来越不能满足日益增长的战场环境的需求,因此,复合导引头技术称为各国主要的发展方向。各种不同的制导体制有其各自的优点和缺点,如毫米波制导方式穿透烟雾、沙尘的能力强,但易受干扰;而红外制导方式对毫米波干扰不敏感,但云雾烟尘对红外有较强的吸收和衰减,使红外作用距离有所减小;激光制导是目前制导武器中精度较高的武器,但需要人在回路,且抗干扰及云雾烟尘能力不强。复合制导技术可以将各种探测器的优点有机地结合起来,使武器系统适应复杂的战场环境和气象气候条件,增强武器系统的战场适应能力。使武器系统的作战性能大大提升,因此该技术被认为是当前最有发展前途的制导技术。

思考题

1. 导引头有几种工作状态,分别是什么?
2. 说明角跟踪回路的两种方案。
3. 简述减小去耦系数的思路。

参考文献

[1] 程云龙. 防空导弹自动驾驶仪设计. 北京:宇航出版社,1993.

[2] 杨军,杨晨,段朝阳,等. 现代导弹制导控制系统设计. 北京:航空工业出版社,2005.

[3] 赵善友. 防空导弹武器寻的制导控制系统设计. 北京:宇航出版社,1992.

[4] 刘兴堂. 导弹制导控制系统分析、设计与仿真. 西安:西北工业大学出版社,2006.

[5] 谷良贤,温炳恒. 导弹总体设计原理. 西安:西北工业大学出版社,2004.

[6] 孟秀云. 导弹制导与控制系统原理. 北京:北京理工大学出版社 2003.

[7] 于本水. 防空导弹总体设计. 北京:宇航出版社,1995.

[8] 祈载康. 制导弹药技术. 北京:北京理工大学出版社,2005.

[9] 韩品尧. 战术导弹总体设计原理. 哈尔滨:哈尔滨工业大学出版社,2000.

[10] 赵育善,吴斌. 导弹引论. 西安:西北工业大学出版社,2000.

[11] 杨军. 导弹控制原理. 北京:国防工业出版社,2010.

[12] 曾颖超,陆毓峰,等. 战术导弹弹道与姿态动力学. 西安:西北工业大学出版社,1991.

[13] 钱杏芳,张鸿瑞,林端雄. 导弹飞行力学. 北京:北京工业学院出版社,1987.

[14] 马金铎,周绍磊,程继红. 导弹控制系统原理. 北京:航空工业出版社,1996.

[15] 贾沛然,沈为异. 弹道导弹弹道学. 长沙:国防科技大学内部教材. 2000.

[16] George M. Siouris 著. 张天光,等译. 导弹制导与控制系统. 北京:国防工业出版社,2010.

[17] 胡小平,吴美平,王海丽. 导弹飞行力学基础. 长沙:国防科技大学出版社,2006.

[18] 潘荣霖. 飞航导弹自动控制系统. 北京:宇航出版社,1991.

[19] 彭冠一. 防空导弹武器制导控制系统设计(上). 北京:宇航出版社,1996.

[20] 袁起主. 防空导弹武器制导控制系统设计(下). 北京:宇航出版社,1996.

[21] 陈世年. 控制系统设计. 北京:宇航出版社,1996.

[22] 刘兴堂. 精确制导、控制与仿真技术. 北京:国防工业出版社,2006.

[23] 郑志强. 精确制导控制原理. 长沙:国防科技大学内部教材,2007.

[24] 雷虎民. 导弹制导与控制原理. 北京:国防工业出版社,2006.

[25] 程国采. 战术导弹导引方法. 北京:国防工业出版社,1996.

[26] 周荻. 寻的导弹新型导引规律. 北京:国防工业出版社,2002.

[27] 李保平. 战术导弹导引头技术. 弹箭与制导学报,2002;22(1):1 –5.